—— 安全生产 18 讲丛书 ——

生产安全事故应急救援18讲

高运增　刘　尧　主编

中国劳动社会保障出版社

图书在版编目(CIP)数据

生产安全事故应急救援18讲/高运增，刘尧主编. -- 北京：中国劳动社会保障出版社，2021

(安全生产18讲丛书)

ISBN 978-7-5167-4821-3

Ⅰ.①生…　Ⅱ.①高…②刘…　Ⅲ.①生产事故-救援-安全培训-教材　Ⅳ.①X928.04

中国版本图书馆CIP数据核字(2021)第005848号

中国劳动社会保障出版社出版发行

(北京市惠新东街1号　邮政编码：100029)

*

三河市华骏印务包装有限公司印刷装订　新华书店经销

880毫米×1230毫米　32开本　10.875印张　265千字

2021年1月第1版　2023年6月第3次印刷

定价：32.00元

营销中心电话：400-606-6496

出版社网址：http://www.class.com.cn

内容简介

本书为“安全生产18讲丛书”之一，重点讲述企业有关人员在生产经营活动中应知应会的事故应急救援管理和技术知识，为企业生产现场的安全生产工作特别是应急救援工作提供指导，同时对生产安全事故基础知识以及相关法律法规、技术进行宣教。本书内容围绕生产安全事故应急救援的18个大的知识点展开，主要包括生产安全事故基础知识、危险源与事故隐患排查管理技术、劳动防护用品管理与使用技术、各行业领域事故现场应急处置与救护、常见事故伤害现场急救技术等。

本书可供企业生产班组培训、宣教使用，也可作为广大生产经营单位的从业人员学习安全生产相关知识的手册，能够有效提升企业生产一线及各类工作岗位职工的安全生产基本技能，提高他们的事故应急处置与现场急救技术素质。

内容简介

Contents

目　录

第 1 讲　生产安全事故概述

第 2 讲　事故的致因理论

第3讲　危险源辨识与管理

第4讲　安全生产事故隐患排查治理

第5讲　生产现场安全管理

第6讲　事故报告与责任

第11讲　常见物理因素伤害急救

第12讲　常见化学因素伤害急救

第13讲　机械和冶金生产事故伤害应急处置

第 14 讲 建筑施工事故伤害与应急处置

第 15 讲 起重和交通事故伤害与应急处置

第 16 讲 化工生产事故伤害与应急处置

第 17 讲 煤矿生产事故伤害应急处置

第18讲　火灾、爆炸事故应急处置与避险

第 *1* 讲

生产安全事故概述

事故是指在人们的生产或者生活活动过程中，突然发生的、违背人们意愿的，迫使活动暂时或者永久停止，可能造成人员伤亡、财产损失或者环境污染的意外事件。生产安全事故是指生产经营活动（包括与生产经营有关的活动）过程中，突然发生的伤害从业人员人身安全和健康或者损坏设备、设施造成经济损失，导致原活动暂时或永久停止的意外事件。国务院令第 493 号《生产安全事故报告和调查处理条例》中，将“生产安全事故”定义为：生产经营活动中发生的造成人身伤亡或直接经济损失的事件。

事故是一种发生在生产、生活活动中的特殊事件，并且随时都有可能发生。因此，人们若想把活动按照自己的意图进行下去，就必须认识事故，努力采取措施来预防事故的发生。

1.1 事故相关基本概念

（1）危险物品

危险物品是指易燃易爆物品、危险化学品、放射性物品等能够危及人身安全和财产安全的物品。

（2）危险源

对于危险源的定义目前有两种不同的观点。一种观点认为，危险源是指可能造成人身伤害、职业病、经济损失、作业环境破坏或其他损失的根源或状态。另一种观点则认为，危险源是指在一个系统中具有的潜在能量和释放危险的物质，或者是在一定的触发因素作用下可转化为事故的部位、区域、场所、空间、岗位和设备。危险源的实质是具有潜在危险的源点及其部位，是爆发事故的源头，是能量、危险物质集中的核心，是能量传出来或爆发的地方。

因此，危险源存在于确定的系统中，不同的系统范围，危险源也不同。例如，从全国范围来说，对于危险行业（如石油、化工等）具体的一个企业（如炼油厂）就是危险源；而从一个企业范围来说，可能某个车间、仓库就是危险源；从一个车间范围来说，可能某台设备就是危险源。因此，应按系统的不同层次来进行危险源分析。危险源包含3个构成要素，即潜在危险性、存在条件和触发因素。

（3）重大危险源

《中华人民共和国安全生产法》（以下简称《安全生产法》）规定：重大危险源是指长期地或者临时地生产、搬运、使用或者储存危险物品，且危险物品的数量等于或者超过临界量的单元（包括场所和设施）。

《危险化学品重大危险源辨识》（GB 18218—2018）中将“危险化学品重大危险源”定义为：长期地或临时地生产、储存、使用和经营危险化学品，且危险化学品的数量等于或超过临界量的单元。

（4）事故隐患

事故隐患是指作业场所、设备或设施的不安全状态，人的不安全行为和管理上的缺陷。

（5）重大事故隐患

原劳动部1995年发布的《重大事故隐患管理规定》中，把重大事故隐患定义为：可能导致重大人身伤亡或者重大经济损失的事故隐患。根据作业场所、设备或设施的不安全状态，人的不安全行为和管理上的缺陷，以及可能导致事故损失的程度，将事故隐患分为两级，即特别重大事故隐患和重大事故隐患。

1）特别重大事故隐患是指可能造成死亡50人以上或直接经济损失1 000万元以上的事故隐患。

2）重大事故隐患是指可能造成死亡10人以上或直接经济损失500万元以上的事故隐患。

（6）危险、有害因素

危险因素是指能对人造成伤亡或对物造成突发性损坏的因素。

有害因素是指能影响人的身体健康、导致疾病或对物造成慢性损坏的因素。

危险、有害因素主要指客观存在的危险、有害物质或能量超过一定限值的设备、设施和场所等。

（7）危险性

危险性是指某种危险源导致事故、造成人员伤亡或经济损失的可能性。一般来说，危险性包括危险源导致事故的可能性和一旦发生事故造成人员伤亡或经济损失的后果严重程度两个方面的问题。

（8）事故

事故是指系统运行过程中发生意外的、突发的事件的统称，通常会使系统的正常运行中断，造成人员伤亡或经济损失，甚至使环境遭到破坏。

（9）重大事故

重大事故是指工业活动中发生的重大火灾、爆炸或毒物泄漏的事故，并给现场人员或公众带来严重危害，或对经济造成重大损失，对环境造成严重污染。

（10）危险化学品事故

危险化学品事故是指由一种或数种化学品或其反应造成能量意外释放导致的人身伤亡、经济损失或环境污染的事故。

（11）危险源辨识

危险源辨识是指识别危险源的存在并确定其性质的过程。

（12）危险源控制

危险源控制是指利用工程技术和管理手段消除、控制危险源，防止危险源导致事故、造成人员伤害和经济损失的工作。

（13）应急预案

应急预案又称应急计划，是指针对可能发生的重大事故（件）或灾害，为保障迅速、有序、有效地开展应急与救援行动，降低事故损失而预先制订的有关计划或方案。它是在辨识和评估潜在的重大危险事故的类型、发生可能性、发生过程、后果及严重程度的基础上，对应急机构的职责、人员、技术、装备、设施（备）、物资、救援行动及其指挥与协调等方面预先做出的具体安排。它明确了在突发事故发生之前、发生过程中以及刚刚结束之后，谁负责做什么，何时做？以及相应的策略和资源准备等。

突发公共事件应急预案体系由总体应急预案、专项应急预案、部门应急预案、地方应急预案、企事业单位应急预案、重大活动应急预案六大类构成。

（14）应急救援

应急救援是指事故发生时，应急救援机构及其人员所采取的消除、减少事故危害和防止事故恶化，最大限度地降低事故损失的措施和行动。

（15）应急救援体系

应急救援体系是指为保障应急救援预案的具体落实所需的组织、人力、物力等各种要素及其调配关系的总和，是应急预案能够落实的基础配置。

（16）应急管理

应急管理是指政府及其他公共机构在突发公共事件的事前预防、事发应对、事中处置和善后管理过程中，通过建立必要的应急机制，采取一系列必要的措施，保障公众生命和财产安全，促进社会和谐健康发展的有关活动。应急管理是对突发公共事件的全过程管理，根据突发公共事件的预警、发生、缓解和善后 4 个发展阶段，应急管理可分为预测预警、识别控制、紧急处置和善后管理 4 个过程。应急管理是一个动态管理，包括预防、准备、响应和恢复 4 个阶段，均体现在管理突发公共事件的各个阶段。应急管理是一个完整的系统工程，可以概括为“一案三制”，即突发公共事件应急预案，应急机制、应急体制和应急法制。

（17）职业病

《中华人民共和国职业病防治法》（以下简称《职业病防治法》）规定，职业病是指企业、事业单位和个体经济组织的劳动者在职业活动中因接触粉尘、放射性物质和其他有毒有害物质等因素而引起的疾病。例如：在职业活动中，接触铍可引起铍病，接触氟可引起氟及其无机化合物中毒，接触氯乙烯可引起氯乙烯中毒，接触苯可引起白血病等。

由国家主管部门公布的职业病目录中所列的职业病称为法定职业病。成为法定职业病需同时满足4个基本条件，包括：①在职业活动中产生；②接触职业病危害因素；③列入国家职业病分类和目录；④与劳动用工行为相联系。

具体的职业病分类和目录由国务院卫生行政部门会同国务院劳动保障行政部门制定、调整并公布。

目前，我国法定职业病共10大类132种，即根据《职业病分类和目录》将职业病分为：一是职业性尘肺病及其他呼吸系统疾病；二是职业性皮肤病；三是职业性眼病；四是职业性耳鼻喉口腔疾病；五是职业性化学中毒；六是物理因素所致职业病；七是职业性放射性疾病；八是职业性传染病；九是职业性肿瘤；十是其他职业病。

1.2 危险源、事故隐患、事故三者之间的关系

1.2.1 危险源与事故隐患

危险源与事故隐患的本质区别在于：

（1）危险源是客观存在的，不可能被消除。

(2) 事故隐患是人为的，可以消除并且必须被消除。由重大危险源产生的事故隐患，具备了发生事故的客观条件，只要在外界的激发或诱导条件作用下，必然会发生事故。

(3) 危险源与事故没有必然的联系，事故隐患与事故却有着必然的联系。

在安全管理工作中，对事故隐患的控制管理总是与一定的危险源联系在一起，因为没有危险的隐患也就谈不上要去控制它；而对危险源的控制，实际上就是消除或防止其存在的事故隐患。

1.2.2 危险源与事故

基于系统安全的基本理论，我国的学者提出了两类危险源理论：第一类危险源是指系统中存在的、可能发生意外释放的能量或危险物质；第二类危险源是指导致限制能量措施失衡或破坏的各种不安全因素（人、物、环境）。

该理论认为，一起事故的发生是两类危险源共同作用的结果。第一类危险源的存在是事故发生的前提，没有第一类危险源就谈不上能量或危险物质的意外释放，也就不会有事故发生。如果没有第二类危险源破坏对第一类危险源的控制，也不会发生能量或危险物质的意外释放。第二类危险源的出现是第一类危险源导致事故的必备条件。

在事故的发生、发展过程中，两类危险源相互依存、相辅相成。第一类危险源在事故发生时释放出的能量是导致人员伤亡或经济损失的能量主体，决定事故后果的严重程度；第二类危险源出现的难易程度决定事故发生的可能性大小。两类危险源共同决定事故的危险性。如图 1-1 所示为系统安全理论的事故因果连锁观点。

在企业的实际事故预防工作中，第一类危险源客观上已经存在并且在设计、建造时已经采取了必要的控制措施，因此事故预防工作的重点是第二类危险源的控制问题。

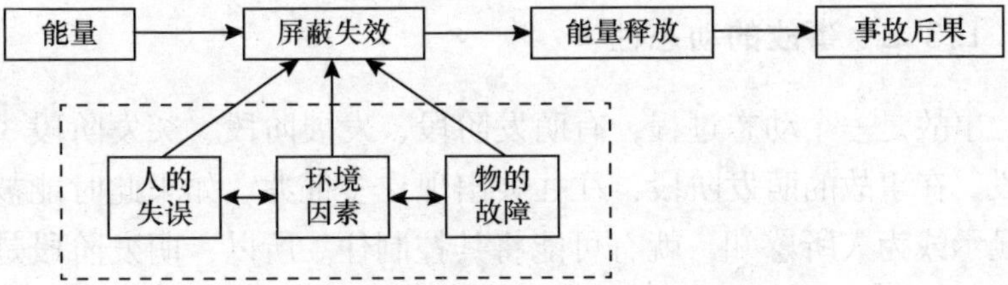

图 1-1　系统安全理论的事故因果连锁观点

1.3　事故特征

了解事故具有哪些特征，对于我们认识事故、预防事故具有重要指导意义。

1.3.1　事故的系统性

事故是在系统运行过程中发生的。每个系统都有一定的功能，当系统发生事故时，通常会使系统的运行中断或其功能受到影响。例如，钉钉子的工人不小心把钉锤打在自己的手上，会暂停钉钉子工作，造成手部受伤；2002 年某航空公司“4·15”空难和某航空公司“5·7”空难，机毁人亡，造成这两家航空公司的整个飞行系统阶段性中断；某变电站出现故障，会引发停电事故，造成一定范围内的工业生产停止；2008 年 2 月下旬，我国南方出现的大范围雪灾，造成一定范围内的电力、通信系统中断。

1.3.2　事故的意外性

事故是意外的突发事件，属于随机事件。虽然随机事件很难预测，但它也有规律可循，通常遵循“大数定律”。通过大量事故数据统计分析，可以得出很多有参考价值的规律性结论，如三角形规律、设备故障的浴盆曲线、事故的多发时间、事故的多发作业等。

1.3.3 事故的动态性

事故是一个动态过程，有萌发阶段、发展阶段、突发阶段3个阶段。在事故的萌发阶段，往往会出现许多征兆，如果此时能被仪表显示或为人所感知，就有可能将其控制住。所以，萌发阶段是预防和消除事故的最关键时期。然而，有30%~40%的事故是由于在萌发阶段没有被发现（没有被显示或没有被感知）而导致的。当然，事故的发展阶段也不失为消除其继续恶化的重要时机，如果能及时采取措施，也能够将其消除。

1.3.4 事故的必然性

事故发生的根本原因是系统内潜在的各种不安全因素，因此只要存在不安全因素，且未予消除或控制，该系统就迟早会发生事故。

不安全因素包括：硬件的缺陷（如没有被发现的设计缺陷、材质缺陷、老化、磨损等），操作规程的缺陷，以及常常被忽视而又十分重要的操作人员的知识、技能、安全素养方面的缺陷。上述种种不安全因素在特定条件下，就会导致事故，这体现了事故的必然性。

1.3.5 事故的规律性

（1）事故多发时间

1）节假日及其前后。在节假日及其前后，生产作业人员思想受干扰因素多，工作时注意力容易分散。

2）交接班前后。交接班前后的一个邻近时间段属于“注意力低峰”。交班者注意力放松，接班者还未完全进入“角色”。有时在交班前，为了赶在下班前完成某项任务，草草收尾，因而遗漏某个操作或有意违规，结果导致事故的发生。在交接班前后，不但容易出现事故，而且一旦发生事故，由于不易做到指挥统一、协调一致，还可能使事故扩大。

3）4时—6时。例如，核电厂异常事件（包括事故）按时间分布的统计结果表明：异常事件的发生率在4时—6时出现峰值。这是因为，通常人在凌晨是最易犯困的时候，注意力较难集中。

（2）事故多发季节

例如，触电事故多发生在夏季；雷击事故多发生在春夏之交雷雨季节；火灾事故多发生在秋冬季节。

（3）事故多发作业

1）高处作业。例如，高层建筑、架桥、大型设备吊装作业等。

2）地下作业。例如，煤矿井下、地下隧道作业等。

3）带电作业。例如，常因违规操作而触电造成伤亡。

4）高速转动作业。例如，高速车床作业。

5）有污染的作业。例如，在高噪声或有毒物质、有放射性物质的环境下作业。

6）交通事故。例如，在交叉路口、陡坡、急转弯、闹市区行车，雾天行车或飞机航行。

7）复杂操作。例如，飞机起飞、着陆过程。

8）单调的监控作业。随着工业自动化程度日益提高，许多手工操作能由机器完成，人们只是起监控作用。在绝大多数情况下，机器是正常运行的，人的工作负荷很小，但又不能离开作业区域或去做其他的事情，此时非常容易产生心理疲劳，会对突然发生的异常工况失去感知能力而导致事故。

1.4 事故等级及分类

1.4.1 事故等级划分

根据生产安全事故造成的人员伤亡或者直接经济损失，事故一般分为以下等级：

（1）特别重大事故，是指造成30人以上（“以上”包括本数，“以下”不包括本数，下同）死亡，或者100人以上重伤（包括急性工业中毒，下同），或者1亿元以上直接经济损失的事故。

（2）重大事故，是指造成10人以上30人以下死亡，或者50人以上100人以下重伤，或者5 000万元以上1亿元以下直接经济损失的事故。

（3）较大事故，是指造成3人以上10人以下死亡，或者10人以上50人以下重伤，或者1 000万元以上5 000万元以下直接经济损失的事故。

（4）一般事故，是指造成3人以下死亡，或者10人以下重伤，或者1 000万元以下直接经济损失的事故。

1.4.2 事故分类

为了评价企业安全状况，研究发生事故的原因和有关规律，在对伤亡事故进行调查取证的过程中，需要对事故进行科学的分类。

（1）按对人员造成的伤害程度分类

1）人身险肇事故。是指险些造成重伤、死亡或多人伤亡的事故，下列情况包括在内：

①非生产区域、非生产性质的险肇事故。

②虽发生了生产中断或设备损害，但不至于造成人身伤亡的事故。

③一般违章行为。

2）轻伤。职工受伤后歇工满一个工作日以上，但未达到重伤程度的伤害。

3）重伤。凡有下列情况之一者均列为重伤：

①经医生诊断为残疾或可能成为残疾者。

②伤势严重，需要进行较大手术才有可能康复的。

③人体部位严重烧伤、烫伤，或虽非要害部位，但烧伤部位占

体表面积达三分之一以上的。

④严重骨折、脑震荡的。

⑤眼部受伤较重，有失明可能的。

⑥手部伤害，拇指被轧断一节的；其他四指中任何一指被轧断两节或任何两指都被轧断一节的；局部肌肉受伤严重，引起功能性障碍，有不能自由伸屈的残疾可能的。

⑦脚部伤害，脚趾被轧断三节以上；局部肌肉受伤甚重，引起功能性障碍，有不能行走自如残疾可能的。

⑧内脏伤害，指内出血或伤及腹膜等。

⑨不在上述范围内的伤害，经医生诊断后，认为受伤较重，可参照上述各点由企业提出初步意见，报当地安全生产监督管理机构审查确定。

4）死亡或永久性全部丧失劳动能力。造成死亡或永久性全部丧失劳动能力的每起事故相当于损失 7 500 个工作日。这是假定死亡或永久性全部丧失劳动能力者的平均年龄为 33 岁，死亡或伤残后丧失了 25 年的劳动时间，每年劳动 300 d，因此损失 7 500 个工作日。

（2）按致伤原因分类

《企业职工伤亡事故分类》（GB 6441—1986）按职工受伤的原因，将事故分为 20 类：

1）物体打击。

2）车辆伤害。

3）机械伤害。

4）起重伤害。

5）触电。

6）淹溺。

7）灼烫。

8）火灾。

9）高处坠落。

10）坍塌。

11）冒顶片帮。

12）透水。

13）放炮。

14）火药爆炸。

15）瓦斯爆炸。

16）锅炉爆炸。

17）容器爆炸。

18）其他爆炸。

19）中毒和窒息。

20）其他伤害。

（3）按管理因素分类

1）设备、工具、附件有缺陷。

2）防护、安全联锁、信号等装备缺失或有缺陷。

3）劳动防护用品缺失或有缺陷。

4）作业场所光线不足或通风情况不良。

5）没有操作规程或安全管理制度不健全。

6）劳动组织不合理。

7）对现场工作缺乏指导或指导有错误。

8）设计有缺陷。

9）不懂操作技术。

10）违章指挥、违规操作、违反劳动纪律（“三违”）。

11）其他。

事故分类的方法和管理取决于对伤亡事故进行统计的目的和范围。上级管理部门为综合掌握全局伤亡事故的情况，事故类别的划分可以相对较宏观；一个部门或一个企业为追究事故的根源和探索整改方案，事故类别的划分可以详细一些。样本数一定的情况下，分类越细，数据越分散。为了保障在较细分类的情况下数据不至于过分分散，就需要扩大统计范围，如将歇工不足一个工作日的伤害事故或非伤害事故也统计在内。

第 2 讲

事故的致因理论

事故的致因理论是指从大量典型事故的本质原因分析中所提炼出来的事故产生的机理和事故模型。这些机理和模型反映了事故发生具有规律性，能够为事故原因的定性分析和定量分析，为事故的预测、预防，为改进安全管理工作，提供科学的、完整的理论依据。

随着科学技术和生产方式的发展进步，事故发生的本质规律在不断变化，人们对事故原因的研究也在不断深入，因此先后出现了十几种具有代表性的事故致因理论。概括地讲，事故致因理论的发展经历了 3 个阶段，即以事故频发倾向理论和事故因果连锁理论为代表的早期事故致因理论；以能量意外释放理论为主要代表的第二次世界大战后的事故致因理论；20 世纪 50 年代以来的现代系统安全理论。

2.1 事故频发倾向理论

2.1.1 事故频发倾向

事故频发倾向是指个别人具有容易发生事故的、稳定的、个人的内在倾向。1919 年，英国学者格林伍德和伍兹对许多工厂里伤害事故发生次数的资料按以下 3 种统计分布进行了统计检验：

（1）泊松分布。当发生事故的概率不存在个体差异时，即不存在事故频发倾向者时，一定时间内事故发生次数服从泊松分布。在这种情况下，事故的发生是由于工厂里的生产条件、机械设备方面的问题，以及一些其他偶然因素引起的。

（2）偏倚分布。一些工人由于存在着精神或心理方面的问题，如果在生产操作过程中发生过一次事故，则会造成其胆怯或神经过敏，当再次操作时，就有发生第二次、第三次事故的倾向。造成这种统计分布的原因是工人中存在少数有精神或心理缺陷的人。

（3）非均等分布。当工厂中存在许多特别容易发生事故的人时，发生不同次数事故的人数服从非均等分布，即每个人发生事故的概率不相同。在这种情况下，事故的发生主要是由于人的因素引起的。

通过统计分析，发现工厂中存在着事故频发倾向者。事故频发倾向者往往有如下的性格特征：感情易冲动，容易兴奋；喜怒无常，感情多变；容易极度喜悦和悲伤；脾气暴躁；厌倦工作，没有耐心；遇事慌慌张张、不沉着；动作生硬，工作效率低；运动神经迟钝，动作不灵活；理解能力低，判断和思考能力差；缺乏自制力；处理问题轻率、冒失。

1939年，法默和查姆勃明确提出了事故频发倾向的概念，认为事故频发倾向者的存在是工业事故发生的主要原因。

判断某人是否为事故频发倾向者，要通过一系列的心理学测试。例如，在日本曾采用YG（Yatabe－Guilford）方法来测试工人的性格。另外，也可以通过对工人日常行为的观察来发现事故频发倾向者。

2.1.2 事故遭遇倾向

事故遭遇倾向是指某些人员在某些生产作业条件下容易发生事故的倾向。

许多研究结果表明，事故的发生不仅与个人先天性因素有关，而且与生产条件、工人的年龄、工人的工作经验以及熟练程度有关。实际上，事故遭遇倾向就是事故频发倾向理论的修正，明兹和布卢姆建议用事故遭遇倾向取代事故频发倾向的概念。

2.1.3 关于事故频发倾向理论的科学性

自格林伍德的研究起，迄今有无数的研究者对事故频发倾向理论的科学性问题进行了专门的研究与探讨，关于事故频发倾向者是否存在的问题一直有争议。

许多研究结果表明，事故频发倾向者并不存在。其原因如下：

（1）当每个人发生事故的概率相等且概率极小时，一定时期内发生事故的次数服从泊松分布。根据泊松分布，大部分工人不发生事故，少数工人只出现一次，只有极少数工人发生两次及以上事故。

（2）有关研究结果显示，某一段时间里发生事故次数多的人，在以后的时间里往往发生事故的次数就不再多了，并非永远是事故频发倾向者，很难找出事故频发倾向者的稳定个人特征。

（3）根据事故频发倾向理论，防止事故的重要措施是人员选择。但是许多研究结果表明，把事故发生次数多的工人调离后，企业事故发生率并没有降低。

当然，工业生产中的许多操作对操作人员的素质都有一定的要求，或者说人员有一定的职业适合性。当人员的素质不符合生产操作要求时，在生产操作中就会发生失误或出现不安全行为，从而导致事故的发生。危险性较高或重要的操作，特别要求操作人员具有较高的素质。例如，特种作业的操作人员要经过专门的培训、严格的考核，获得特种作业资格后才能上岗。因此，尽管事故频发倾向理论把工业事故的原因归咎于少数事故频发倾向者的观点是不完全正确的。但是从职业适合性的角度来看，关于事故频发倾向的认识也有一定的可取之处。

2.2 事故因果连锁理论

2.2.1 海因里希因果连锁理论

在工业安全理论基础上，海因里希首次提出因果连锁理论，用以阐述导致伤亡事故各种因素间及各因素与伤害间的关系。该理论认为，伤亡事故的发生不是一个孤立的事件，尽管事故可能是在某一瞬间突然发生，但它是一系列相互作用的原因事件相继发生、共同作用的结果。

在事故因果连锁理论中，以事故为中心，其原因包括3个层次：直接原因，间接原因，基本原因。由于对事故各层次的原因认识不同，因此形成了不同的事故致因理论。人们经常用事故因果连锁的形式来表达某种事故致因理论。

（1）事故因果连锁构成

海因里希把工业伤害事故的发生、发展过程描述为具有一定因果关系的事件的连锁，即：

1）人员的伤亡是事故的结果。

2）事故发生的原因是人的不安全行为或物的不安全状态。

3）人的不安全行为或物的不安全状态是由于人的缺点造成的。

4）人的缺点是由于不良社会环境诱发或先天的遗传因素造成的。

（2）事故因果连锁过程的影响因素

海因里希将事故因果连锁过程的影响因素可概括为以下5个方面：

1）遗传因素及社会环境。遗传因素及社会环境是造成人的缺点的原因。遗传因素可能形成鲁莽、固执等不良性格；社会环境可能妨碍人接受教育，助长其遗传因素造成的缺点的发展。

2）人的缺点。人的缺点是使人产生不安全行为或造成物的不安全状态的原因，包括鲁莽、固执、过激、神经质、轻率等性格上的先天缺点，以及缺乏安全生产知识和技术等后天缺点。

3）人的不安全行为或物的不安全状态。人的不安全行为或物的不安全状态是造成事故的直接原因。例如，在起重机的吊物下停留，不发信号就启动机器，作业场所打闹，拆除安全防护装置等都属于人的不安全行为；没有防护的传动齿轮，裸露的带电体，作业场所照明不良等都属于物的不安全状态。

4）事故。这里的事故是指由于物体、物质、人或环境的作用或反作用，使人员受到伤害或可能受到伤害的，出乎意料的、失去控制的事件。

5）伤害。由事故直接产生的人员伤亡。

海因里希用多米诺骨牌来形象地描述这种事故因果连锁关系，如图 2-1 所示。在多米诺骨牌系列中，一颗骨牌被碰倒了，则将发

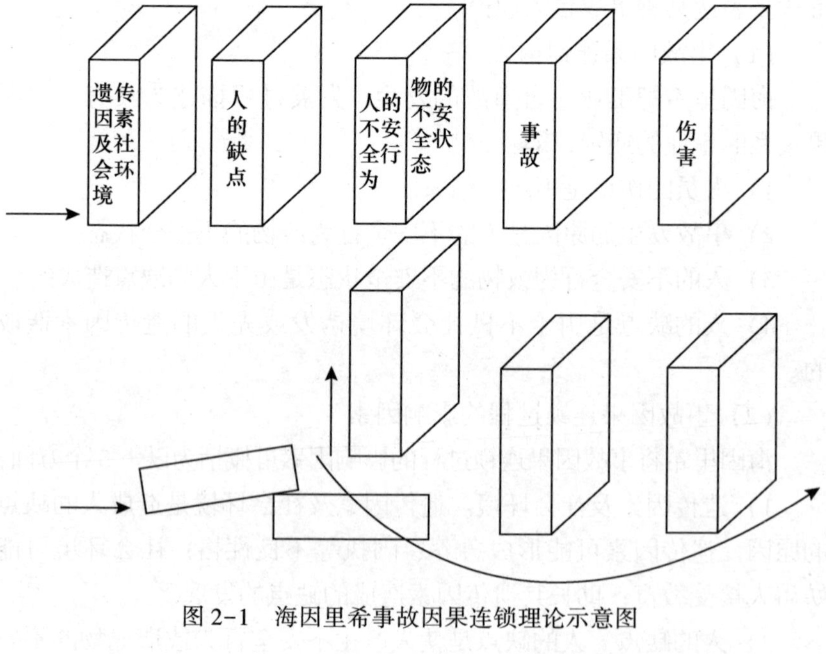

图 2-1　海因里希事故因果连锁理论示意图

生连锁反应，其余的几颗骨牌相继也会被碰倒。如果移去其中的一颗骨牌，则连锁反应被破坏，事故过程则被中止。海因里希认为，企业安全工作的中心是防止人的不安全行为，消除物的不完全状态，中断事故连锁反应的进程以防止事故的发生。

海因里希事故因果连锁理论纠正了事故的原因不可知论的错误，认为人的不安全行为是产生事故的根本原因，从个别人、人的本质以及管理人员（非直接生产人员）角度，深化了对人的不安全行为在事故发生和发展过程中所起关键作用的认识。然而，该理论又在一定程度上忽视或轻视了劳动工具（包括生产设备）、劳动对象、工作环境所固有的危险性对事故发生所起到的作用。

2.2.2 博德事故因果连锁理论

与早期的事故频发倾向、海因里希因果连锁等理论强调人的性格、遗传特征等不同，第二次世界大战后，人们逐渐认识到管理因素在事故致因中的重要作用。虽然人的不安全行为或物的不安全状态是工业伤害事故的直接原因，必须加以管理，但是它们只不过是事故的征兆和管理缺陷的反映。只有找出深层的、背后的原因，改进企业安全管理，才能有效地防止事故的发生。

博德在海因里希事故因果连锁理论的基础上，提出了与现代安全观点更加吻合的事故因果连锁理论，如图2-2所示。

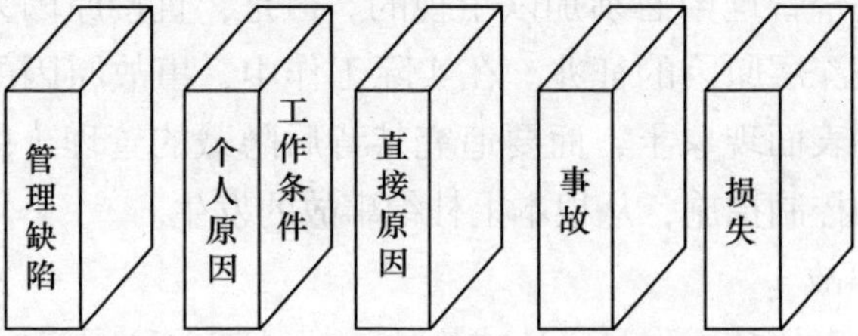

图2-2 博德事故因果连锁理论示意图

博德事故因果连锁过程同样概括为5个影响因素，但每个因素的含义与海因里希事故因果连锁过程的影响因素都有所不同。

（1）管理缺陷

对于大多数企业来说，由于各种原因，完全依靠工程技术措施预防事故既不经济也不现实，只能通过改进安全管理工作，经过较大的努力，才能防止事故的发生。企业管理者必须认识到，只要生产没有实现本质安全化，就有发生事故的可能性，因此，安全管理是企业管理的重要组成部分。

安全管理系统要随着生产的发展变化而不断地调整和完善，十全十美的安全管理系统不可能存在，由于安全管理上的缺陷，造成能够导致事故的其他原因出现。

（2）个人原因及工作条件

该因素是由于管理缺陷造成的。个人原因包括缺乏安全生产知识或技能，行为动机不正确，生理或心理有问题等；工作条件原因包括安全操作规程不健全，设备、材料不合适，以及存在温度、湿度、粉尘、有害气体、噪声、照明、工作场地状况（如打滑的地面、障碍物、不可靠支撑物）等超标或不良的作业环境因素。只有找出并控制这些因素，才能有效地防止事故的发生。

（3）直接原因

人的不安全行为或物的不安全状态是导致事故的直接原因，这种原因是安全管理中必须加以重视的。但是，直接原因只是一种表面现象，是深层原因的征兆。在实际工作中，事故原因的管理不能停留在这种表面现象上，而要追究其背后隐藏的管理上的缺陷，并采取有效的控制措施，从根本上杜绝事故的发生。

（4）事故

这里的事故被看作是人体或物体与超过其承受阈值的能量接触，人体与妨碍正常生理功能的物质的接触。因此可以理解为，防止事故就是防止与有害物接触，可以通过对装置、材料、工艺等的改进来防止有害物能量的释放，或者通过提高操作人员识别和避开危险的能力来实现。

(5) 损失

人员伤亡及经济损失统称为损失。人员伤亡包括死亡、职业病、受伤、精神创伤等。在许多情况下，相关部门可以采取适当的措施使事故造成的损失减少到最低限度。例如，对受伤人员进行迅速、正确地抢救，对设备进行抢修以及平时对有关人员进行事故应急训练等。

2.2.3 亚当斯事故因果连锁模型

亚当斯提出了一种与博德事故因果连锁理论类似的事故因果连锁模型，该模型以表格的形式表现，见表2-1。

表2-1　　亚当斯事故因果连锁模型

管理体系	管理失误		现场失误	事故	伤害或损坏
	领导者在下述方面决策失误或没做决策：	安全管理人员在下述方面管理失误或疏忽：	人的不安全行为	伤亡事故	
目标	方针政策	行为			对人
	目标	责任		损坏事故	
组织	规范	权限范围			
	责任	规则			
机能	职级	指导	物的不安全状态	无伤害事故	对物
	考核	主动性			
	权限授予	积极性			
		业务活动			

在该模型中，事故和损失因素与博德事故因果连锁理论相似，并把人的不安全行为和物的不安全状态称作现场失误，其目的在于提醒人们注意人的不安全行为和物的不安全状态的性质。

该模型的核心在于对现场失误的背后原因进行了深入的研究。人的不安全行为及生产作业中物的不安全状态即现场失误，是由于企业领导者的决策失误和安全管理人员的管理失误造成的，均会对企业安全生产工作产生不利影响。管理失误由企业管理体系中的问题所导致，这些问题包括：如何有组织地进行管理工作，确定怎样的管理目标，如何计划，如何实施等。企业管理体系反映了作为决策中心的领导者的信念、目标及规范，它决定着各级管理人员安排工作的轻重缓急、工作基准及指导方针等重大问题。

2.2.4 北川彻三事故因果连锁模型

前面几种事故因果连锁理论（或模型）都把考察的范围局限在企业内部。实际上，工业事故发生的原因是很复杂的，一个国家或地区的政治、经济、文化、教育、科技水平等诸多社会因素对事故的发生和预防都有着重要的影响。

北川彻三正是基于这种考虑，对海因里希的理论进行了一定的修正，提出了另一种事故因果连锁模型，见表2-2。

表2-2　北川彻三事故因果连锁模型

基本原因	间接原因	直接原因		
学校教育的原因 社会的原因 历史的原因	技术的原因 教育的原因 身体的原因 精神的原因 管理的原因	人的不安全行为 物的不安全状态	事故	伤害

在北川彻三事故因果连锁模型中，基本原因中的各个因素，已经超出了企业安全生产工作的范围。但是，充分认识这些基本原因，对综合利用可能的科学技术、管理手段来改善间接原因，达到预防事故发生的目的是十分重要的。

2.3 能量意外释放理论

2.3.1 能量意外释放理论的概念

能量在生产过程中是必不可少的，人类需要利用能量来做功以实现生产目的，为了利用能量做功，则必须控制能量。在正常生产过程中，能量在各种约束和限制条件下，按照人们的意志流动、转换和做功。如果在这个过程中，由于某种原因使能量失去了控制，发生了异常或意外的释放，则称为发生了事故。

如果意外释放的能量转移到人体，并且其能量超过了人体的承受能力，则人体将受到伤害。吉布森和哈登从能量的观点出发，曾经指出人受伤害的原因只能是某种能量向人体的转移，而事故则是一种能量的异常或意外的释放，这就是能量意外释放理论。

该理论认为，能量的种类有许多，如动能、势能、电能、热能、化学能、原子能、辐射能、声能和生物能等，人受到的伤害都可以归结为上述一种或若干种能量的异常或意外转移。麦克法兰特认为，“所有的伤害事故（或损坏事故）都是因为：①接触了超过机体组织（或结构）抵抗力的某种形式的过量的能量；②有机体与周围环境的正常能量交换受到了干扰（如窒息、淹溺等）。因而，各种形式的能量是构成伤害的直接原因。”根据此观点，可以将能量引起的伤害分为两大类：

第一类伤害是由于转移到人体的能量超过了局部或全身性伤害阈值而产生的伤害。人体各部位对每一种能量的作用都有一定的抵抗能力，即有一定的伤害阈值。当人体某部位与某种能量接触时，能否受到伤害及伤害的严重程度如何，主要取决于作用于人体的能量大小。作用于人体的能量超过伤害阈值越高，造成伤害的可能性越大。例如，球形弹丸以 4.9 N 的冲击力打击人体某部位时，最多轻微地撞伤皮肤；而重物以 68.9 N 的冲击力打击人的头部时，则会造成头骨骨折。

第二类伤害则是由于影响局部或全身性能量交换而引起的伤害。例如，因物理因素或化学因素引起的窒息（如溺水、一氧化碳中毒等），因体温调节障碍引起的生理损害、局部组织损坏或死亡（如中暑、冷冻伤等）。

能量意外释放理论的另一个重要概念是：在一定条件下，某种形式的能量能否产生人员伤害，除了与能量大小有关以外，还与人体所接触能量的时间和频率、集中程度、部位等有关。

能量意外释放理论与其他事故致因理论相比，具有两个重要优点：一是把各种能量对人体的伤害归因为事故的直接原因，从而决定了以对能量源及能量传送装置加以控制作为防止或减少事故发生的最佳手段这一原则；二是依照该理论建立的对事故的统计分类，是一种可以全面概括、阐明事故类型和性质的统计分类方法。

能量意外释放理论的不足之处在于：由于意外转移的机械能（动能和势能）是造成事故的主要能量形式，这就使得按能量释放观点对事故进行统计分类的方法尽管具有理论上的优越性，然而在实际应用上却存在困难。它的实际应用尚有待于对机械能的分类作更加深入细致的研究，以便对机械能造成的伤害进行分类。

人体受到超过其承受能力的常见能量类型及其作用时产生的伤害情况见表2-3，人体与外界的能量交换受到干扰而发生伤害的情况见表2-4。

表2-3　　　　常见能量类型与伤害

常见能量类型	产生的伤害	事故类型
机械能	割伤、挤压伤、骨折、内脏伤等	物体打击、坠落、爆炸、冒顶片帮等
热能	皮肤被烧伤、烧焦	灼烫、火灾
电能	干扰神经、电伤	触电
化学能	烧伤、致癌、致畸形、遗传突变	中毒、窒息、火灾

表 2-4　　　　能量交换受到干扰而发生伤害

干扰类型	产生的伤害	事故类型
氧的利用	局部或全身生理伤害	中毒或窒息
其他	生理伤害、热昏迷、热衰竭	—

2.3.2 能量观点的事故因果连锁模型

研究人员调查事故原因时发现，大多数事故都是因为人体遭受过量的能量或干扰人体与外界正常能量交换的危险物质的意外释放引起的，并且几乎毫无例外地，这种过量的能量或危险物质的释放都是由于人的不安全行为或物的不安全状态造成的。即人的不安全行为或物的不安全状态使得能量或危险物质失去了控制，是能量或危险物质释放的导火线。

美国矿山局的札别塔基斯依据能量意外释放理论，建立了新的基于能量观点的事故因果连锁模型（见图 2-3）。

（1）事故

在该模型中，事故是能量或危险物质的意外释放，是造成人员伤害的直接原因。为防止事故发生，可以通过技术改进来防止能量意外释放，通过教育培训提高职工识别危险的能力，通过佩戴劳动防护用品来避免伤害。

（2）人的不安全行为和物的不安全状态

人的不安全行为和物的不安全状态是导致能量意外释放的直接原因，它们是管理失误、个人原因和环境原因的征兆。

（3）基本原因

1）管理失误。管理失误包括以下管理存在的缺陷：生产及安全目标；职工的配置；信息利用；责任及职权范围；职工的选择、教育、训练、安排、指导和监督；设备、装置及器材的采购、维修；正常时、异常时的操作规程；设备的维修和保养等。

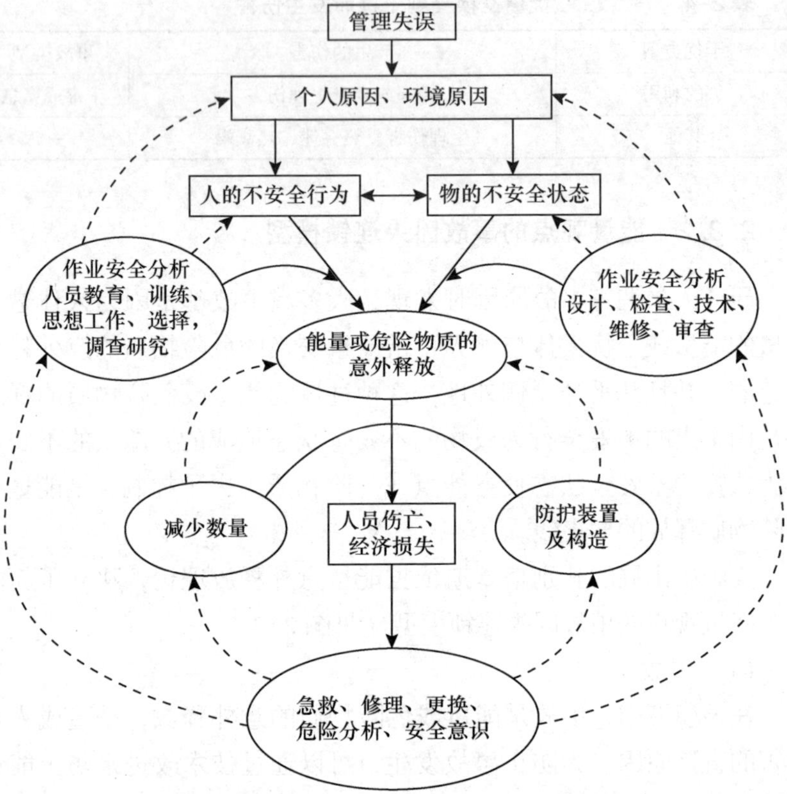

图 2-3　基于能量观点的事故因果连锁模型

2）个人原因。个人原因包括以下方面存在问题：能力、知识、训练；动机、行为；身体、精神状态；反应时间；个人兴趣等。

3）环境原因。环境原因包括以下方面存在问题：企业所处的人文、地理等大的环境和生产作业场所微气候等小的环境；企业和生产班组的企业文化和管理手段等方面的管理环境。

2.4 系统安全理论

20 世纪 50 年代以来，科学技术进步的一个显著特征就是设备、工艺及产品越来越复杂。战略武器研制、航空航天技术开发及核电站建设等，使得作为现代科学技术标志的大规模复杂系统相继问世，这些复杂的系统往往由非常复杂的关系相连接，人们在研制、开发、使用及维护这些大规模复杂系统的过程中，逐渐萌发了系统安全的基本思想。于是，在美国 20 世纪 50 年代到 60 年代研制洲际导弹的过程中，系统安全理论应运而生。

所谓系统安全，是指在系统寿命周期内应用系统安全管理及系统安全工程原理，识别危险源并使其危险性减至最小，从而使系统在规定的性能、时间和成本范围内达到最佳的安全程度。系统安全的基本原则是，在一个新系统的构思阶段就必须考虑其安全性的问题，制订并开始执行安全工作规划——系统安全活动计划，并且把系统安全活动贯穿于系统寿命周期，直到系统报废为止。

2.4.1 系统安全理论的主要观点

系统安全理论包括很多区别于传统安全理论的创新概念：

（1）致因方面

在事故致因方面，系统安全理论改变了人们只注重人的不安全行为而忽视物的不安全状态重要作用的传统观念，开始考虑如何通过改善物的系统可靠性来提高复杂系统的安全性，从而避免事故。

（2）事故本质方面

系统安全理论认为，没有任何一种事物是绝对安全的，任何事物中都潜伏着危险因素。通常所说的安全或危险只不过是一种主观的判断。能够造成事故的潜在危险因素称作危险源，由于某种危险源所造成人员伤害或物质损失的可能性称作危险。危险源是一些可能出问题的事物或环境因素，而危险表征潜在的危险源造成伤害或损失的机会，可以用概率来衡量。

（3）危险性方面

系统安全理论认为，不可能根除一切危险源和事故危害，但可以减少来自现有危险源的危险性，宁可减少总的危险性而不是只彻底去消除几种选定的危险源。

（4）危险感知方面

由于人的认识能力有限，有时不能完全认识危险源及其危险，即使认识了现有的危险源，随着生产技术的发展，新技术、新工艺、新材料和新能源的出现，又会产生新的危险源。由于受技术、资金、人力等因素的限制，对于认识了的危险源也不可能完全根除，因此要认识到在不能全部根除危险源的情况下，可以把危险降低到可接受的程度，即可接受的危险。安全工作的目标就是控制危险源，努力把事故发生概率降到最低，即使万一发生事故，也可以把伤害和损失控制在较轻的程度上。

2.4.2 系统安全中的人失误

与以往工业安全术语中的“人的不安全行为”不同，系统安全理论中对于人的因素使用术语“人失误”。

里格比认为，人失误是人的行为结果超出了系统某种可接受的限度。换言之，人失误是指人在生产操作过程中实际实现的功能与被要求实现的功能之间的偏差，其结果是可能以某种形式给系统带来不良影响。

人失误产生的原因包括两个方面：一是由于工作条件设计不当，即可接受的限度不合理引起人失误；二是由于人员的不恰当行为造成人失误。除了生产操作过程中的人失误之外，还要考虑设计失误、制造失误、维修失误以及运输保管失误等，因而较以往工业安全中的“人的不安全行为”，人失误对人的因素涉及的内容更广泛、更深入。

2.4.3 系统安全理论的推广应用

由美国空军提出的系统安全理论在空军应用之后，又推广到美国陆军和海军。1969年，美国陆军颁发了系统安全军用标准，详细规定了武器系统研究、开发、生产制造及使用维护的系统安全标准。此后，系统安全进入航天、航空及核电站等领域。拉氏姆逊等人在没有核电站事故先例的情况下，应用概率危险评价技术对核电站作了定量的安全性评价，1975年美国原子能委员会发表了《核电能风险报告》，轰动世界。

系统安全注重整个系统寿命期间的事故预防，尤其强调在新系统的开发、设计阶段采取措施消除、控制危险源。对于正在运行的系统，如工业生产系统，管理方面的疏忽和失误是事故发生的主要原因。约翰逊等人很早就注意到了这个问题，创立了系统安全管理的理论和方法体系 MORT（管理疏忽与危险树），把能量意外释放论、变化的观点、人失误理论等引入其中，又包括了工业事故预防中许多行之有效的管理方法，如事故判定技术、标准化作业、职业安全分析以及人的因素分析等，同时又提出了许多新的安全相关概念。该方法体系的基本思想和方法对现代工业安全管理产生了深远的影响。

系统安全理论认为可能意外释放的能量是事故发生的根本原因，而对能量控制的失效是事故发生的直接原因，这涉及能量控制措施的可靠性问题。在系统安全研究中，不可靠被认为是不安全的原因，可靠性是系统安全工程的基础之一。研究可靠性时，涉及物的因素时，使用“故障”这一术语；涉及人的因素时，使用“人失误”这一术语。这些术语的含义比以往的“人的不安全行为”“物的不安全状态”深刻得多。一起事故的发生是许多人失误和物的故障相互复杂关联、共同作用的结果，即许多事故因素复杂作用的结果。因此，在预防事故时必须在弄清事故因素相互关系的基础上采取恰当的措施，而不是相互孤立地控制各个因素。

系统安全理论全面考虑了引起事故的各方面因素，而且特别关注其中人的因素，强调应通过加强管理，促进人—机—环境的匹配与协调来预防事故。

第 3 讲

危险源辨识与管理

危险源是指长期或临时地生产、加工、搬运、使用或储存危险物品，且危险物品的数量等于或超过临界量的单元。此处的单元是指一套生产装置、设施或场所；危险物是指能导致火灾、爆炸或中毒、触电等危险的一种或若干物质的混合物；临界量是指国家法律、法规、标准规定的一种或一类特定危险物质的数量。

在生产经营单位的日常生产中，一线职工难免要接触如生产设备设施、原材料、产品等，且身处在整个生产作业环境中，也就是说要直面危险源。因此，必须正确认识并能够分辨危险源，做到不受其直接或间接伤害。

3.1 危险源辨识

3.1.1 危险源辨识方法

危险源辨识是指发现、识别系统中的危险源。危险源辨识非常重要，是危险源控制的基础，只有辨识了危险源，才能有的放矢地考虑如何采取措施控制危险源。

以前，人们主要根据以往的事故经验进行危险源辨识工作。例如，通过与操作人员交谈或到现场进行检查，查阅以往的事故记录等方式发现危险源。危险源是“潜在的”的危险因素，比较隐蔽，所以危险源辨识是一项非常困难的工作。在系统比较复杂的场合，危险源辨识工作更加困难，需要利用专门的方法，还需要许多知识和经验。

危险源辨识方法主要分为对照法和系统安全分析法。

（1）对照法

对照法是指与有关的标准、规范、规程或经验进行对照，通过对照来辨识危险源。有关的标准、规范、规程，以及常用的安全检查表，都是在大量实践经验的基础上编制而成的。因此，对照法是一种基于经验的方法，适用于有以往经验可供借鉴的情况。

（2）系统安全分析法

系统安全分析法主要是指从安全角度进行系统分析，通过揭示系统中可能导致系统故障或事故的各种因素及其相互关联，来辨识系统中的危险源。系统安全分析方法经常被用来辨识可能带来严重事故后果的危险源，也可以用于辨识没有事故经验的系统的危险源。

3.1.2 第一、第二类危险源理论

按照危险源在事故发生、发展过程中的作用，可以将其分为两类。第一类危险源是指作用于人体的过量的能量或干扰人体与外界进行能量交换的危险物质。在实际生产中，往往把产生能量的能量源或拥有能量的能量载体以及产生、储存危险物质的设备、容器或场所看作第一类危险源。

为保证第一类危险源的安全，必须采取措施约束、限制能量，但约束、限制能量的措施可能因失效而导致发生事故。因此，把导致对能量或危险物质的约束或限制措施破坏或失效的各种危险因素称为第二类危险源。

第一类危险源是事故发生的前提，它在发生事故时释放出的能量或危险物质是导致人员伤害或财物损失的能量主体，并决定事故后果的严重程度，也是主要研究和分析的对象。第二类危险源是第一类危险源导致事故的必要条件，并决定事故发生可能性的大小。可以将第一类危险源的危险性称为系统第一类危险性，将第二类危

险源的危险性称为系统第二类危险性，两者共同决定了系统的危险性。

3.1.3 危险源控制

危险源控制是指利用工程技术和管理手段消除、控制危险源，防止危险源导致事故、造成人员伤害和经济损失的工作。危险源控制的基本理论依据是能量意外释放理论。控制危险源主要通过工程技术手段来实现。危险源控制技术包括防止事故发生的安全技术和减少或避免事故损失的安全技术。前者在于约束、限制系统中的能量，防止发生意外的能量释放；后者在于避免或减轻意外释放的能量对人或物的作用。显然，在采取危险源控制措施时，应该着眼于前者，做到防患于未然。针对后者，也应做好充分准备，以便发生事故时能够防止事故扩大或引起其他事故（二次事故），把事故造成的损失限制在尽可能小的范围内。

管理也是危险源控制的重要手段。管理的基本功能是计划、组织、指挥、协调、控制，通过一系列有计划、有组织的系统安全管理活动，控制系统中人的因素、物的因素和环境因素，以有效地控制危险源。

3.1.4 危险性评价

危险性评价是辨识危险源的基础。危险性是指某种危险源导致事故、造成人员伤亡或财物损失的可能性。一般地，危险性包括危险源导致事故的可能性和一旦发生事故而造成人员伤亡或财物损失的后果严重程度两个方面。

系统危险性评价是对系统中危险源的危险性进行的综合评价。危险源的危险性评价包括对危险源自身危险性的评价和对危险源控制措施效果的评价。

系统中危险源的存在是绝对的，任何工业生产系统中都存在着若干危险源。受实际的人力、物力等方面因素的限制，不可能完全消除或控制所有的危险源，只能集中有限的人力、物力资源消除、控制危险性较大的危险源。在危险性评价的基础上，按其危险性的大小把危险源分类、排序，可以为确定采取控制措施的优先次序提供依据。

采取了危险源控制措施后进行的危险性评价，可以判断危险源控制措施的效果是否达到了预期要求。如果采取控制措施后危险性仍然很高，则需要进一步研究对策，采取更有效的措施使危险性降低到预期标准。当危险源的危险性很小、可以被忽略时，则不必采取控制措施。危险性评价方法有相对的评价法和概率的评价法两大类。

3.1.5　危险源辨识、评价与控制的实施

按一般意义上的理解，应该在危险源辨识的基础上进行危险源的危险性评价，根据危险性评价的结果，采取危险源控制措施。但是在实际工作中，危险源的辨识、评价与控制这三项工作并非严格地按照程序分阶段独立进行，而是相互交叉、相互重叠进行的。

例如，某一个系统中存在着大量的危险因素，按定义都可被看作危险源，实际上受人力、物力等因素的制约，只能把其中一部分具有较高危险性的危险因素当作危险源来处理，忽略危险性较小的危险因素。因此，在辨识危险源的过程中，也需要同时进行危险性评价。在选择控制措施控制危险源时，也同样如此，需要对控制效果进行相应的评价，通过评价结果选择最有效的控制措施。这种评价通常是通过对比控制前和控制后危险源的危险性进行的。在采取危险源控制措施时，虽然可以控制原有的危险源，但危险源控制措施本身又可能带来新的危险源及其危险性，因此在进行危险源控制时仍然需要进行危险源的辨识和评价工作。

3.2 危险源辨识技术

危险源辨识的目的，就是通过对系统的调查与分析，界定出系统中的哪些部分、哪些区域是危险源，其危险的性质、危害程度、存在状况，掌握危险源能量与物质转化为事故的转化过程规律、转化的条件、触发因素等，以便有效地控制能量和物质的转化，防止危险源转化为事故。因此，危险源辨识是指利用科学方法对生产过程中能量和物质的性质、类型、构成要素、触发因素或条件以及后果进行分析与研究，做出科学判断，为控制事故发生提供必要的、可靠的依据的工作过程。危险源辨识的理论方法主要有系统危险分析、危险评价等方法与技术。

在对危险源辨识的方法、步骤和程序上，主要涉及危险区域调查、危险源区域的划分原则、危险源辨识的组织程序、危险源辨识的技术程序等。通常来讲，一般的工业生产企业，在对危险源的辨识方面，主要涉及危险源辨识的组织程序和技术程序。

3.2.1 危险源辨识的组织程序

在企业实际生产管理中，对危险源的辨识与监控，可以采取以下组织程序：

（1）对管理人员和技术人员进行专项培训。

（2）确认本企业主要危险源和主要危险源区域。

（3）组织生产班组和操作人员发现危险源，进行危险源辨识。

（4）组织进行专项设备设施检查，参考有关事故案例和规程、标准，确认主要危险源。

（5）安全管理人员对危险源进行调查汇总，对所发现的危险源进行审查确认。

（6）对危险源进行分级管理，采取分级监控措施。

（7）对危险源提出有针对性的安全措施，并不断进行补充完善。

（8）填写危险源登记表，持续进行危险源分级监控管理。

3.2.2 危险源辨识的技术程序

危险源辨识的技术程序，主要是按照危险源的调查、危险区域的界定、存在条件及触发因素的分析、潜在危险性分析、危险源等级划分等内容进行的。

（1）危险源的调查

在进行危险源调查之前，需要确定所要分析的系统，如整个企业、某个车间、某个生产工艺过程。然后对所分析的系统进行调查，调查的主要内容包括生产工艺设备及材料情况、作业环境情况、人员操作情况、事故发生情况、设备与作业安全防护等。

（2）危险区域的界定

即划定危险源的范围。应对系统进行划分，可按设备、生产装置及设施划分子系统，也可按作业单元划分子系统。然后分析每个子系统中所存在的危险源，一般将产生能量或具有能量的物质，操作人员作业空间，产生聚集危险物质的设备、容器作为危险源。再以危险源为核心，加上防护范围，即为危险区域。

（3）存在条件及触发因素的分析

一定数量的危险物质或一定强度的能量，由于存在条件不同，所显现的危险性不同，被触发转换为事故的可能性也不同。因此，存在条件及触发因素的分析是危险源辨识的重要环节。存在条件包括储存条件（如堆放方式、其他物品情况、通风等）、物理状态参数（如温度、压力等）、设备状况（如设备的完好程度、缺陷情况、维修保养情况等）、防护条件（如防护措施、故障处理措施、安全标志等）、操作条件（如操作技术水平、操作失误率等）、管理条件等。

触发因素可分为人为因素和自然因素。人为因素包括个人因素（如操作失误、不正确操作、粗心大意、漫不经心、心理缺陷等）和管理因素（如不正确的管理、不正确的训练、指挥失误、判断决策失误、错误安排等）。自然因素是指引起危险源转化的各种自然条件及其变化，如气候条件参数（气温、气压、湿度、风速）变化、雷电、雨雪、地震等。

（4）潜在危险性分析

危险源转化为事故，其表现是能量和危险物质的释放，因此危险源的潜在危险性可用能量的强度和危险物质的量来衡量。能量包括电能、机械能、化学能、核能等，危险源的能量强度越大，表明其潜在危险性越大。也可根据使用的危险物质的量来描述危险源的潜在危险性。

（5）危险源等级划分

危险源等级一般按危险源在触发因素作用下转化为事故的可能性与发生事故的后果严重程度划分。危险源等级划分实质上是对危险源的评价，按发生事故的可能性大小，可将危险源分为非常容易发生、容易发生、较容易发生、不容易发生、难以发生和极难发生。根据事故后果严重程度，可将危险源分为可忽略的、临界的、危险的和破坏性的。此外，也可按单项指标划分等级。例如，高处作业根据高差指标将坠落事故危险源划分为4个等级（一级为2~5 m，二级为5~15 m，三级为15~30 m，特级为30 m以上），按压力指标可将压力容器划分为低压容器、中压容器、高压容器、超高压容器4个等级。从控制管理角度，通常根据危险源的潜在危险性、控制难易程度、事故可能造成的损失情况进行综合分级。

3.3 危险因素的分类

危险因素是指能够造成人员伤亡、影响人的身体健康、对物造成急性或慢性损坏的因素，严格地说可分为危险因素（强调突发性和短时性）和危害因素（长时间的累积效应），但一般统称为危险因素。

危险因素的分类方法，根据生产过程和伤亡事故的国家标准不同，有三种分类方法。

3.3.1 根据危害性质分类

根据《生产过程危险和有害因素分类与代码》（GB/T 13861—2009）的规定，将生产过程的危险因素分为人的因素、物的因素、环境因素、管理因素共4类。

3.3.2 根据伤亡事故类别分类

参照《企业职工伤亡事故分类》（GB 6441—1986），综合考虑起因物、引起事故发生的诱导性原因、致害物、伤害方式等，将危险因素分为20类。

3.3.3 参照职业病致病因素分类

参照职业病致病因素，可将危险因素分为毒物、粉尘、噪声与振动、高温、低温、致病微生物、辐射（电离辐射、非电离辐射）、其他有害因素共8类。

3.4 危险源的分类

危险源应由3个要素构成：潜在危险性、存在条件和触发因素。危险源的潜在危险性是指一旦触发事故则可能带来的危害程度或损失大小，或者说危险源可能释放的能量强度或危险物质的量。危险源的存在条件是指危险源所处的物理、化学状态和约束条件状态，如物质的压力、温度、化学稳定性，盛装容器的坚固性，周围环境障碍物等情况。触发因素虽然不属于危险源的固有属性，但它是危险源转化为事故的外因，而且每一类危险源都有相应的敏感的触发因素。例如，对于易燃易爆物质，热能是其敏感的触发因素；对于压力容器，压力升高是其敏的感触发因素。因此，一定的危险源总是与相应的触发因素相关联，在触发因素的作用下，危险源转化为危险状态，继而转化为事故。

危险源可以理解为导致事故发生的、潜在的危险因素。实际上，生产过程中的危险源即危险因素种类繁多、非常复杂，它们在导致事故发生、造成人员伤害和经济损失方面所起的作用不相同。相应地，控制它们的原则、方法也不相同。如前所述，可根据危险源在事故发生、发展中的作用，把危险源划分为两大类，即第一类危险源和第二类危险源。

3.4.1 第一类危险源分析

现实世界中充满了能量，即充满了危险源，也即充满了发生事故的危险。根据能量意外释放理论，事故是能量或危险物质的意外释放，作用于人体的过量的能量或干扰人体与外界能量交换的危险物质是造成人员伤害的直接原因。系统中存在的、可能发生意外释放的能量或危险物质是第一类危险源。一般地，能量被解释为物体做功的本领。做功的本领是无形的，只有在做功时才显现出来。因此，实际工作中往往把产生能量的能量源或拥有能量的能量载体看作第一类危险源，如带电的导体、奔驰的车辆等。

在工业企业生产过程中，比较常见的第一类危险源如下：

（1）产生、供给能量的装置、设备。产生、供给人们生产、生活活动能量的装置、设备是典型的能量源。例如，变电所、供热锅炉等，它们运转时供给或产生很高的能量。

（2）使人体或物体具有较高势能的装置、设备、场所。这些装置、设备、场所相当于能量源，如起重、提升机械，高差较大的场所等。

（3）能量载体。能量载体是指拥有较大能量的人或物。例如，运动中的车辆、机械的运动部件、带电的导体等，本身就具有较大能量。

（4）一旦失控可能产生巨大能量的装置、设备、场所。一些正常情况下按人们的意图进行能量转换和做功，在意外情况下可能产生巨大能量的装置、设备、场所，如发生强烈放热反应的化工装置，充满爆炸性气体的空间等。

（5）一旦失控可能发生能量蓄积或突然释放的装置、设备、场所。在正常情况下多余的能量被泄放而处于安全状态，一旦失控时会发生能量的大量蓄积，其结果可能导致大量能量意外释放的装置、设备、场所，如各种压力容器、受压设备，容易发生静电蓄积的装置、场所等。

（6）危险物质。除了干扰人体与外界能量交换的有害物质外，也包括具有化学能的危险物质。具有化学能的危险物质分为燃烧爆炸危险物质和有毒有害危险物质两大类。前者是指能够引起火灾、爆炸的物质，按其物理、化学性质分为可燃气体、可燃液体、易燃固体、可燃粉尘、易爆化合物、自燃性物质、忌水性物质和混合危险物质；后者是指直接加害于人体，造成人员中毒、致病、致畸、致癌等的化学物质。

（7）生产、加工、储存危险物质的装置、设备、场所。这些装置、设备、场所在意外情况下可能引起其中的危险物质起火、爆炸或泄漏，如炸药的生产、加工、储存设施，化工生产装置等。

（8）人体一旦与之接触将导致人体能量意外释放的物体。如物体的棱角、工件的毛刺、锋利的刀刃等，一旦运动的人体与之接触，人体的动能意外释放而使人体遭受伤害。

3.4.2 第一类危险源危害后果的影响因素

第一类危险源的危险性主要表现为事故后果的严重程度。第一类危险源危险性的大小主要取决于以下 4 个方面情况：

（1）能量或危险物质的量

第一类危险源导致事故后果的严重程度主要取决于事故时意外释放的能量或危险物质的多少。一般地，第一类危险源拥有的能量或危险物质越多，则事故时可能意外释放的量也多。当然，有时也会有例外的情况，因为有些第一类危险源拥有的能量或危险物质只能部分地意外释放。

（2）能量或危险物质意外释放的强度

能量或危险物质意外释放的强度是指事故发生时单位时间内释放的量。在意外释放的能量或危险物质的总量相同的情况下，释放强度越大，能量或危险物质对人员或物体的作用越强烈，造成的后果越严重。

（3）能量的种类和危险物质的危险性质

不同种类的能量造成人员伤害、经济损失的机理不同，其后果也不相同。危险物质的危险性主要取决于自身的物理、化学性质，如燃烧爆炸性物质的物理、化学性质决定其导致火灾、爆炸事故的难易程度及事故后果的严重程度，工业毒物的危险性主要取决于其自身的毒性。

（4）意外释放的能量或危险物质的影响范围

事故发生时，意外释放的能量或危险物质的影响范围越大，可能遭受其伤害的人或物越多，事故造成的损失就越大。例如，有毒有害气体泄漏时可能影响到下风侧的很大范围。

3.4.3 第二类危险源分析

在工业企业生产过程中，为了利用能量，使能量按照人们的意图在生产过程中流动、转换和做功，就必须采取屏蔽措施约束、限制能量，即必须控制危险源。约束、限制能量的屏蔽应可靠，以防止能量意外地释放。然而，实际生产过程中，绝对可靠的屏蔽措施并不存在。在许多因素的复杂作用下，约束、限制能量的屏蔽措施可能失效，甚至可能被破坏而发生事故。导致约束、限制能量的屏蔽措施失效或被破坏的各种危险因素称作第二类危险源，它包括人、物、环境3个因素问题。

人的因素问题主要是指人的不安全行为和人为失误。人的不安全行为一般指明显违反安全操作规程的行为，这种行为往往直接导致事故发生。例如，不断开电源就带电检修电气线路而发生触电等。人为失误是指人的行为的结果偏离了预定的标准。例如，合错了开关使检修中的线路带电，误开阀门使有害气体泄放等。人的不安全行为、人为失误可能直接破坏对第一类危险源的控制，造成能量或危险物质的意外释放，也可能造成物的因素问题，进而导致事故发生。

物的因素问题可以概括为物的不安全状态和物的故障（或失效）。物的不安全状态是指机械设备、物质等明显地不符合安全要求的状态，如没有防护装置的传动齿轮、裸露的带电体等。在我国的安全管理实践中，往往把物的不安全状态称作隐患。物的故障（或失效）是指机械设备、零部件等由于性能低下而不能实现预定功能的现象。物的不安全状态和物的故障（或失效）可能直接使约束、限制能量或危险物质的措施失效而发生事故。例如，电线绝缘损坏发生漏电，管路破裂使其中的有毒有害介质泄漏等。有时一种物的故障可能导致另一种物的故障，最终造成能量或危险物质的意外释放。例如，压力容器的泄压装置发生故障，使容器内部介质压力上升，最终导致容器破裂。物的因素问题有时会诱发人的因素问题，人的因素问题有时会造成物的因素问题，实际情况比较复杂。

环境的因素问题主要指系统运行的环境，包括温度、湿度、照明、粉尘、通风换气、噪声和振动等物理环境，以及企业和社会的软环境。不良的物理环境会引起物的因素问题或人的因素问题。例如，潮湿的环境会加速金属腐蚀而降低机械结构或容器的强度；工作场所强烈的噪声会影响人的情绪，分散人的注意力而发生人为失误；企业的管理制度、人际关系或社会环境影响人的心理，可能造成人的不安全行为或人为失误。

第二类危险源往往是一些围绕第一类危险源随机发生的现象，它们出现的情况决定事故发生的可能性。第二类危险源出现得越频繁，发生事故的可能性越大。

3.4.4 危险源与事故发生的关联性

一起事故的发生是两类危险源共同起作用的结果。一方面，第一类危险源的存在是事故发生的前提，没有第一类危险源，就谈不上能量或危险物质的意外释放，也就不会发生事故。另一方面，如果没有第二类危险源破坏对第一类危险源的控制，也不会发生能量或危险物质的意外释放，第二类危险源的出现是第一类危险源导致事故的必要条件。

在事故的发生、发展过程中，两类危险源相互依存、相辅相成。第一类危险源在事故时释放出的能量是导致人员伤害或财产损失的能量主体，决定事故后果的严重程度；第二类危险源出现的难易，决定事故发生的可能性。两类危险源共同决定危险源的危险性。第二类危险源的控制应该在第一类危险源控制的基础上进行，与第一类危险源的控制相比，对第二类危险源的控制更困难。

3.5 危险源的控制管理

3.5.1 危险源控制途径

危险源的控制可从3个方面途径进行，即技术控制、人行为控制和管理控制。

（1）技术控制

即采用技术措施对固有危险源进行控制，主要技术有消除、控制、防护、隔离、监控、适度保留和转移等。

（2）人行为控制

即控制人为失误，减少人不正确行为对危险源的触发作用。人为失误的主要表现形式：操作失误，指挥错误，不正确的判断或缺乏判断，粗心大意，厌烦，懒散，疲劳，紧张，疾病或生理缺陷，错误使用劳动防护用品和防护装置等。人行为的控制首先是加强教育培训，做到人的安全化，其次应做到操作安全化。

（3）管理控制

可采取以下管理措施，对危险源实行控制：

1）建立、健全危险源管理的规章制度。危险源确定后，在对危险源进行系统危险性分析的基础上，建立、健全各项规章制度，包括岗位安全生产责任制、危险源重点控制实施细则、安全操作规程、操作人员培训考核制度、日常管理制度、交接班制度、检查制度、信息反馈制度、危险作业审批制度、异常情况应急措施、考核奖惩制度等。

2）明确责任、定期检查。应根据各危险源的等级分别确定负责人，并明确他们应负的具体责任，特别是要明确各级危险源的定期检查责任。除了作业人员必须每天自查外，还要规定各级领导定期参加检查。对于重点危险源，应做到公司总经理（厂长、所长等）每半年一查，分厂厂长每月查，车间主任（室主任）每周查，工段长、班组长每日查。对于低级别的危险源，也应制订出详细的检查安排计划。

对危险源的检查，要对照检查表逐条逐项，按规定的方法和标准进行检查，并做好记录。如果发现隐患，则应按信息反馈制度及时反馈，促使其及时得到消除。凡未按要求履行检查职责而导致事故者，要依法追究其责任。规定各级领导参加定期检查，有助于增强他们的安全责任感，体现“管生产经营必须管安全”的原则，也有助于重大事故隐患及时被发现和消除。

专职安全管理人员要对各级人员实施检查的情况定期检查、监督并严格进行考评，以实现闭环管理。

3）加强危险源的日常管理。要严格要求作业人员贯彻执行有关危险源日常管理的规章制度。搞好安全值班、交接班，按安全操作规程进行操作；按安全检查表进行日常安全检查；危险作业要经过审批等。所有活动均应按要求认真做好记录。领导和安全管理机构应定期严格进行检查考核，发现问题及时指导教育，根据检查考核情况进行奖惩。

4）抓好信息反馈，及时整改事故隐患。要建立、健全危险源信息反馈系统，制定信息反馈制度并严格贯彻实施。对检查发现的事故隐患，应根据其性质和严重程度，按照规定分级实行信息反馈和整改，做好记录，发现重大隐患应立即向安全管理机构和行政第一领导报告。信息反馈和整改的责任应落实到人。对信息反馈和隐患整改的情况，各级领导和安全管理机构要进行定期考核和奖惩。安全管理机构要定期收集、处理信息，及时提供给各级领导研究决策，不断改进危险源的控制管理工作。

5）搞好危险源控制管理的基础建设工作。危险源控制管理的基础建设工作除建立、健全各项规章制度外，还应建立、健全危险源的安全档案和设置安全标志牌。应按安全档案管理的有关要求建立危险源的档案，并指定专人专门保管、定期整理。应在危险源的显著位置悬挂安全标志牌，标明危险等级，注明负责人员，按照国家标准的要求标明主要危险，并扼要注明防范措施。

6）搞好危险源控制管理的考核评价和奖惩。应对危险源控制管理的各方面工作制定考核标准，并力求量化，划分等级。定期严格考核评价，给予奖惩，并与班组升级和评先进结合起来。逐年提高考核标准，促使危险源控制管理的水平不断提高。

3.5.2 危险源的分级管理

目前，许多企业推行危险源分级管理，取得了良好的效果，增强了各级领导的安全责任感，提高了作业人员的安全意识、安全知识水平和预防事故的能力，加强了企业安全管理的基础工作，提高了危险源的整体控制水平。

危险源主要包含第一类危险源的生产设备设施、生产岗位、作业单元等，因此在安全管理方面，危险源分级管理注重对这些危险源点对点管理。

危险源分级管理是系统安全工程中风险辨识、控制与评价在生产现场安全管理中的具体应用，体现了现代安全管理的特征。与传统的安全管理相比较，危险源分级管理有以下特点：

（1）体现“预防为主”

危险源分级管理的基础是危险源辨识和评价，它以系统安全分析和危险性评价作为基本手段，对隐含在危险源点中的潜在危险因素进行识别、分析、评价，找出危险源控制方面需要特别加强的地方，提前采取措施把危险因素消灭在萌芽阶段，从而大大提高安全管理的主动性、科学性和有效性。

（2）全面系统的管理

危险源分级管理是把整个危险源作为一个完整的系统，通过对有关的人员、设备、环境、信息等诸要素的综合管理，取得危险源控制的最佳效果。对系统整体安全目标的追求，势必导致对各管理要素提出更高的要求，从而有助于实现安全管理工作的标准化、规范化和科学化。

（3）突出重点的管理

企业中存在着大量的危险源，每个危险源都有发生事故的可能性。但是，不同的危险源发生事故的危险性是不同的，安全管理工作应该把管理、控制重点放到发生事故频率高、事故后果严重的危险源上。

根据危险源危险性大小对危险源进行分级管理，可以突出安全管理的重点，把有限的人力、财力、物力集中起来，解决最关键的安全问题。抓住了“重点”也可以带动“一般”，推动企业安全管理水平的普遍提高。

3.5.3 危险源控制基本原则

危险源控制的基本原则主要有消除优先原则、降低风险原则、个体防护原则。

（1）消除优先原则

通过合理的设计和科学的管理，尽可能从根本上消除危险源，实现本质安全，如采用无害工艺技术，生产中以无害物质代替有害物质，实现自动化，采用遥控技术等。

（2）降低风险原则

若无法从根本上消除危险源，可考虑降低风险。采取技术和管理措施，努力降低伤害或损失发生的概率或潜在的严重程度。

（3）个体防护原则

在采取消除和降低风险措施后，还不能完全保障作业人员的安全健康时，积极考虑以个体防护设备作为补充对策，如穿戴劳动防护用品等。

第 4 讲

安全生产事故隐患排查治理

安全生产事故隐患是指生产经营单位违反安全生产法律、法规、规章、标准、规程和安全生产管理制度的规定，或者因其他因素在生产经营活动中存在可能导致事故发生的人的不安全行为、物的不安全状态和管理上的缺陷。

安全生产事故隐患的分级是以隐患的整改、治理和排除的难度及其影响范围为标准的，分为一般事故隐患和重大事故隐患。一般事故隐患是指危害和整改难度较小，发现后能够立即整改和排除的隐患。重大事故隐患是指危害和整改难度较大，需要全部或者局部停产停业，并经过一定时间整改、治理方能排除的隐患，或者因外部因素影响致使生产经营单位自身难以排除的隐患。

企业是隐患排查治理工作的主体，是隐患排查治理工作的直接实施者。企业应确定自身分类分级的定位，采用自身适用的隐患排查治理标准，通过准备、组织机构建设、建立健全制度、全面培训、实施排查、分析改进等步骤形成完整的、系统的企业隐患排查治理机制。

4.1 隐患的排查

隐患排查是指企业组织安全管理人员、工程技术人员和其他相关人员对本单位的事故隐患进行排查，并对排查出的事故隐患，按照其等级进行登记，建立事故隐患信息档案。

4.1.1 准备

企业在开展隐患排查之前，必须做好与之相关的准备工作。隐患排查是涉及企业所有部门、所有生产流程、所有人员的一项系统工程，如果不做好全面的准备，所建立的隐患排查机制将缺乏系统性和可操作性，不能做到深入和持久地开展排查工作。

（1）信息收集

由企业安全管理机构和有关专业人员，对现行的有关隐患排查工作的各种信息、文件、资料等通过多种行之有效的方式进行收集。此项工作也可以委托与企业有合作关系的服务机构来实施。

（2）辅助决策

将收集信息而形成的有关材料向企业管理层汇报，并说明有关情况，使企业领导层能够全面、正确理解和认识隐患排查工作，对企业开展隐患排查工作做出正确决策。

（3）领导决策

领导层需从思想意识中真正解决为什么要实施隐患排查工作的问题，意识到隐患排查的重要性，并为此项工作提供充足的资源，使隐患排查工作在企业得到有效和全面实施。

4.1.2 组织机构建设

由企业主要负责人担任隐患排查工作的总负责人，以安全生产委员会或各领导层为总决策管理机构，以安全管理机构为办事机构，以基层安全管理人员为骨干，以全体从业人员为基础，形成从上至下的组织保障。

（1）主要负责人

企业的主要负责人是隐患排查工作的第一责任人，通过安全生产委员会、领导办公会等形式，将隐患排查工作纳入其日常工作的范围，亲自定期组织和参与检查，及时、准确把握情况，发出明确的指令。

（2）各部门负责人

要在企业的各部门负责人职责中明确有关隐患排查的内容，负责有关情况的上传下达，做好主要负责人的帮手。各部门负责人要在各自管辖范围内做好隐患排查工作，至少要知晓、过问、督促、确认。

（3）安全管理人员

企业的安全管理机构和专职安全管理人员是隐患排查治理工作的骨干力量，主要工作内容有：编制有关制度、培训各类人员、组织检查排查、下达整改指令、验证整改效果等。安全管理人员还应通过监督的方式对各部门和下属单位及所有从业人员在隐患排查治理工作方面的履职情况进行了解，纳入考核，全力推动隐患排查治理工作的全方位和全员化。

（4）从业人员

按照安全生产责任制、相关规章制度和安全操作规程中明确的隐患排查治理责任，在日常的各项工作中，从业人员要有高度的隐患排查意识，随时发现和处理各种隐患和事故苗头。自己不能解决的，要及时上报，同时采取临时性的控制措施，并注意做好记录，为统计分析隐患留下资料。

4.1.3　建立完善规章制度

隐患排查工作必须有制度的保障。企业需要全面掌握法律、法规和标准、规范以及上级和外部的其他要求，结合自身的实际情况，将各项具体的规定编制成企业内部的各项规章制度，再经过全面执行和落实，变成企业的管理行动。

（1）隐患排查制度设计

要建立隐患排查制度，首先要收集与企业安全生产有关的法律、法规及相关的隐患排查内容，并对所收集的法律、法规及其他内容的适用性、符合性进行分析。其次是收集、整理企业现有的有关隐患排查的规章制度，并对其充分性、有效性和可操作性进行分析。最后，在弄清上述问题的基础上，根据《安全生产事故隐患排查治理暂行规定》中对企业开展隐患排查工作所需要的规章制度的要求，建立相关制度，如隐患排查治理和监控责任制、事故隐患排查治理制度、隐患排查治理资金使用专项制度、事故隐患建档监控制度（事故隐患信息档案）、事故隐患报告和举报奖励制度等。《安全生产事故隐患排查治理暂行规定》规定：生产经营单位应当建立、健全事故隐患排查治理和建档监控等制度，逐级建立并落实从主要负责人到每位从业人员的隐患排查治理和监控责任制。生产经营单位应当保证事故隐患排查治理所需的资金，建立资金使用专项制度。对排查出的事故隐患，应当按照事故隐患的等级进行登记，建立事故隐患信息档案。生产经营单位应当建立事故隐患报告和举报奖励制度。

（2）隐患排查制度的基本结构和内容

隐患排查制度的结构和内容并没有严格的模式和要求，各单位都应当制定符合实际需要、适应本身特点的文件形式规定。隐患排查制度的内容主要包括以下9个部分：

1）编制目的。

2）适用范围。

3）术语和定义。

4）引用资料。

5）各级领导、各部门和各类人员相应的职责。

6）隐患排查主要工作程序和内容等具体规定。

7）需要形成的记录要求及其格式。

8）制度文件的管理，包括制定、审定、修改、发放、回收、更新等。

9）相关文件。

（3）隐患排查制度的编制

隐患排查制度编制组人员的组成非常重要。在编制过程中，需要企业负责人、管理人员、一线从业人员参加。尤其是一线从业人员，他们对生产实际最了解，有丰富的一手经验，对制度的编制起到至关重要的作用。

制订严格的编制计划，明确任务、时间、责任人和质量要求，计划必须落实到人，按规定的时间节点检查编制进度，最后进行统稿，以保证格式的统一和内容的协调。

编制时还要注意解决如下问题：

1）要明确谁来负责起草工作，谁来负责组织协调、检查、修改工作，谁来负责文件之间的衔接及协调性。

2）文件编制人员要吸收企业其他管理体系文件的编制人员参加。

3）文件编制完之后要解决文件的可操作性问题。因此，要落实专人负责制度，将相关文件向有关部门或者人员征求意见，以最大限度解决文件的可操作性难题。

（4）隐患排查制度的文件管理

隐患排查制度文件的管理是制度编制和贯彻的重要保障，应当特别关注以下 6 个环节：

1）文件的审批发布。由各级领导按职责权限对隐患排查制度文件进行审阅，征求相关意见并进行最后修改，然后按制度发布的权限进行审批，最终按企业文件管理的程序正式发布。

2）文件的发放。隐患排查制度文件发放到哪一级、哪些人，直接影响制度贯彻执行的程度。很多企业在实际工作中形成了文件只发放到中层领导这一级的习惯，再向下就仅仅是组织从业人员学习，导致很多真正需要按文件规定进行操作的人员无法获取相应的文本，使文件内容得不到有效实施。文件的发布最好多渠道、多样化，如汇编成册、电子版（光盘）、内部网络等，应当将新增的规章制度及时纳入已有的文件体系。

3）文件的保存。保存的目的不单是存放，更重要的是方便其使用。因此，文件应当保存在方便获取、便于查阅的地方，并将相关手续告知有关人员。

4）文件的使用。发布文件的目的是使之得到有效的执行和使用，这就要求相关人员必须不折不扣地严格按文件规定执行，不能徇私，做到在制度面前人人平等。

5）文件的修改。在执行文件过程中发现存在问题时，应当根据提出意见和建议的方法和程序，逐级向上反映，由文件编制部门按手续收集反馈意见，并根据规定的步骤和程序进行修改。

6）文件的作废和存档。当文件换版、作废时，应按相应的步骤规定执行，以防止使用已经过期的文件，保证相关岗位和人员获得有效版本。

4.1.4 隐患排查工作培训

（1）初期培训

企业隐患排查治理体系建设的初期，培训对象分为两种：一种是对主要负责人进行背景培训；另一种是对承担推进工作的管理人员进行全面培训。

对主要负责人进行背景培训，可使相关领导充分认识企业实施隐患排查体系的重要意义、作用，让他们了解整个实施过程，知道自己在整个过程中的工作职责，以及应该给予隐患排查工作的支持和保障。

对承担推进工作的管理人员进行全面培训，主要内容包括相关政策法规、相关标准内容详解、制度编制、过程和方法等方面。

（2）全员培训

隐患排查的主体是企业的所有人员，包括从领导到一线从业人员，直到在企业工作范围内的外部人员，以保证排查的全面性和有效性。

在颁布隐患排查制度文件之后，企业应组织从业人员按照不同层次、不同岗位的要求，学习相应的隐患排查制度文件内容。

所有人员了解并掌握隐患排查的方法是关键，必须对其进行有针对性和有效果的教育培训。在各种安全教育培训工作中，要将隐患排查的内容纳入其中，并根据需要做专门的培训，还要确认培训的效果，以保证所有人员有意识、有能力开展隐患排查工作。

4.1.5 隐患排查工作的实施

隐患排查工作的实施涉及企业所有管理范围，需要有计划、有步骤地开展。

（1）排查计划

排查工作应做到全员、全覆盖、全时段，因此，需要制订一个比较详细可行的实施计划，确定参加人员、排查内容、排查时间、排查安排、排查记录等内容。为提高效率，也可将排查工作与日常安全检查、安全生产标准化的自评工作或管理体系中的合规性评价和内审工作相结合。

（2）排查的种类

1）专项排查。专项排查采用特定的、专门的排查方法，这种方法具有周期性、技术性和投入性。专项排查主要有按照隐患排查治理标准进行的全面自查、对重大危险源的定期评价、对危险化学品的定期安全现状评价等。

2）日常排查。日常排查通常与安全检查工作相结合，具有日常性、及时性、全面性和群众性。日常排查的形式主要有企业全面的安全大检查、主管部门的专业安全检查、专业管理部门的专项安全检查、各管理层级的日常安全检查、操作岗位的现场安全检查等。

（3）排查的实施

以专项排查为例，企业组成隐患排查组，根据排查计划到各部门和各所属单位进行全面的排查。排查时必须及时、准确和全面地记录排查情况和发现的问题，并随时与被排查单位的人员做好沟通。

(4) 排查结果的分析总结

1) 评价本次隐患排查是否覆盖了计划中的范围和相关隐患类别。

2) 评价本次隐患排查是否做到了“全面、抽样”的原则，是否做到了重点部门、高风险岗位和重大危险源适当突出的原则。

3) 确定本次隐患排查发现，包括确定隐患清单、隐患级别以及分析隐患的分布（包括隐患所在单位和地点的分布、种类）等。

4) 得出本次隐患排查工作的结论，填写隐患排查标准表格。

5) 向领导汇报情况。

4.1.6 纳入考核和持续改进

为了确保隐患排查工作顺利进行，企业领导必须责成有关部门将隐患排查工作纳入考核。必须明确上至一把手，下至一线从业人员以及隐患排查人员的职责、权利和义务，特别是必须明确规定企业中高层领导在此项工作中的义务与职责。因为企业的中高层领导是实施与开展隐患排查工作的重要保障力量。

隐患排查机制的各个方面都不是一成不变的，需要随着安全管理水平的提高而与时俱进，借助安全生产标准化的自评和评审、职业健康安全管理体系的合规性评价、内部审核与认证审核等外力的作用，实现企业此项工作方面的持续改进。

另外，隐患排查也为整体安全管理提供了持续改进的信息资源，通过对隐患排查治理情况的统计、分析，能够为预测、预警输入必要的信息，为管理的改进提供方向性的资料。

4.2 隐患的治理

隐患治理是指消除或控制事故隐患的活动或过程。对排查出的事故隐患，应当按照其等级进行登记，建立信息档案，并按照职责分工实施监控治理。对于一般事故隐患，由于其危害和整改难度较小，发现后应当由企业负责人或者有关人员立即组织整改。对于重大事故隐患，由企业主要负责人组织制定并实施事故隐患治理方案。

4.2.1 一般事故隐患治理

一般事故隐患是指危害和整改难度较小，发现后能够立即整改排除的隐患。为更好地、有针对性地治理企业生产和管理工作中存在的一般事故隐患，要对一般事故隐患进行进一步的细化分级。事故隐患的分级是以事故隐患的整改、治理和排除的难度及其影响范围为标准的。根据这个分级标准，在企业中通常将事故隐患分为班组级、车间级、分厂级直至总厂（公司）级，其含义是在相应级别的组织中能够整改、治理和排除的事故隐患。

（1）立即整改

有些事故隐患，如明显的违反操作规程和劳动纪律的行为，属于人的不安全行为式的一般事故隐患，排查人员一旦发现，应当要求立即整改，并如实记录，以便于对此类行为进行统计分析，确定是否为习惯性或群体性隐患。有些设备设施方面的、简单的不安全状态，如安全装置没有启用、现场混乱等一般事故隐患，也可以要求现场立即整改。

（2）限期整改

有些一般事故隐患难以做到立即整改的，则应限期整改。

限期整改通常由排查人员或排查主管部门对隐患所属单位发出隐患整改通知书，内容中需要明确列出如隐患情况的排查发现时间和地点、隐患情况的详细描述、隐患发生原因的分析、隐患整改责任的认定、隐患整改负责人、隐患整改的方法和要求、隐患整改完毕的时间要求等。限期整改需要全过程监督管理，以发现和解决可能临时出现的问题，防止拖延。

4.2.2 重大事故隐患治理

针对重大事故隐患，需要制定专门的治理方案。由于重大事故隐患治理的复杂性和较长的周期性，在没有完成治理前，要有临时性的措施和应急预案，治理完成后还要有书面申请以及接受审查等工作。

（1）制定重大事故隐患治理方案

《安全生产事故隐患排查治理暂行规定》规定，重大事故隐患由企业主要负责人组织制定并实施事故隐患治理方案。重大事故隐患治理方案应当包括以下内容：

1）治理的目标和任务。

2）采取的方法和措施。

3）经费和物资的落实。

4）负责治理的机构和人员。

5）治理的时限和要求。

6）安全措施和应急预案。

（2）重大事故隐患治理过程中的安全防范措施

《安全生产事故隐患排查治理暂行规定》规定，企业在事故隐患治理过程中，应当采取相应的安全防范措施，防止事故发生。事故隐患排除前或者排除过程中无法保障安全的，应当从危险区域内撤出作业人员，并疏散可能危及的其他人员，设置警戒标志，暂时停产停业或者停止使用；对暂时难以停产或者停止使用的相关生产储存装置、设施、设备，应当加强维护和保养，防止事故发生。重大事故隐患治理方案中的安全措施和应急预案更是安全防范措施里的重要内容。

（3）重大事故隐患的治理过程

《安全生产事故隐患排查治理暂行规定》规定，已经取得安全生产许可证的企业，在其被挂牌督办的重大事故隐患治理结束前，安全监管监察部门应当加强监督检查。必要时，可以提请原许可证颁发机关依法暂扣其安全生产许可证。安全监管监察部门应当会同有关部门把重大事故隐患整改纳入重点行业领域的安全专项整治中加以治理，落实相应责任。

这些规定意味着企业在重大事故隐患治理过程中，还要随时接受和配合安全监管监察部门的重点监督检查。如果企业的重大事故隐患属于重点行业领域的安全专项整治的范围，就更应落实相应的整改、治理的主体责任。

（4）重大事故隐患治理情况评估

《安全生产事故隐患排查治理暂行规定》规定，地方人民政府或者安全监管监察部门及有关部门挂牌督办并责令全部或者局部停产停业治理的重大事故隐患，治理工作结束后，有条件的企业应当组织本单位的技术人员和专家对重大事故隐患的治理情况进行评估；其他企业应当委托具备相应资质的安全评价机构对重大事故隐患的治理情况进行评估。

这种评估主要针对治理结果的效果进行，确认其措施的合理性和有效性，确认对隐患及其可能导致的事故的预防效果。评估需要有一定条件和资质的技术人员和专家或有相应资质的安全评价机构来实施，以保证评估本身的权威性和有效性。

（5）重大事故隐患治理后期工作

《安全生产事故隐患排查治理暂行规定》规定，重大事故隐患治理后经过评估，符合安全生产条件的，企业应当向安全监管监察部门和有关部门提出恢复生产的书面申请，经安全监管监察部门和有关部门审查同意后，方可恢复生产经营。申请报告应当包括治理方案的内容、项目和安全评价机构出具的评价报告等。对挂牌督办并采取全部或者局部停产停业治理的重大事故隐患，安全监管监察部门收到企业恢复生产的申请报告后，应当在10日内进行现场审查。审查合格的，对事故隐患进行核销，同意恢复生产经营；审查不合格的，依法责令改正或者下达停产整改指令。对整改无望或者企业拒不执行整改指令的，依法实施行政处罚；不具备安全生产条件的，依法提请县级以上人民政府按照国务院规定的权限予以关闭。

4.2.3 隐患治理措施

隐患治理及其方案的核心都是具体的治理措施，这些措施大体分为工程技术措施和安全管理措施，以及对重大事故隐患需要做的临时性防护和应急措施。隐患治理的方式方法是多种多样的，因为企业必须考虑成本投入，需要以最小代价取得最适当的结果。有时候，隐患治理很难彻底消除隐患，这就必须在遵守法律、法规和标准、规范的前提下，将其风险降低到企业可以接受的程度。

（1）工程技术措施

工程技术措施的实施等级顺序依次是直接安全技术措施、间接安全技术措施、指示性安全技术措施等。根据实施等级顺序要求，应按消除、预防、减弱、隔离、连锁、警告的等级顺序选择安全技术措施。工程技术措施应具有针对性、可操作性和经济合理性，并符合国家有关法律、法规和标准、规范的规定。

根据安全技术措施实施等级顺序要求，应遵循以下具体原则：

1）消除。尽可能从根本上消除危险、有害因素，如采用无害化工艺技术，生产中以无害物质代替有害物质，实现自动化作业，采用遥控技术等。

2）预防。当消除危险、有害因素有困难时，可采取预防性技术措施，预防危险、危害的发生，如使用安全阀、安全屏护、漏电保护装置、安全电压、熔断器、防爆膜、事故排放装置等。

3）减弱。在无法消除危险、有害因素又难以预防的情况下，可采取减少危险、危害的措施，如局部通风排毒装置、生产中以低毒性物质代替高毒性物质、降温措施、避雷装置、消除静电装置、减振装置、消声装置等。

4）隔离。在无法消除、预防、减弱的情况下，应将人员与危险、有害因素隔开，将不能共存的物质分开，如遥控作业、安全罩、防护屏、隔离操作室、安全距离、事故发生时的自救装置（如防护服、各类防毒面具）等。

5）连锁。当操作失误或设备运行达到危险状态时，应通过连锁装置终止危险、危害发生。

6）警告。在易发生故障和危险性较大的地方，配置醒目的安全色、安全标志，必要时设置声、光或声光组合报警装置。

（2）安全管理措施

安全管理措施一般在隐患治理工作容易被忽视，即使有，也是老生常谈式的提高安全意识、加强培训教育和加强安全检查等。其实，安全管理措施往往能系统性地解决很多普遍和长期存在的隐患，这就需要在实施隐患治理时，主动地和有意识地研究、分析隐患产生原因中的管理因素，发现和掌握其规律，通过修订有关规章制度和操作规程并贯彻执行来从根本上解决问题。

第5讲

生产现场安全管理

在企业生产现场，也就是安全生产工作最终要落实的地方——班组，应该制定安全基本管理目标，使企业安全管理的计划与措施落到实处，并可作为考核依据。班组的安全管理提倡动态的、甚至是闭环的系统化模式，在这一方面，国内外很多优秀的企业已经探索出了许多可操作和可效仿的先进管理理念、方式方法。

现场安全环境的改善和设备设施的运用，以及对从业人员行为进行规范，尤其是反“三违”制度的不断完善，对生产安全事故的预防都极其重要。

5.1 生产班组安全基本管理

5.1.1 班组安全目标管理

安全目标管理是企业安全管理的重要内容之一。在安全目标管理中，按照目标的层次性、可分性、多样性和阶段性原理，企业安全管理总目标需要分解成各层次、各部门的分目标，由上至下，层层下达至班组，由下至上，一级保一级。分目标的有效实施可保证企业安全管理总目标的实现。班组安全目标管理是指根据企业安全管理总目标和上一层次分目标的要求，把班组承担的各项安全管理责任转化为班组安全管理目标。

(1) 班组制定安全管理目标应遵循的原则

1) 根据上一层次安全管理的分目标或子目标及班组自身的实际

情况，与班组成员一起制定。班组安全管理目标应与上一层次和本部门目标协调一致，以保障上一层次目标的实现。

2）班组安全管理目标应使整个班组的安全管理工作与每一位班组成员应承担的具体安全生产责任充分地融为一体，即安全管理目标的建立应与班组及个人的安全生产责任相结合，并形成规范化的管理制度，以所制定的安全管理目标来要求和规范班组成员的安全行为。

3）目标管理是一种动态管理过程，通过检查、监督、信息反馈及对目标的调整来保证总目标和分目标的实现。

4）安全管理目标要切合实际，要分清主次、突出重点、内容明确，具有可操作性。

5）对安全管理目标的实施结果，应进行评比、考核，确定奖惩办法，激励班组成员自觉地遵守各项安全生产规章制度和操作规程，形成良好的安全生产习惯。

（2）班组安全管理目标的制定

班组制定安全管理目标，应注意把握以下几个环节：

1）企业安全管理总目标与车间安全管理目标是制定班组安全管理目标的基本依据。也就是说，企业安全管理总目标与车间安全管理目标、车间安全管理目标与班组安全管理目标是全局与局部的关系，局部必须服从全局，即车间安全管理目标必须服从企业安全管理总目标，班组安全管理目标必须服从车间安全管理目标。因此，班组在制定安全管理目标时，首先要了解企业、车间安全管理目标的内容和要求，然后再规划自身的安全管理目标。

2）确定的安全管理目标要切合实际。班组的安全管理目标值是其技术与管理水平的综合反映，应从实际出发，恰如其分地确定。如果安全管理目标值过低，不费力气即可以达到，便失去了鼓舞作用，唤不起班组成员的激情；如果安全管理目标值过高，则会脱离实际，无法实现，也容易使大家失去信心。因此，在制定班组安全管理目标时，应由班组长及安全员根据班组生产性质、近年安全实绩、安全管理基础、人员素质、设备状况等拟订班组安全管理目标的初步设想，将控制要求分解，具体列出目标限额，如确定不发生的差错和违章以及安全管理目标同期内违章扣分的控制指标，运行班组缺陷上报率、定期巡回检查到位率，检修班组的消缺率、检修率，施工班组的设备、材料、机具、千元以上经济损失事件的控制指标，安全施工作业票的合格率，安全工器具的数量、配套率及完好率，全年度的安全活动、运行分析、事故应急演练、消防演习的次数等。然后在班组成员充分讨论、提出建议的基础上，制定出本班组的安全管理目标，并贴在醒目的地方，公之于众。

3）在班组安全管理目标的基础上，班组成员应制定出自己的安全管理目标和措施。制定过程中，班组长应根据每位成员的实际情况，如安全意识、业务技术水平、工种、制度熟悉程度、实际工作中的安全状况、所管辖设备的实际状况等，提出问题加以解决。每个人都应明确自己在目标体系中的地位和作用，以及为实现班组集体目标所承担的责任。

4）各班组及班组各成员的安全管理目标、措施要因组而异、因人而异，不应相互抄袭，要坚持实事求是的原则，通过安全管理目标的制定，切实促进班组安全状况的改进，杜绝班组成员的“三违”现象。

（3）班组安全管理目标的实现

要保证安全管理目标的实现，必须有相应的实施计划，在分析有利因素和不利因素的基础上，提出保障目标实现的各种措施。从一些班组的经验教训来看，要保证安全管理目标的实现，主要应抓好以下几个方面的工作。

1）解决人、物、环境三者之间存在的问题，即提出问题和解决问题。

①人的方面。主要解决的问题包括：如何提高班组成员的安全

意识、责任意识和业务技术水平，如何落实“三不伤害”，如何减少“三违”现象，在安全管理上如何运用科学的管理手段，如何做好开工安全交底和收工安全小结，如何抓好班组安全评价、记分考核等。

②物的方面。主要解决的问题包括：如何提高设备的安全可靠性，如何落实工艺质量标准和加强设备巡回检查、加强工器具使用管理、及时发现和消除事故隐患。认真制定安全技术措施、防范事故技术措施计划并及时上报，对已经批准的安全技术措施、防范事故技术措施计划立即着手实施。安全技术措施计划就是安全技术、劳动保护措施计划，是为消除生产过程中的不安全因素，防止伤害和职业危害，改善劳动条件和保障生产安全所采取的技术组织措施；防范事故技术措施计划，是企业以防止设备发生事故及由此引发的人身伤害事故、保障设备安全可靠运行为目的所采取的技术组织措施。

③环境的方面。主要解决的问题包括：如何加强现场安全和文明生产管理，如何提高作业现场安全设施可靠性，如何做到现场不留隐患等。

2）要把做好每一项工作都与实现年度安全管理目标联系起来。实现年度安全管理目标不是一朝一夕的事情，而要通过一步步的努力才能实现。抓好每个阶段或各项工作任务的安全管理工作，实际上就向年度安全管理目标靠近了一步。所以，班组长必须通过抓好日常安全管理工作来保障年度安全管理目标的实现。

3）搞好目标成果的评估。班组应坚持每月、每季和每半年对目标成果进行评估，实现看到成绩、找出经验、发现不足、吸取教训，并制定出具体的整改措施，明确下一步的工作重点和努力方向。

（4）班组安全管理的考核

班组安全管理的考核要与安全生产责任制挂钩，要避免考核时重“硬”轻“软”的倾向，更不能以“硬”指标掩盖或取代“软”指标。具体做法建议如下：安全检查，即每月对安全管理情况进行检查，由车间组织专人查或工会组长牵头查；安全考核，考核过程要从严从实、认真把关。对于经济技术指标和班组安全管理指标，要严格按照定量要求进行考核，做到不降标准、不漏项目；对于安全文化建设方面的定性指标，则要特别注意考核知识技能、进取精神、劳动态度、团结协作精神等。

有的班组在安全管理实施和考核上的做法值得借鉴，具体如下：以安全生产责任制促进安全管理目标的落实，把考核个人的主要经济技术指标与安全管理目标纳入岗位安全生产责任制中，以百分制或其他方式进行考核；以指标单项竞赛促进安全管理目标的实施，应用激励的方法，组织班组成员开展“比学赶帮超”活动，如安全生产竞赛、岗位练兵、提安全合理化建议、查隐患堵漏洞等。

(5) 班组安全保障体系的形成

班组必须有确定的安全保障体系，即组织网络保障、物质措施保障等。为此，企业和车间领导要充分认识班组在安全管理工作中的地位和作用，把心“沉”下去，树立为生产一线、为班组服务的思想；基层班组则要配备具有高度事业心和责任感的班组长，班组长既要懂生产、精技术、通安全、会管理，又要有一套灵活的工作方法。同时，企业和车间领导要注意关心班组长的工作和生活，使他们真正有职、有责、有权、有利。

5.1.2 班组动态安全管理

动态安全管理是指在整个生产过程中，对生产工艺流程和生产作业过程进行安全跟踪、预测控制，使安全生产在每时、每班、每个环节都得到保障。对于班组来说，动态安全管理要做到5个方面的控制，即制度控制、作业控制、重点控制、跟踪控制、群体控制。动态安全管理的核心与基本思路是安全生产的全员参与、全过程跟踪、全方位控制和全天候管理。通过安全责任的分解，将安全责任落实到人，做到事事有安全标准、人人有安全职责，全面保障安全生产目标的实现。

（1）动态安全管理的核心与基本思路

动态安全管理的核心和基本思路可以集中概括为：安全生产全员到位，安全目标总体推进，安全过程全程跟踪，安全工作科学运作。

1）安全生产全员到位。全员到位的内涵是：确立“安全第一”的地位，真正使之居于班组生产作业的首位，班组成员在工作过程中先讲安全、先抓安全、先管安全。在“第一”的位置上，明确每位班组成员的安全基本职责和安全考核指标，坚持“安全生产、人人有责”的原则。

2）安全目标总体推进。总体推进的内涵：认识到安全管理的复杂性，认识到“安全生产、人人有责”，班组全体成员要围绕安全管理目标，脚踏实地、循序渐进地加以实现。

3）安全过程全程跟踪。全程跟踪的内涵：班组为了实现安全生产，需要积极行动起来，把保障安全生产变成自己的自觉行动，大家共同关心安全生产，群策群力，把事故隐患消灭在萌芽状态。

4）安全工作科学运作。科学运作的内涵：在班组安全管理中，要利用安全科学技术。例如，对于安全教育，可利用现代信息技术中的多媒体数字化或远程教育；对于安全检查，可利用安全检查表；对于事故分析，可利用因果分析图、故障树分析、事件树分析等方法；对于安全检修，可利用危险度预测、安全评价等方法。

（2）动态安全管理的实施

1）全力控制人的行为。生产中最活跃的因素是人，而人的行为又取决于人的思维观念，即思维意识。因此，从人的动态思维出发，以转变人的思维导向为手段，从而控制人的行为，是动态安全管理的第一要素。

2）采用重复记忆的方法进行宣传教育。实施动态安全管理，可以用班组成员身边发生的各类事故和亲身经历，进行现身说法、自我教育。可以采用重复记忆的方法强化宣传教育效果：一方面吸取安全生产中失误的教训，做到警钟长鸣；另一方面总结安全生产中的成功经验，增强班组成员的自豪感，提高其安全生产积极性。

3）严肃做好事故处理，实行责任追究。认真落实安全生产责任，是动态安全管理的重中之重。在一个企业，安全生产责任制是严肃事故处理的重要依据，因此，推行“一岗一责、人人有责”的责任制是责任追究的必然要求。要对发生事故的单位和个人坚持“四不放过”的原则，做到“事故原因一清二楚，事故处理不讲感情，事故教训刻骨铭心，事故整改举一反三”。

4）安全检查是动态安全管理的有效手段。实践证明，企业经常开展的各种形式的安全检查，是发现隐患、预防事故的有效手段。在安全检查中要注意解决实际问题，消除可能造成事故的各种隐患。

5）开展多种形式的安全活动。在企业动态安全管理中，开展多种形式的安全活动是必要的，是促进安全生产顺利进行的载体。例如，建立持证上岗制度，能有效杜绝安全技能差的人员从事专业性强的作业；建立设备承包制，能将设备的安全运行托付给设备责任人；建立巡检挂牌制，能使整个运行过程处于有效的控制中；开展班前安全讲话、班中安全操作、班后安全讲评活动，能使班组安全生产落到实处；开展安全抵押承包活动，能把经济利益同安全生产挂起钩来，形成安全生产利益共同体；开展安全技术比武活动，能迅速提高班组成员的安全技能；开展互保对子活动，能规范后进班组成员的安全行为；开展安全明星活动，评选出“安全明星班组”“安全明星个人”，能形成“比学赶帮超”的安全氛围。

（3）班组在动态安全管理中的控制方法

动态安全管理首先就是要发现、鉴别、判明可能导致事故发生的各种因素，尤其是事故隐患，并积极消除和控制这些因素，这就是通常所说的超前控制和超前预防。超前预防就是应用现代科学的安全管理方法和工程技术对生产的全过程系统地、全面地进行事前分析，判断出各种危险因素，并对可能产生或发展成事故的因素给予科学的验证和预报，找出最佳的预防措施，避免事故的发生和发展，使生产处于安全状态，从而达到班组安全生产的科学化、规范化和制度化。班组在动态安全管理中要采取制度控制、作业控制、重点控制、跟踪控制和群体控制的方法，这些方法已被实践证明是行之有效的。

1）制度控制。动态安全管理必须有一套严密完备的规章制度做保障。许多企业伤亡事故多发的重要原因之一，就是安全生产规章制度不完善、不健全。要对班组实行动态安全管理，就要在不断完善和充实规章制度上下功夫，建立一套符合本企业特点的安全生产规章制度，使安全管理向科学化、规范化、标准化方向发展。执行制度要严格，使规章制度能起到安全生产的导向作用。

2）作业控制。作业控制就是经常分析生产作业中的危险因素，有针对性地采取控制对策，按班、按日检查落实情况，发现问题及时解决，这就是常说的过程安全控制。作业控制最有效的方法，是依据工作性质的不安全状态和信息反馈的因素，对安全检查的对象加以分析，把大系统分成若干子系统，确定安全检查项目，再把检查项目按照大系统和子系统的顺序编制成班组安全检查表，每班对照检查，确保检查工作的时间有规律、项目全、内容底数清，问题责任明、整改落实快，从而达到安全作业的目的。

3）重点控制。这里所说的重点就是危险源，如有毒有害作业场所、易燃易爆生产场所、立体交叉作业场所、高处作业和其他特种作业等。对于重点场所，要设置各种醒目的安全标志，做到“有口必有盖，有边必有栏，有空必有网，有线必有杆”。

4）跟踪控制。跟踪控制就是按照事故处理“四不放过”的原则，对已发生的事故和出现的事故苗头狠抓不放、跟踪控制，从事故和事故苗头中寻找失控点，制定控制对策，杜绝类似事故发生。

5）群体控制。班组实施动态安全管理意味着管理密度增大，也就是实行集约管理、精细管理。工作量显著增大，只靠少数几个人远远不够，必须采取宏观控制和微观控制相结合、专业管理和班组成员自主管理相结合的方法。只有班组成员行动起来，在生产作业过程中做到个人不违章、岗位无隐患、过程无危险，才能实现班组乃至整个企业的安全生产。

5.2 生产作业现场管理

5.2.1 生产作业现场定置管理方法

生产作业现场定置管理是全面质量管理的一种方法，它强调生产现场中人与物的有机结合，各种原料、材料、工具、器具实行分类管理、定置摆放，做到人定岗、物定位，以利于提高工效，提高产品质量。把定置管理方法应用到车间、班组安全管理上，能进一步深化安全生产工作。生产作业现场定置管理在实践中取得了良好的效果，表明这种管理方法是可行的、有效的。

(1) 定置管理的实施步骤

一般来说，生产作业现场中人与物的相互关系处于三种状态：一是人与物处于立即结合状态，即需要时随手可以拿到的状态；二是人与物处于欲结合状态，即找一找就能拿到的状态；三是人与物处于无关状态，即现场的某些物品在生产中和人是无关系的或是多余的。定置管理最重要的一条是确定与人处于无关状态的物品，并将其从生产现场清除出去；同时对人与物欲结合状态进行改善，使其达到人与物立即结合状态，并保持下去，形成标准化作业程序。

定置管理的实施应分为两步：第一步是整理现场，即对现场放置的全部物品进行清点整理，不需要的物品予以清除或送到指定地点，需要的物品全部进行擦洗，按人与物的结合状态划分区域和物品定置位置。整理后的现场应清洁、整齐、合理、有序。第二步是实施“五定”，即物品定置，人员定岗，控制点定标志，危险品定储量，A、B、C、D 定状态。

（2）定置管理中“五定”的内容

“五定”是定置管理的核心与重点，“五定”不明确，定置管理就无法实施。现对“五定”内容进行具体说明。

1）物品定置。即根据定量管理的要求，按照“要用的东西随手可得，不用的东西随手可丢”的原则，把不同类型和不同用途的物品放在指定的位置或区域，使操作人员能够做到忙而不乱、紧张有序。

2）人员定岗。即人与操作岗位有机结合。岗位既定，操作人员就不得随意串岗或脱岗。对于某些危险品生产区，要有严格的定员、定量规定，保障危险工序必需的操作人员，发生火灾、爆炸事故时尽可能把人员伤亡和经济损失降到最低。

3）控制点定标志。即对一级、二级、三级危险点的控制设置明显的标志牌，标明安全要求、危险等级和安全负责人，以利于随时提醒操作人员安全作业、形成条件反射，避免操作失误，同时也有利于安全管理机构对重点危险部位进行监督和控制。

4）危险品定储量。即对易燃易爆或有毒物品规定其存放量，并写在醒目的标志牌上，随时警告人们注意安全，也便于安全管理机构监督检查。

5）A、B、C、D 定状态。即按照定置管理要求和人与物的联系紧密程度，把作业现场经过定置后的物品划分成 A、B、C、D 四种状态，以便于区分和寻找。A、B、C、D 这 4 个字母是状态信息标志。操作人员、检验人员、管理人员在工作中应能够做到保持优良的 A 状态（在加工），迅速寻找到 B 状态（待加工），及时处理 C 状态（已加工），不断清理 D 状态（报废或返修），从而进一步提高工作效率，保持作业场所的整洁、文明。

（3）实施定置管理要达到的效果

实施以“五定”为主要内容的定置管理，是要把安全管理和质量管理有机地结合起来，使操作人员在一个良好的、有安全保障的环境中进行操作，能够达到如下6个方面的良好效果：

1）使生产现场的“人、机器、物料、管理、环境”始终处于一个科学合理的紧密结合状态，为实现安全文明生产奠定良好的基础。

2）彻底改变某些车间、班组原来的脏、乱、差面貌，使人流、物流、人员岗位、物品位置都清清楚楚、井井有条、一目了然，一切都按一定的程序进行和发展。

3）使车间、班组的安全、质量、工艺、设备、物资等管理融合在一起，同时进行、互相促进，形成全方位的安全管理。

4）整洁有序的物品摆放和规范化的现场管理能给操作人员创造良好的心理环境，使操作人员普遍感到“看起来顺眼、说起来顺口、干起来顺心、拿起来顺手”，大大减少人机事故。

5）使班组成员养成良好的清洁习惯，不仅在生产现场能够做到定置，办公室的用品和家庭的个人用品也能定量定位，提高人员素质。

6）增强班组成员维护和保持作业场所文明生产的责任感，提高班组成员为集体争光的荣誉感。

5.2.2 生产作业现场“5S”管理方法

“5S”是从日本丰田公司的现场管理实践中总结出来的管理方法，随后在其他企业得到了广泛普及，目前已经在世界许多国家得到推广和应用。“5S”既是一种现场管理方法，又是一种安全文明生产活动。开展“5S”活动有助于改善作业环境，提高从业人员的素质，对提高工作效率、保证产品质量、降低生产成本、保障交货日期具有重要的作用。

“5S”是指整理、整顿、清扫、清洁和自律。这5个词用罗马字母拼写（seiri，seiton，seisou，seiketsu，sitsuke）时，其第一个字母都是“S”，所以简称为“5S”。在我国，有些企业也称“5S”为

“五常法”，之后有人将“安全”补充进去，称为“6S”。

（1）“5S”的含义和“5S”活动的目标

“5S”所指的整理、整顿、清扫、清洁和自律，各有其含义。

1）整理。明确区分需要的和不需要的物品，在生产现场保留需要的物品，清除不需要的物品。

2）整顿。对所需物品有条理地定置摆放，使这些物品始终处于任何人都能方便取放的位置。

3）清扫。生产现场始终处于无垃圾、无灰尘的整洁状态。

4）清洁。经常进行整理、整顿和清扫，使现场始终保持整洁的状态，其中包括个人清洁和环境清洁。

5）自律。自觉执行企业的规定和规则，养成良好的习惯。

“5S”没有什么复杂、高深的内容，但只要长期坚持下去，就会使现场管理水平有质的飞跃。在生产现场开展“5S”活动最终要达到5个目标：一是保证质量，提高工效；二是降低消耗，降低成本；三是保证机器设备的正常运转；四是改善工作环境，消除事故隐患，提高工作的满意度；五是拓宽班组长和班组成员现场改进能力的途径。

（2）整理的目的和方法

1）整理的目的。整理是对物品进行区分和归类，将经常使用的物品放在使用场所附近，而将不经常使用或很少使用的物品放在高处、远处乃至仓库中。在具体实施中，可根据重要程度、使用频率、价值以及物品使用部门来区分。总而言之，整理的目的：一是腾出空间，充分利用空间；二是防止误用无关的物品；三是创造清爽的工作环境。

2）整理的方法。整理的方法主要有以下几种。

①分类并清除不需要的东西。整理前，应首先考虑以下内容：为什么要整理以及如何整理；规定整理的日期和规则；整理前要预先明确现场需放置的物品；区分要保留的物品和不需要的物品，并

说明保留物品的理由；划定保留物品安置的地方。

分类的方法有许多种，如按种类、性能、数量、使用频率等进行分类。最常用的分类方法是按使用频率分类，可以一日或一周为时间单位计算使用频率，这种分类方法是最有效的。

②用拍照的方法确认整理的效果。将未整理的现场照片和整理后的现场照片对比，整理的效果就会一目了然。具体程序如下：整理前，选择适当的位置和角度，将作业现场拍摄下来；整理后，用同样的方法再拍摄一遍；将前后拍摄的照片进行对比，分析做了哪些调整及效果如何。

③保管和保存。整理出来的物品有保管和保存两种处置方法。短期暂时存放称为保管，长期存放称为保存。根据不同对象，可具体明确保管和保存的标准。

一般使用量较大、使用频率较高的物品，宜保管在作业现场附近；而使用量小、使用频率低的物品，则可以放入仓库或不固定保存场所保存。需保存的物品可以远离现场。需要保管的材料、产品备件、工具和消耗品等应确定保管的位置和空间。对体积不大的物品，可放在货架和柜子里、抽屉内，对垃圾箱、灭火器材、清洁用具、危险品等要确定专用的放置场所。

④整理结果的标识。完成整理后，为使需要的物品能立即得到，可利用标牌、指示牌或黑板等予以标识：在确定的保管场所标注区域和名称，明确整个场地的划分和布置；必要时，将放置方法和排列的条件用指示板予以说明；对能够区分的物品，用记号或序号进行标示；物品可用图示符号或图片将其特征表示出来。

指示牌内容应简明扼要，如物品名称、分类、数量、存放位置及由谁使用等。在成品仓库里，不仅可用型号代码区别不同产品，而且可使用不同大小、不同颜色或不同形态的指示牌标明箱中的物品。总而言之，标识的目的是明确“是什么”和“在哪里”，让人一目了然。

（3）整顿的目的和方法

1）整顿的目的。整顿是将现场所需物品有条理地定位与定量放置，让这些物品始终处于任何人都能随时方便取用的位置。整顿的目的：一是使工作场所物品一目了然；二是在作业时，节省寻找物品的时间；三是消除过多的积压物品；四是创造整齐的工作环境。

2）整顿的方法。整顿的方法如下：

①用“5W1H”分析法发现存在的问题。“5W1H”分析法也称“六何分析法”，是一种思考方法，也是一种创造技法，在企业管理和日常工作、生活和学习中得到广泛的应用。“5W1H”分析法是指对选定的项目、工序或操作，从原因（何因，why）、对象（何物，what）、地点（何地，where）、时间（何时，when）、人员（何人，who）、方法（何法，how）6个方面提出问题进行思考。首先，对现场的每件物品都要用“5W1H”分析法明确是什么物品、在哪里、在什么时间由谁使用或保管，从中发现物品的定置摆放是否合理。其次，对问题要追根溯源，不仅依据现有资料，还要追溯到以前的情况，一旦了解问题的实质，就立即明确改进的方向。

②合理放置，方便取放。对制造业来说，作业的对象大多是流动的物品，整顿不但要将其码放整齐，而且还要使物品拿出容易、放回方便。方便取放的布局设计是整理的切入点，对工作效率有很大影响。在工作场地，使用的零件和材料有很多是相似的，整顿时要注意避免混淆。

3）整顿提示。整顿时需要考虑以下几点问题：

①设备摆放位置的改变会引起流程变化，对此要认真考虑。

②设置工作台、工件箱时，不仅要考虑固定式的，还要考虑带有脚轮的移动式的。安置工作台、货架等，可以考虑用从房顶垂直起落的方式来减少占用空间。

③质量大、体积大的物品应该放置在下层，质量小的应该放置在上层。

④使用频率高的物品放在易于取放的场所。

⑤货架、橱柜应透明化。

⑥现场的货架和橱柜要尽量避免有门，因为门会阻挡视线，延长寻找时间，从而影响工作效率。

（4）清扫的意义和步骤

1）清扫的意义。不管做什么工作，都会产生垃圾和废物，清扫可以使生产现场处于无垃圾、无灰尘的状态。清扫本身就是生产工作的一部分，而且是所有岗位都存在的工作。清扫的目的：一是消除不利于产品质量、成本、工效和环境的因素；二是保障设备良好运行，减少对从业人员健康的不良影响。

2）清扫的步骤。清扫不是指突击性的大扫除，而是要制度化、经常化，每人从身边做起，然后再拓展到现场的每个角落。清扫的具体步骤如下：

①将地面、墙壁和窗户打扫干净。清扫地面，擦拭墙壁、窗户，清除灰尘、垃圾和油污，保持作业环境清清爽爽，让从业人员每天都以愉快的心情投入工作。

②划出表示整顿位置的区域和界线。清扫后，接着是处理好美观和高效的矛盾。这主要是按整理、整顿阶段的规定，划分作业的场地和通道，标识物品放置位置。对空闲区域、小件物品区域、危险和贵重物品区域等也要设法用标识的颜色予以区别。

③将可能产生污染的污染源清理干净。最有效的清扫是杜绝污染源，发现和清除污染源需用手摸、眼看、耳听、鼻闻，要动脑筋、想办法才能做到。

污染大部分是外来的，如刮大风时带来的灰尘或沙粒，搬运散装物品过程中出现的泄漏等。为杜绝外来污染，首先要将窗户密封，不留缝隙；在搬运切屑和废弃物时不要撒落；在运送水和油料等液体时，要准备合适的容器；在作业现场，要经常检查各种管道以防止泄漏；对擦拭用的棉纱、脏的材料、工具等，要定点放置。

④对设备进行清扫、润滑，对电气设备和操作系统进行彻底检修。设备被污染后容易出现故障，并缩短使用寿命。为此，要定期清扫、检查设备和工具。现代化大生产中，设备越复杂，自动化程度越高，清扫和检修所花费的时间就越多。

（5）清洁的含义和方法

清洁主要是指维持和巩固整理、整顿和清扫的效果，保持生产现场任何时候都处于整齐、干净的状态。实施清洁的方法主要有以下 4 种。

1）制定专门的手册。整理、整顿、清扫的最终结果是形成清洁的工作环境。要做到这一点，动员从业人员参加整理、整顿非常重要，所有人都要清楚自己该干什么。在此基础上，将大家都认可的各项工作和应保持的状态汇集成文，形成专门的手册或类似的文件和规定。手册要明确以下内容：作业场所地面的清扫程序、方法和清扫后的状态；确立区域和界线的原则；设备的清扫、检查程序和完成后的状态；设备的动力部分、传动部分、润滑、油压、气压等部位清扫检查的程序及完成后的状态；清扫计划、责任者及日常的检查。

2）明确清洁的状态。清洁的状态包含 3 个要素，即干净、高效、安全。

清洁的状态具体包括以下内容：地面的清洁、窗户和墙壁的清洁、操作台的清洁、工具和工装的清洁、设备的清洁、货架和放置物品场所的清洁。

3）定期检查。除了日常工作中的自检外，还要组织定期检查：一是检查现场的清洁状态；二是检查现场的图表和指示牌设置是否有利于高效作业以及现场物品数量是否适宜。

4）环境色彩明亮化。厂房、车间、设备、工作服都应采用明亮的色彩，这样一旦产生污渍就很容易被发现。明亮的工作环境会使人产生良好的工作情绪。

（6）自律的含义、目的和实施要点

1）自律的含义。“5S”中的自律活动是指培养人达到整洁有序、自觉执行企业的规定和规则的状态，使人养成良好的习惯。通过自律提高每个人的“行为美”水平，可为搞好“5S”活动提供保障。

2）自律的目的。开展自律活动，主要目的在于培养从业人员自觉并正确执行企业各项规定的良好习惯，自愿实施整理、整顿、清扫、清洁这前“4S”活动，高标准、严要求维护现场环境的整洁和美观。自律是前“4S”活动得以持续、自觉、有序地开展下去的重要保障。

3）自律的实施要点。要做到自律，必须做到：经常积极参与整理、整顿、清扫、清洁活动，认真贯彻整理、整顿、清扫、清洁状态的标准，养成遵守作业指导书、手册和规则的习惯。

自律所包含的内容有很多，但最基本的是养成良好习惯，做到按规章办事和自我规范行为，进而延伸到仪表美、行为美等。近年来，有专家提出实施自律时不妨灵活运用一些工具，如标语、标识、值班图表、照片、录像、新闻、手册等。

（7）现场开展“5S”活动的方法

从众多企业的现场管理经验来看，“5S”是促使企业获得成功的重要活动之一，能够取得明显的成效。“5S”活动并不局限于生产企业，其他各行各业、各类组织都可以在生产和工作现场大力推广，以保证工作质量，提高工作效率，美化工作环境。

生产现场开展“5S”活动可以从以下3个方面入手：

1）“5S”活动要持之以恒。“5S”活动只有坚持不懈地进行，才会取得预期的效果。开展“5S”活动如果搞“一阵风”，就难以找到“5S”活动的感觉，这样不仅活动没有好的效果，反而有负面影响，使大家认为“5S”活动没有作用。任何管理方法都不是“灵丹妙药”，都需要长期的努力和探索。因此，开展“5S”活动要有长期坚持的思想准备。在企业以及生产现场要养成这种风气，个人良好习惯的养成和企业以及生产现场的风气又是相辅相成的。良好的风气能够促进个人良好习惯的形成，个人良好的习惯又有利于树立企业良好风气。

2）“5S”活动要经常教育。人的良好习惯需要培养，开展“5S”活动也要有条不紊地进行培养教育。“5S”活动的推进就意味着要不断地发展，企业要教育从业人员不断地思考如何改进工作，脚踏实地地推进“5S”活动，同时还需要鼓励从业人员不断地提出合理化建议，并对合理化建议给予奖励，以不断地鼓励和推动“5S”活动的进行。

3）遵守规定和规则。遵守规定虽然道理很浅显，但未必人人都能做得到，问题的关键是缺乏遵守规定的自觉性。企业要教育从业人员，凡是企业的规定都应该遵照执行，这不仅仅是“5S”的要求，也是大工业生产的基本前提。

（8）对“5S”活动的评价

定期对“5S”活动进行评价，是确保其能够持之以恒的有效措施。对“5S”活动进行评价，可以采取评价表的方式进行，这样既可以进行自我评价，也便于相互横向比较。多种形式的“5S”活动评价要求见表5-1。

表5-1　　多种形式的“5S”活动评价要求

	自我评价	相互评价	专职人员评价	领导检查	安全巡查
目的	让每一位从业人员具有自主性，使其充分认识“5S”活动，从而由自主性发展为自律性	从业人员相互评价对方的现场，以达到互相启发	由第三者用客观的目光，根据公平的基准进行评价，以确认自我评价、相互评价的水平，并进行调整	领导可通过与外企业、外生产现场进行比较，针对现场存在的差距进行指导，使“5S”活动更充实，从而提高本企业的管理水平	通过对安全、卫生的评价，促使各生产现场和每一位从业人员提高积极性，确保安全，推进全企业“5S”活动

续表

	自我评价	相互评价	专职人员评价	领导检查	安全巡查
谁评价	初期由部门经理、车间主任和班组长评价，逐渐由从业人员自己评价	车间主任、班组长	“5S”活动的推进组织确定的专职人员	企业的高层领导、部门经理	安全卫生委员会
初期（1个月）	每日一次	每周一次	每周一次	每日一次	每月一次
基本稳定（90%达到要求）	每周一次	每周一次	每月一次	随时	每月一次
稳定（95%以上）	每周一次	每月一次	每月一次	随时	每月一次
评价要点	整理、整顿情况： （1）有无超出规定位置 （2）放置位置是否合适 （3）有无不用的物品 （4）垃圾、物品有无乱放	整理、整顿情况： （1）有无超出规定位置 （2）放置位置是否合适 （3）标识、画线是否适当 （4）有无不用的物品	整理、整顿情况： （1）有无超出规定位置 （2）放置位置是否合适 （3）标识、画线是否适当 （4）有无不用的物品	整理、整顿情况： （1）安全卫生状况 （2）现场的纪律 （3）改进活动状况	整理、整顿情况： （1）安全卫生状况 （2）现场的纪律
有无检查表	有	有	有	无	有
向谁报告	车间主任	“5S”活动的推进组织	“5S”活动的推进组织	—	安全卫生委员会

续表

	自我评价	相互评价	专职人员评价	领导检查	安全巡查
报告内容	（1）整顿水平 （2）指出问题（改进建议）	（1）整顿水平 （2）指出问题（改进建议） （3）感想	（1）整顿水平 （2）指出问题（改进建议） （3）感想	—	（1）安全卫生状况 （2）现场纪律 （3）改进建议
评价后处置	（1）评价后立刻改进 （2）不能马上改进的，要制订改进计划	（1）根据对方提出的意见进行改进 （2）帮助对方改进 （3）从对方得到启发	（1）根据提出的意见进行改进 （2）问题很多时，改进后再进行评价	确认改进的情况和检查计划的完成情况	（1）有关安全卫生的问题要优先改进 （2）通过现场班组长对现场纪律进行指导

5.2.3 “三点”控制法

“三点”是指危险点、危害点、事故高发点。这“三点”是生产现场安全生产的要点、主控点和注意点，有效地控制了“三点”，生产现场安全生产就有了保障。因此，控制“三点”是实施生产现场安全管理的一个具体办法。

（1）危险点的控制

危险点是相对于其他作业点和岗位更危险的岗位。危险点固有的危险性使它成为安全控制的要点。危险点发生事故的概率很大，但这并不表明它时时处处都会发生事故，只要安全措施到位、防范办法周密，是可以把危险点变成非危险点的，这就要求班组在如何控制危险点上下功夫。控制危险点的办法如下：

1）编制危险点应急救援预案。

2）所有危险点的作业人员必须经安全培训教育合格、取证后方能上岗。

3）由班组长对危险点进行巡检，每天至少2次。

4）对危险点必须设立现代监控、监测设备，有条件的实行计算机管理。

5）危险点必须配备消防水源和数量足够的消防灭火器材。

6）危险点现场必须有明显的安全标志和安全告知牌。

7）危险点现场必须保持安全通道的畅通。

8）危险点要设有良好的防雷接地装置和防洪排水设施。

9）危险点现场必须使用防爆电器。

10）危险点现场要经常保持整洁、清洁、文明。

11）必须每年向车间或者企业报告危险点运行情况。

（2）危害点的控制

危害点和危险点一样，是相对于其他作业点更具危害性的作业点。危害点对从业人员具有危害性，如化工企业有毒有害气体岗位就是危害点，毫无疑问，它是生产现场安全生产的主控点。要控制危害点的危害性，除了进行安全设计以外，还必须使生产现场的每位从业人员了解危害点的性质、预防办法、紧急情况下的应急措施等。控制危害点的办法如下：

1）编制危害点应急救援预案。

2）所有危害点的生产作业人员必须接受有针对性的安全教育，考核取证后方能上岗。

3）对危害点的巡检，班组长每班至少2次，生产作业人员每小时1次。

4）危害点必须配足过滤式防毒面具，每个危害点至少配2具氧气呼吸器。

5）危害点现场必须配有压力表、温度计、液位计等就地监测设施。

6）危害点严禁储罐超储、库房超存、工艺过程超压。

7）危害点的生产作业人员应配备一定数量的便携式可燃气体、有毒有害气体监测仪。

8）危害点现场通道必须保持通畅。

9）危害点现场必须使用防爆电器。

10）危害点现场应保持整洁、清洁、文明。

（3）事故高发点的控制

顾名思义，事故高发点就是指曾经发生事故或多次发生事故的作业点或岗位，是生产现场安全生产的注意点。对于事故高发点，除了采取切实可行的措施外，主要是吸取事故教训，杜绝重复性事故发生。具体控制办法如下：

1）要在事故高发点现场挂上警示牌，说明这个点曾经多次发生事故，警示大家要引以为戒。

2）重新审定操作规程，针对已发事故的分析结果改进操作方式。

3）对事故高发点加强监控，增加安全检查的频率。

4）对事故高发点完善设施和装备，如增加安全设施、改进工作环境等。

5）把事故高发点作为现场安全教育基地。

6）对事故高发点建立、健全3个系统，分别是组织保障系统、人员职责系统和管理功能系统。

5.3 作业安全

5.3.1 反“三违”

（1）“三违”

违章不一定出事（故），出事（故）必存在违章。违章是发生事故的起因，事故是违章导致的后果。“三违”内容如下：

1）违章指挥。企业负责人和有关管理人员法制观念淡薄，缺乏安全生产知识，思想上存有侥幸心理，对国家、集体的财产和人民群众的生命安全不负责任，明知不符合安全生产有关条件，仍指挥从业人员冒险作业。

2）违规作业。从业人员没有安全生产常识，不懂安全生产规章制度和操作规程，或者在知道基本安全知识的情况下，在作业过程中，违反安全生产规章制度和操作规程，不顾国家、集体的财产和他人、自己的生命安全，擅自作业，冒险蛮干。

3）违反劳动纪律。作业人员不知道劳动纪律，或者不遵守劳动纪律，违反劳动纪律进行冒险作业，造成不安全因素。

（2）“三违”的常见原因

落实生产作业标准化，可以有效防治“三违”，进而控制生产安全事故的发生。在生产现场中，“三违”发生的常见原因有以下几种：

1）侥幸心理。有一部分人在几次违章未发生事故后，慢慢滋生了侥幸心理，忽视了几次违章未发生事故的偶然性和长期违章迟早要发生事故的必然性。

2）省能心理。有些人嫌麻烦、图省事、降成本，总想以最小的代价取得最好的效果，甚至将时间和物质成本压缩到极限，降低了生产系统的可靠性。尤其是在生产任务紧迫和眼前既得利益的诱因下，极易产生省能心理。

3）自我表现心理（或逞能）。有的人自以为技术好、有经验，常满不在乎，虽能预见有危险，但是轻信能避免危险，用冒险蛮干当作表现自己的技能。有的新从业人员技术差、经验少，可谓初生牛犊不怕虎，急于表现自己，以自己或他人的痛苦验证安全制度的重要作用，用鲜血和生命证实安全规程的科学性。

4）从众心理。“别人做了没事，我福大命大造化大，肯定更没事。”尤其是在安全秩序不好、管理混乱的场所，这种心理像瘟疫一样，严重威胁企业的生产安全。

5）逆反心理。在人与人之间关系紧张的时候，人们常常产生这种心理。对同事的善意提醒不当回事，对领导的严格要求阳奉阴违，气大于理，置安全规程于不顾，以致酿成事故。

（3）反“三违”的常用方法

1）舆论宣传。反“三违”首先要充分发挥舆论工具的作用，广泛开展反“三违”宣传。利用各种宣传工具、方法，大力宣传遵章守纪的必要性、重要性和违章违纪的危害性。表彰安全生产中遵章守纪的好人好事，谴责那些违章违纪给人民生命和国家财产造成严重损坏的恶劣行为，并结合典型事故案例进行普法宣传，形成视“三违”如过街老鼠、人人喊打的局面。宣传可使从业人员认真贯彻“安全第一、预防为主、综合治理”的方针，牢记安全，珍惜生命，自觉遵章守纪。

2）教育培训。从业人员安全意识、技术素质的高低及防范“三违”的自觉程度和应变能力都与教育培训密切相关。安全教育培训要采取多种形式，除进行经常性的安全法律、法规、政策、组织纪律、安全知识、工艺规程的教育外，应重点抓好法制教育、主人翁思想教育，特别要注意抓好新干部上岗前、新从业人员上岗前、从业人员转换工种（岗位）时的安全规程教育。教育培训、考核管理工作应做到制度化、经常化，以提高从业人员的安全意识和安全操作技能，增强防范事故的能力，为反“三违”打下坚实的基础。

3）重点人员管理。将企业领导、企业班组，以及班组长、特种作业人员、青年职工作为反“三违”的重点，进行重点教育、培训、管理，并分别针对其特点加以引导和采取相应的措施，可有效控制“三违”行为，降低事故发生率。

①企业领导。开展反“三违”要以领导为龙头，从各级领导抓起。一方面，从提高各级领导自身安全意识、安全素质入手，针对个别领导容易出现的重生产、重效益而轻安全的不良倾向，进行普

法宣传，使他们真正树立“安全第一、预防为主、综合治理”的思想，自觉坚持“管生产经营必须管安全”的原则，以身作则，做反“三违”的带头人。另一方面，要求各级领导运用现代管理方法，按照“分级管理、分线负责”的原则，对“三违”实行“四全”（全员、全方位、全过程、全天候）综合治理，把反“三违”纳入安全生产责任制之中。

②企业班组。班组是企业的“细胞”，既是安全管理的重点，也是反“三违”的主要阵地。一方面，要抓好日常安全意识教育。针对“违章不一定出事故”的侥幸心理，用正反两方面的典型案例分析其危害性，启发从业人员自觉遵章守纪，增强自我保护意识。通过自查自纠、自我揭露，同时查纠身边的不安全行为、事故苗头和事故隐患，实现从“本身无违章”到“身边无事故”。另一方面，要抓好岗位培训。要使从业人员掌握作业标准、操作技能、设备故障处理技能、消防安全知识和安全规章制度；向先进水平挑战，做到“不伤害自己，不伤害他人，不被他人伤害”。

③三种人群。班组长：企业生产一线的指挥员，是班组管理的“领头羊”。班组安全工作的好坏主要取决于班组长。班组长敢于抓“三违”，就能带动一批人，管好一个班。特种作业人员：他们都处在关键岗位，或者从事危险性较大的作业，随时有危及自身和他人安全的可能，是事故多发之源。青年职工：他们多为新从业人员，往往安全意识较差，技术素质较低，好奇心、好胜心强，极易发生违章违纪现象。

4）现场管理。现场是生产的场所，是从业人员生产活动与安全活动交织的地方，也是发生“三违”和出现伤亡事故的地方，因此狠抓现场安全管理尤为重要。要抓好现场安全管理，安全管理人员要经常深入现场，在第一线查“三违”疏而不漏，纠违章铁面无私，抓防范举一反三，搞管理新招迭出，居安思危，防患于未然，把各类事故消灭在萌芽状态，确保安全生产顺利进行。

5）培养良好习惯。人们在工作、生活中的某些行为、举止或做法，一旦养成习惯就很难改变。俗话说，习惯成自然。在实际工作中，违章违纪恶习势必酿成事故，后患无穷，严重威胁着安全生产。要改变这种局面，除了需要对不安全行为乃至成为习惯的主观因素进行认真分析，有针对性地采取矫正措施，克服不良习惯外，还要利用站班会、班组学习来提高从业人员的安全意识；开展技术问答、技术练兵，提高安全操作技能；严格标准，强调纪律，规范操作行为；实行“末位淘汰制”，促使从业人员养成遵章守纪、规范操作的良好习惯。

6）教罚并举。凡是事故，都要按照“四不放过”的原则，认真追查分析，根据情节轻重和造成危害的程度对责任人给予帮、教、处罚。对导致发生伤亡事故的责任者，依据规定，严肃查处，触犯法律的交执法部门处理。要做到一视同仁，实现从“人治”到“法治”的转变。

7）群防群治。在企业安全生产工作中，“企业负责、群众监督”是两项同抓并举的任务。“群众监督”是实现“企业负责”搞好安全生产的可靠保障，也是搞好反“三违”工作的可靠保障。要搞好群众监督，就应特别注意发挥各级工会对安全生产的监督作用，不断提高从业人员的安全监督能力，广泛发动从业人员依法进行监督，开展以“群防、群查、群治”反“三违”的监督检查活动，确保生产安全事故不会发生。

5.3.2 相关方安全

《安全生产法》规定：两个以上生产经营单位在同一作业区域内进行生产经营活动，可能危及对方生产安全的，应当签订安全生产管理协议，明确各自的安全生产管理职责和应当采取的安全措施，并指定专职安全生产管理人员进行安全检查与协调。生产经营单位不得将生产经营项目、场所、设备发包或者出租给不具备安全生产条件或者相应资质的单位或者个人。生产经营项目、场所发包或者出租给其他单位的，生产经营单位应当与承包单位、承租单位签订专门的安全生产管理协议，或者在承包合同、租赁合同中约定各自的安全生产管理职责；生产经营单位对承包单位、承租单位的安全生产工作统一协调、管理。

企业应执行承包商、供应商等相关方管理制度，对其资格预审、选择、服务前准备、作业过程、提供的产品、技术服务、表现评估、续用等进行管理。

企业应建立合格相关方的名录和档案，根据服务作业行为定期识别服务作业行为风险，并采取行之有效的控制措施。企业应对进入同一作业区的相关方进行统一安全管理，不得将项目委托给不具备相应资质或条件的相关方。企业和相关方的项目协议应明确规定双方的安全生产责任和义务。

5.3.3 变更安全

变更是指管理、人员、工艺、设备设施、材料、作业过程和场所等永久性或暂时性的变化，变更管理是指对这些变化进行有计划性的控制，清除或减少由于变更而引起的潜在事故隐患，提高工作质量，避免或减轻对安全生产的影响。变更会带来新的风险，为了消除或减少由于变更而引起的潜在事故隐患，企业应建立变更管理制度，规范变更管理，分析并控制变更中所产生的风险，严格履行变更程序。变更程序一般包括变更申请、变更审批、变更实施、变更验收等。

应制定统一的变更申请表，明确变更的名称、时间、部门、负责人、说明，确定变更的依据、风险分析、控制措施等内容。申请变更表填写好后，应逐级上报职能主管部门和主管领导审批。职能主管部门组织有关人员按变更原因和生产的实际需要决定是否进行变更。

变更批准后，由相关职能主管部门负责实施。实施部门应将变更的内容及时传送给相关人员，对相关人员进行培训，实施变更。变更应该在批准的范围和时限内进行，超过原批准范围和时限的任何临时性变更，都必须重新进行申请以获得批准。

变更实施结束后，变更职能主管部门应对变更情况进行验收，确保变更达到计划要求。变更职能主管部门应及时将变更结果通知相关部门和人员。

第 *6* 讲

事故报告与责任

事故发生后，及时、准确、完整地报告事故，对于及时、有效地组织事故救援，减少事故损失，顺利开展事故调查具有十分重要的意义。因此，《安全生产法》和《生产安全事故报告和调查处理条例》都对生产安全事故报告工作作出了严格要求。

《生产安全事故报告和调查处理条例》规定，生产安全事故报告应当及时、准确、完整，任何单位和个人对事故不得迟报、漏报、谎报或者瞒报。《安全生产法》对事故的报告作出了明确规定：生产经营单位发生生产安全事故后，事故现场有关人员应当立即报告本单位负责人。单位负责人接到事故报告后，应当迅速采取有效措施，组织抢救，防止事故扩大，减少人员伤亡和财产损失，并按照国家有关规定立即如实报告当地负有安全生产监督管理职责的部门，不得隐瞒不报、谎报或者拖延不报，不得故意破坏事故现场、毁灭有关证据。

6.1　事故报告责任和要求

6.1.1　事故报告责任

《安全生产法》和《生产安全事故报告和调查处理条例》都明确规定了事故报告责任，下列人员和单位负有事故报告的责任：

（1）事故现场有关人员。

（2）事故发生单位的主要负责人。

（3）安全生产监督管理部门。

（4）负有安全生产监督管理职责的有关部门。

（5）有关地方人民政府。

事故发生单位负责人既有向县级以上人民政府安全生产监督管理部门报告的责任，又有向负有安全生产监督管理职责的有关部门报告的责任，即事故报告是两条线，实行双报告制。

安全生产监督管理部门和负有安全生产监督管理职责的有关部门，既有向上级部门报告事故的责任，又有同时报告本级人民政府的责任。

6.1.2 事故报告程序与时限要求

根据《生产安全事故报告和调查处理条例》的有关规定，事故现场有关人员、事故发生单位负责人和有关部门应当按照下列程序和时间要求报告事故：

（1）事故发生后，事故现场有关人员应当立即向本单位负责人报告；情况紧急时，事故现场有关人员可以直接向事故发生地县级以上人民政府安全生产监督管理部门和负有安全生产监督管理职责的有关部门报告。

（2）单位负责人接到事故报告后，应当于1 h内向事故发生地县级以上人民政府安全生产监督管理部门和负有安全生产监督管理职责的有关部门报告。

（3）安全生产监督管理部门和负有安全生产监督管理职责的有关部门接到事故报告后，应当按照事故的级别逐级上报事故情况，并报告本级人民政府，通知公安机关、劳动保障行政部门、工会和人民检察院，且每级上报的时间不得超过2 h。不同级别的事故，其上报情况如下：

1）特别重大事故、重大事故逐级上报至国务院安全生产监督管理部门和负有安全生产监督管理职责的有关部门。

2）较大事故逐级上报至省、自治区、直辖市人民政府安全生产监督管理部门和负有安全生产监督管理职责的有关部门。

3）一般事故上报至设区的市级人民政府安全生产监督管理部门和负有安全生产监督管理职责的有关部门。

（4）国务院安全生产监督管理部门和负有安全生产监督管理职责的有关部门以及省级人民政府接到发生特别重大事故、重大事故的报告后，应当立即报告国务院。

必要时，安全生产监督管理部门和负有安全生产监督管理职责的有关部门可以越级上报事故情况。

6.2 事故报告的内容

根据《生产安全事故报告和调查处理条例》的有关规定，事故报告的内容应当包括事故发生单位概况，事故发生的时间、地点、简要经过和事故现场情况，事故已经造成或者可能造成的伤亡人数和初步估计的直接经济损失，以及已经采取的措施等。事故报告后出现新情况的，还应当及时补报。

（1）事故发生单位概况

事故发生单位概况应当包括单位的全称、所处地理位置、所有制形式和隶属关系、生产经营范围和规模、持有各类证照的情况、单位负责人的基本情况以及近期的生产经营状况等。对于不同行业的企业，报告的内容应该根据实际情况来确定，但是应当以全面、简洁为原则。

（2）事故发生的时间、地点以及事故现场情况

报告事故发生的时间应当具体，并尽量精确到分钟。报告事故发生的地点要准确，除事故发生的中心地点外，还应当报告事故所波及的区域。报告事故现场的情况应当全面，不仅应当报告现场的总体情况，还应当报告现场的人员伤亡情况、设备设施的毁损情况；

不仅应当报告事故发生后的现场情况，还应当尽量报告事故发生前的现场情况。

（3）事故的简要经过

事故的简要经过是对事故全过程的简要叙述，核心要求在于“全”和“简”。“全”就是要全过程叙述，“简”就是要简单明了，叙述要前后衔接、脉络清晰、因果相连。需要强调的是，由于事故的发生往往是在一瞬间，对事故经过的叙述应当特别注意事故发生前作业场所有关人员和设备设施的一些细节，因为这些细节可能就是引发事故的重要原因。

（4）事故已经造成或者可能造成的伤亡人数（包括下落不明的人数）和初步估计的直接经济损失

对于人员伤亡情况的报告，应当遵守实事求是的原则，不做无根据的猜测，更不能隐瞒实际伤亡人数。例如，在矿山事故中，往往出现多人被困井下的情况，对可能造成的伤亡人数，要根据事故单位当班记录，尽可能准确地报告。对直接经济损失的初步估算，主要指事故所导致的建筑物的毁损、生产设备设施和仪器仪表的损坏等。由于人员伤亡情况和经济损失情况直接影响事故等级的划分，并因此决定事故的调查处理等后续重大问题，在报告这方面情况时应当谨慎细致，力求准确。

（5）已经采取的措施

已经采取的措施主要是指事故现场有关人员、事故单位负责人、已经接到事故报告的安全生产监督管理部门为减少损失、防止事故扩大和便于事故调查所采取的应急救援和现场保护等具体措施。

（6）事故的补报

事故报告后出现新情况的，应当及时补报。自事故发生之日起30日内，事故造成的伤亡人数发生变化的，应当及时补报；道路交通事故、火灾事故自发生之日起7日内，事故造成的伤亡人数发生变化的，应当及时补报。

6.3 事故调查与责任确定

6.3.1 事故现场调查

事故现场调查主要包括事故现场保护、事故现场的处理和勘查、事故证据的收集整理三部分。

（1）事故现场保护

事故调查组的首要任务是进行事故现场的保护工作，因为事故现场的各种证据是判断事故原因以及确定事故责任的重要物质条件，需要最大限度地给予保护。但是在事故救援阶段，各种人员的出入会对事故现场造成破坏，群众的围观也会给现场保护工作带来影响。所以，应该采取措施保护事故现场免受过多的破坏。

《生产安全事故报告和调查处理条例》规定，事故发生后，有关单位和人员应当妥善保护事故现场以及相关证据，任何人不得破坏事故现场、毁灭相关证据。这里明确了两个问题：一是保护事故现场以及相关证据是有关单位和人员的法定义务。“有关单位和人员”是事故现场保护的义务主体，既包括在事故现场的事故发生单位及其有关人员，也包括在事故现场的有关地方人民政府安全生产监督管理部门、负有安全生产监督管理职责的有关部门、事故应急救援组织等单位及其有关人员。只要是在事故现场的单位和人员，都有妥善保护现场和相关证据的义务。二是禁止破坏事故现场、毁灭有关证据。不论是过失还是故意，有关单位和人员均不得破坏事故现场、毁灭相关证据，否则将承担相应的法律责任。事故现场保护要做好以下几个方面的工作：

1）核实并尽快上报事故情况。

2）确定保护区的范围，布置警戒线。

3）控制好事故肇事人。

4）尽量收集事故的相关信息以便事故调查组查阅。

事故现场的保护要方法得当。对露天事故现场的保护范围可以大一些，然后根据实际情况再调整；对生产车间事故现场的保护，则主要是采取封锁入口、控制人员进出的措施；严格要求事故破损部件、残留件等不能触动，以免破坏事故现场。

（2）事故现场的处理和勘查

1）事故现场处理。当调查组进入现场或做模拟试验需要移动某些物体时，必须做好现场的标记，同时要采用照相或摄像将可能被清除或践踏的痕迹记录下来，以保证现场勘查能获得完整的事故信息内容。调查组进入事故现场进行调查的过程中，在事故调查分析没有形成结论以前，要注意保护事故现场，不得破坏与事故有关的物体、痕迹、状态等。

2）事故现场勘查。对损坏的物体、部件、碎片、残留物、致害物的位置等，均应贴上标签，注明时间、地点、管理者；所有物件应保持原样，不准冲洗擦拭；对健康有害的物品，应采取不损坏原始证据的安全保护措施。

（3）事故证据的收集整理

1）事故现场摄影。应做好以下几方面的工作：

①方位拍照。要能反映事故现场在周围环境中的位置。

②全面拍照。要能反映事故现场各部分之间的联系。

③中心拍照。要能反映事故现场中心情况。

④细目拍照。要能解释导致事故直接原因的痕迹物、致害物等。

⑤人体拍照。要能反映伤亡者主要受伤和造成其死亡的伤害部位。

2）事故图绘制。根据事故类别和规模以及调查工作的需要，绘出事故调查分析所必须了解的信息示意图，如建筑物平面图、剖面图，事故现场涉及范围图，设备或工器具构造简图、流程图，受害者位置图，事故状态下人员位置及疏散图，破坏物立体图或展开图等。

3）证人材料搜集。尽快搜集证人口述材料，然后认真考证其真实性，听取发生事故单位领导和群众意见。

4）事故事实材料搜集。应注意搜集以下材料：

①与事故鉴别、记录有关的材料。这部分材料包括事故发生的单位、地点、时间，受害者和肇事者的姓名、性别、文化程度、职业、技术等级、本工种工龄、支付工资形式；受害者和肇事者的技术水平、接受安全教育情况；出事当天，受害者和肇事者开始工作的时间、工作内容、工作量、作业程序，操作时的动作或位置；受害者和肇事者过去的事故记录。

②事故发生的有关事实材料。这部分材料包括事故发生前设备设施等的性能和质量状况；必要时对使用的材料进行物理性能或化学性能试验分析；有关设计和工艺方面的技术文件、工作指令和规章制度方面的资料及执行情况；关于环境方面的情况，如照明、温度、湿度、通风、声响、色彩、道路、工作情况以及工作环境中的有毒有害物质取样分析记录；个人防护措施状况及劳动防护用品的有效性、质量、使用范围；出事前受害者和肇事者的健康和精神状态；其他有可能与事故有关的细节或因素。

6.3.2 事故原因分析

事故原因分析包括导致事故发生的直接原因和间接原因（以下简称事故直接原因和事故间接原因）的调查分析。调查分析事故直接原因就是分别对人和物的因素进行深入、细致的追踪，弄清人和物方面的事故因素，明确它们的相互关系和重要程度，从而确定事故直接原因。

调查分析事故间接原因就是查找导致人的不安全行为、物的不安全状态，以及人、物、环境关系失调的原因，弄清人的不安全行为和物的不安全状态产生的原因，以及为什么没能在事故发生前采取措施，预防事故发生。

导致事故发生的原因是多方面的，主要可以概况为以下三个方面：

（1）劳动过程中设备设施和环境等因素是导致事故的重要原因

这些因素主要包括生产环境恶劣，生产设备状态不良，生产工艺不合理，原材料具有毒害性等。这些因素是硬件方面的原因，属于直接原因。

（2）安全管理方面的因素也是导致事故的主要原因

安全管理方面的因素主要包括安全生产规章制度不完善，安全生产责任制未落实，安全管理机构未有效开展工作，安全生产经费不到位，安全教育培训工作开展不到位，安全防护装置未及时保养，安全标志和逃生通道不齐全等。这些因素需要认真分析，属于较深层次的原因。

（3）事故肇事人的状况也是导致事故的直接因素

事故肇事人的状况主要包括其操作水平、熟练程度、经验、精神状态、是否违章操作等。人的因素是事故原因中的主要因素，也是事故发生发展的关键原因，需要重点分析。

对事故进行分析有很多方法，目的都是为了找到导致事故发生的原因。首先从专项技术的角度探讨事故的技术原因，然后从事故统计的角度探讨宏观的事故统计分析法，最后通过安全系统分析法从全局的角度全面分析事故的发生发展过程。这是一种递进的层次关系。

6.3.3 确定事故责任

查找事故原因的目的是确定事故责任。事故调查分析不仅要明确事故的原因，更重要的是确定事故责任，落实防范措施，确保不再出现同类事故。

（1）事故性质

目前，事故性质分为责任事故、非责任事故和人为破坏事故。

1）责任事故。责任事故是指由于工作不到位导致的事故，是一种可以预防的事故，需要处理相应的责任人。

2）非责任事故。非责任事故是指由于一些不可抗拒的力量而导致的事故。这些事故的原因主要是由于人类对自然的认识水平有限，需要在今后的工作中更加注意预防工作，防止同类事故再次发生。

3）人为破坏事故。人为破坏事故是指有人预先恶意地对机器设备以及其他因素进行破坏，导致其他人在不知情的情况下发生的事故。这类事故一般都属于刑事案件，相关责任人要受到法律的制裁。

（2）事故责任人

事故责任人主要包括直接责任人、领导责任人和间接责任人三种。

1）直接责任人。直接责任人是指由于当事人与重大事故及其损失有直接因果关系，是对事故发生以及导致一系列后果起决定性作用的人员。

2）领导责任人。领导责任人是指当事人的行为虽然没有直接导致事故的发生，但由于其领导、监管不力而导致事故发生。

3）间接责任人。间接责任人是指当事人与事故的发生具有间接的关系，需要承担相应的责任。

（3）责任追究

事故责任的确定是整个事故调查分析中最难的环节，因为责任确定的过程就是将事故原因分解给不同人员的过程。这个问题说起来很简单，但对于事故调查组成员来说，无论处理谁都是不情愿的。由于事故的责任人必须受到处罚，事故调查组要公正地对待所有涉及事故的人员，公平、公正、科学、合理地确定相应的责任。凡因下述原因造成事故，应首先追究领导者的责任：

1）没有按规定对从业人员进行安全教育和技术培训，或本单位相关人员未经考试合格就上岗操作的。

2）缺乏安全技术操作规程或制度与规程不健全的。

3）设备严重失修或超负载运转的。

4）安全措施、安全信号、安全标志、安全用具、劳动防护用品缺乏或有缺陷的。

5）对事故熟视无睹，不认真采取措施，或挪用安全生产经费，致使重复发生同类事故的。

6）对现场工作缺乏检查或指导错误的。

特别重大安全事故肇事单位和个人的刑事处罚、行政处罚和民事责任，依照有关法律、法规和规章的规定执行。

6.4 事故管理

6.4.1 企业事故管理责任

企业应建立事故档案和管理台账，将承包商、供应商等相关方在企业内部发生的事故纳入本企业事故管理。企业应按照《企业职工伤亡事故分类》（GB 6441—1986）、《事故伤害损失工作日标准》（GB/T 15499—1995）的有关规定和国家、行业确定的事故统计指标开展事故统计分析。

根据《企业职工伤亡事故分类》，企业伤害事故共分为 20 种，分别是物体打击、车辆伤害、机械伤害、起重伤害、触电、淹溺、灼烫、火灾、高处坠落、坍塌、冒顶片帮、透水、放炮、火药爆炸、瓦斯爆炸、锅炉爆炸、容器爆炸、其他爆炸、中毒和窒息、其他伤害。

《事故伤害损失工作日标准》详细规定了定量记录人体伤害程度的方法及伤害对应的损失工作日数值，适用于企业从业人员伤亡事故造成的身体伤害。

2016 年 7 月 27 日，原国家安全生产监督管理总局办公厅印发了《生产安全事故统计管理办法》（安监总厅统计〔2016〕80 号）。该办法明确规定，生产安全事故原则上由县级安全生产监督管理部门归口统计、联网直报。个别跨县级行政区域的特殊行业领域生产安全事故统计信息，按照国务院安全生产监督管理部门和有关行业领域主管部门确定的生产安全事故统计信息通报形式，实行上级安全生产监督管理部门归口直报。该办法明确要求，各级安全生产监督管理部门要真实、准确、完整、及时地按照《国民经济行业分类》(GB/T 4754—2011，现已被GB/T 4754—2017替代）分类统计生产安全事故。符合核销条件的生产安全事故应当经过公示、备案，才能核销。根据该办法，各级安全生产监督管理部门应确保统计信息的真实性和完整性，并对本行政区域内生产安全事故统计工作进行监督检查。该办法指出，国务院安全生产监督管理部门将进一步建立、健全生产安全事故统计数据修正制度，采用多种统计调查方法对生产安全事故统计数据进行核查、修正，并对外公布。

6.4.2 事故统计的基本任务

(1）对每起事故进行统计调查，弄清事故发生的情况和原因。

(2）对一定时间内、一定范围内事故发生的情况进行测定。

(3）根据大量统计资料，借助数理统计手段，对一定时间内、一定范围内事故发生的情况、趋势以及事故参数的分布进行分析、归纳和推断。

事故统计的任务与事故调查是一致的。统计建立在事故调查的基础上，没有成功的事故调查，就没有正确的统计。调查要反映有关事故发生的全部详细信息，统计则抽取那些能反映事故情况和原因的最主要的参数。事故调查从已发生的事故中得到预防相同或类似事故的发生经验，是直接的和局部性的。而事故统计对于事故的预防作用既有直接性，又有间接性，是总体性的。

6.4.3 事故统计步骤

事故统计分析的目的，是通过合理地收集与事故有关的资料、数据，并应用科学的统计方法，对大量重复显现的数字特征进行整理、加工、分析和推断，找出事故发生的规律和事故发生的原因，为制定法律、法规，加强工作决策，采取预防措施，防止事故重复发生，起到重要指导作用。

事故统计工作一般分为以下三个步骤：

(1) 资料搜集

资料搜集又称统计调查，是根据统计分析的目的，对大量零星的原始材料进行技术分组，是整个事故统计工作的前提和基础。资料搜集是依据事故统计的目的和任务，制定调查方案，确定调查对象和单位，拟定调查项目和表格，并按照事故统计工作的性质选定搜集方法。我国伤亡事故统计是一项经常性的统计工作，采用报告法，下级按照国家制定的报表制度，逐级将伤亡事故报表上报。

(2) 资料整理

资料整理又称统计汇总，是将搜集的事故资料进行审核、汇总，并根据事故统计的目的和要求计算有关数值。汇总的关键是统计分组，就是按一定的统计标志，将分组研究的对象划分为性质相同的组。例如，按事故类别、事故原因等分组，然后按组进行统计计算。

(3) 综合分析

综合分析是将汇总整理的资料及有关数值，填入统计表或绘制统计图，使大量的零星资料系统化、条理化、科学化，是统计工作的结果。事故统计结果可以用统计指标、统计表、统计图等形式来表达。

第7讲

常用劳动防护用品使用与管理

当作业现场劳动安全卫生技术措施尚不能消除生产劳动过程中的危险、有害因素，达不到国家标准、行业标准及有关规定，也暂时无法进行技术改造时，使用劳动防护用品就成为既能完成生产劳动任务，又能保障从业人员安全与健康的唯一手段。根据《安全生产法》《职业病防治法》等法律规定，企业应按照有关规定和工作场所的安全风险特点，在有重大危险源、较大危险因素和严重职业病危害因素的工作场所，设置明显的、符合有关规定要求的安全警示标志和职业病危害警示标识。

在企业生产一线，不仅要根据法律、法规的要求配备劳动防护用品，设置安全警示标志，还要按照企业的要求，依法依规地做好相应的维护和管理工作，使其能够发挥应有的安全防护功能。

7.1 劳动防护用品的分类

7.1.1 劳动防护用品及其特点

劳动防护用品是指由用人单位为从业人员配备的，使其在劳动过程中免遭或者减轻事故伤害及职业危害的个体防护装备。劳动防护用品是保护从业人员安全与健康必不可少的辅助措施，是防止从业人员受到职业毒害和伤害的最后一项有效措施。同时，劳动防护用品与从业人员的福利待遇以及生产、生活卫生所需要的非防护性工作用品有着原则性的区别。具体来说，劳动防护用品具有以下几个特点：

（1）特殊性

劳动防护用品不同于一般的商品，是保障从业人员安全与健康的特殊用品，用人单位必须按照国家和省、市劳动防护用品有关标准进行选择和发放。尤其是特种劳动防护用品，因其具有特殊的防护功能，国家在生产、使用、购买等环节中都有严格的要求。

（2）适用性

劳动防护用品的适用性既包括防护用品选择的适用性，也包括使用的适用性。选择的适用性是指必须根据不同的工种和作业环境以及使用者的自身特点等选用合适的防护用品。例如，耳塞和防噪声帽有大小型号之分，如果选择的型号太小，就无法很好地起到防护噪声的作用。使用的适用性是指防护用品须在进入工作岗位时使用，这不仅要求产品的防护性能可靠，确保使用者的安全，而且还要求产品适用性能好、方便、灵活，使用者乐于使用。因此，结构较复杂的防护用品，生产厂家需经过一定时间试用，对其适用性及推广应用价值进行科学评价后才能投产销售。

（3）时效性

防护用品均有一定的使用寿命。例如，橡胶类、塑料等制品，长时间受紫外线及冷热温度影响会逐渐老化而易折断。有些护目镜和面罩，受光线照射和擦拭，或者受空气中酸碱蒸气的腐蚀，镜片的透光率会逐渐下降而失去使用价值。绝缘鞋（靴）、防静电鞋和导电鞋等，随着鞋底的磨损，电学性能将会改变。一些防护用品的零件长期使用会磨损，影响力学性能。有些防护用品的保存条件也会影响其使用寿命，如温度及湿度等。

7.1.2 劳动防护用品分类

（1）按人体保护部位分类

《劳动防护用品分类与代码》（LD/T 75—1995）实行以人体保护部位划分的分类标准，将劳动防护用品分为头部防护用品、呼吸器官防护用品、眼（面）部防护用品、听觉器官防护用品、手部防护用品、足部防护用品、躯干防护用品、护肤用品、防坠落用品共9大类。

1）头部防护用品包括一般防护服、安全帽、防尘帽、防静电帽等。

2）呼吸器官防护用品包括防尘口罩和防毒面罩等。

3）眼（面）部防护用品包括防护眼镜和防护面罩等。

4）听觉器官防护用品包括耳塞、耳罩和防噪声头盔等。

5）手部防护用品包括一般防护手套、防水手套、防寒手套、防毒手套、防静电手套、防高温手套、防X射线手套、防酸（碱）手套、防振手套、防切割手套、绝缘手套等。

6）足部防护用品包括防尘鞋、防水鞋、防寒鞋、防静电鞋、防酸（碱）鞋、防油鞋、防烫脚鞋、防滑鞋、防刺穿鞋、电绝缘鞋、防振鞋等。

7）躯干防护用品包括一般防护服、防水服、防寒服、防砸背心、防毒服、阻燃服、防静电服、防高温服、防电磁辐射服、耐酸（碱）服、防油服、水上救生衣、防昆虫服、防风沙服等。

8）护肤用品可分为防毒护肤用品、防腐护肤用品、防射线护肤用品、防油漆护肤用品等。

9）防坠落用品包括安全带和安全网等。

（2）按防御的职业病危害因素分类

根据《用人单位劳动防护用品管理规范》，劳动防护用品分为以下10大类：

1）防御物理、化学和生物危险、有害因素对头部伤害的头部防护用品。

2）防御缺氧空气和空气污染物进入呼吸道的呼吸防护用品。

3）防御物理和化学危险、有害因素对眼面部伤害的眼面部防护用品。

4）防噪声危害及防水、防寒等的听力防护用品。

5）防御物理、化学和生物危险、有害因素对手部伤害的手部防护用品。

6）防御物理和化学危险、有害因素对足部伤害的足部防护用品。

7）防御物理、化学和生物危险、有害因素对躯干伤害的躯干防护用品。

8）防御物理、化学和生物危险、有害因素损伤皮肤或引起皮肤疾病的护肤用品。

9）防止高处作业从业人员坠落或者高处落物伤害的坠落防护用品。

10）其他防御危险、有害因素的劳动防护用品。

7.2 劳动防护用品管理

依据《用人单位劳动防护用品管理规范》和其他法律、法规的规定，用人单位应当依法为从业人员提供劳动防护用品，采取保障从业人员安全与健康的辅助性、预防性措施，不得以劳动防护用品替代工程防护设施和其他技术、管理措施。

7.2.1 劳动防护用品管理要求

（1）用人单位应当健全管理制度，加强劳动防护用品配备、发放、使用等管理工作。

（2）用人单位应当安排专项经费用于配备劳动防护用品，不得以货币或者其他物品替代。该项经费计入生产成本，据实列支。

（3）用人单位应当为从业人员提供符合国家标准或者行业标准的劳动防护用品。使用进口的劳动防护用品，其防护性能不得低于我国相关标准。

（4）从业人员在作业过程中，应当按照规章制度和劳动防护用品使用规则，正确佩戴和使用劳动防护用品。

（5）用人单位使用的劳务派遣工、接纳的实习学生应当纳入本单位人员统一管理，并配备相应的劳动防护用品。对处于作业地点的其他外来人员，必须按照与进行作业的从业人员相同的标准，正确佩戴和使用劳动防护用品。

7.2.2 劳动防护用品的选用

(1) 用人单位劳动防护用品选择程序和依据

用人单位应按照识别、评价、选择的程序，结合从业人员作业方式和工作条件，并考虑其个人特点及劳动强度，选择防护功能和效果适用的劳动防护用品。劳动防护用品选择程序如图 7-1 所示。

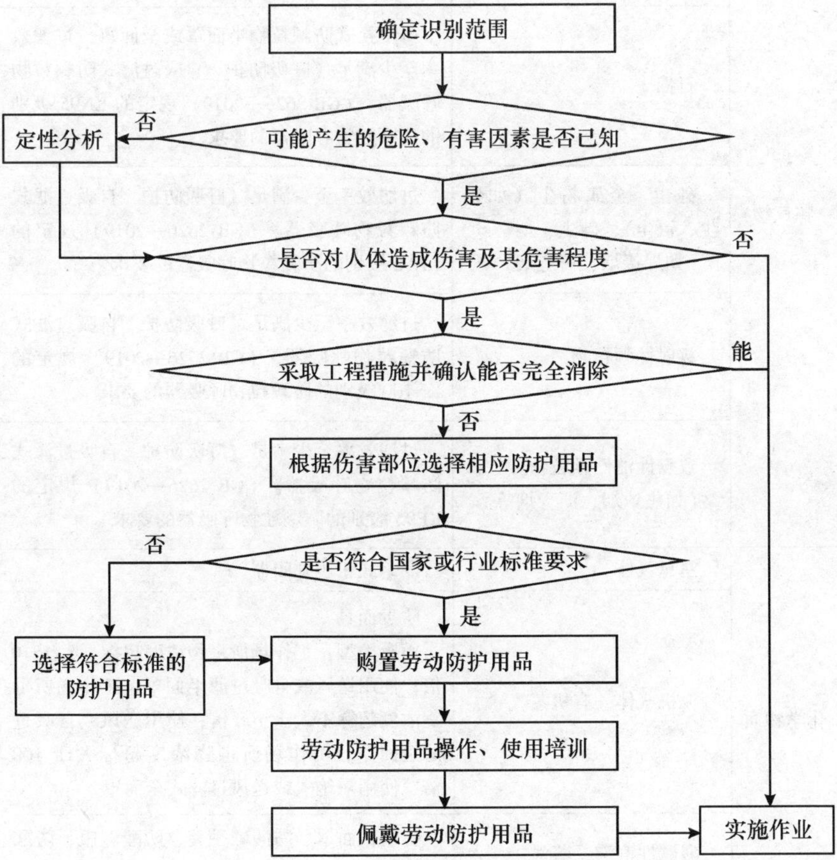

图 7-1 劳动防护用品选择程序

1）接触粉尘、有毒有害物质的从业人员应当根据不同粉尘种类、粉尘浓度及游离二氧化硅含量和毒物的种类及浓度配备相应的呼吸器（详见表7-1）、防护服、防护手套和防护鞋等。具体可参照

表7-1　　　　呼吸器和护听器的选用

危害因素	分类	要求
颗粒物	一般粉尘，如煤尘、水泥尘、木粉尘、云母尘、滑石尘及其他粉尘	《呼吸防护　自吸过滤式防颗粒物呼吸器》（GB 2626—2019）规定的KN90级别的防颗粒物呼吸器的要求
	石棉	可更换式防颗粒物半面罩或全面罩，过滤效率至少满足《呼吸防护　自吸过滤式防颗粒物呼吸器》（GB 2626—2019）规定的KN95级别的防颗粒物呼吸器的要求
	硅尘、金属粉尘（如铅尘、镉尘）、砷尘、烟（如焊接烟、铸造烟）	过滤效率至少满足《呼吸防护　自吸过滤式防颗粒物呼吸器》（GB 2626—2019）规定的KN95级别的防颗粒物呼吸器的要求
	放射性颗粒物	过滤效率至少满足《呼吸防护　自吸过滤式防颗粒物呼吸器》（GB 2626—2019）规定的KN100级别的防颗粒物呼吸器的要求
	致癌性油性颗粒物（如焦炉烟、沥青烟等）	过滤效率至少满足《呼吸防护　自吸过滤式防颗粒物呼吸器》（GB 2626—2019）规定的KP95级别的防颗粒物呼吸器的要求
化学物质	窒息气体	隔绝式正压呼吸器
	无机气体、有机蒸气	防毒面具 面罩类型：工作场所毒物浓度超标不大于10倍；使用送风或自吸过滤半面罩，工作场所毒物浓度超标不大于100倍；使用送风或自吸过滤全面罩，工作场所毒物浓度超标大于100倍；使用隔绝式或送风过滤式全面罩
	酸碱性溶液、蒸气	防酸碱面罩、防酸碱手套、防酸碱服、防酸碱鞋

续表

危害因素	分类	要求
噪声	从业人员暴露于工作场所 80 dB≤$L_{EX,8h}$<85 dB 的	用人单位应根据从业人员需求为其配备适用的护听器

《呼吸防护　自吸过滤式防颗粒物呼吸器》（GB 2626—2019）、《呼吸防护用品的选择、使用与维护》（GB/T 18664—2002）、《防护服装化学防护服的选择、使用和维护》（GB/T 24536—2009）、《手部防护　防护手套的选择、使用和维护指南》（GB/T 29512—2013）和《个体防护装备　足部防护鞋（靴）的选择、使用和维护指南》（GB/T 28409—2012）等标准。

2）接触噪声的从业人员，当暴露于 80 dB≤$L_{EX,8h}$<85 dB 的工作场所时，用人单位应当根据从业人员需求为其配备适用的护听器；当暴露于 $L_{EX,8h}$≥85 dB 的工作场所时，用人单位必须为从业人员配备适用的护听器，并指导从业人员正确佩戴和使用（详见表 7-1）。具体可参照《护听器的选择指南》（GB/T 23466—2009）。

3）工作场所中存在电离辐射危害的，经危害评价确认从业人员需佩戴劳动防护用品的，用人单位可参照电离辐射的相关标准及《个体防护装备配备基本要求》（GB/T 29510—2013）为从业人员配备劳动防护用品，并指导从业人员正确佩戴和使用。

4）从事存在物体坠落、碎屑飞溅、转动机械和锋利器具等作业的从业人员，用人单位还可参照《个体防护装备选用规范》（GB/T 11651—2008）、《头部防护　安全帽选用规范》（GB/T 30041—2013）和《坠落防护装备安全使用规范》（GB/T 23468—2009）等标准，为从业人员配备适用的劳动防护用品。

（2）劳动防护用品选择的其他要求

1）同一工作地点存在不同种类的危险、有害因素时，应当为从业人员同时提供防御各类危害的劳动防护用品。需要同时配备的劳动防护用品，还应考虑其可兼容性。

2）从业人员在不同地点工作，并接触不同的危险、有害因素，或接触不同危害程度的危险、有害因素时，为其选配的劳动防护用品应满足不同工作地点的防护需求。

3）劳动防护用品的选择还应当考虑其佩戴的合适性和基本舒适性，根据个人特点和需求选择适合型号、式样。

4）用人单位应当在可能发生急性职业损伤的有毒有害工作场所配备应急劳动防护用品，放置于现场临近位置并设置醒目标识。

5）用人单位应当为巡检等流动性作业的从业人员配备随身携带的个人应急防护用品。

7.2.3 劳动防护用品的采购、发放、培训及使用

（1）用人单位应当根据工作场所中存在的危险、有害因素种类及危害程度、劳动环境条件、劳动防护用品有效使用时间制定适合本单位的劳动防护用品配备标准，具体见表7-2。

表7-2 用人单位劳动防护用品配备标准

岗位/工种	作业者数量	危险、有害因素类别	危险、有害因素浓度/强度	配备的防护用品种类	防护用品型号/级别	防护用品发放周期	呼吸器过滤元件更换周期

（2）用人单位应当根据劳动防护用品配备标准制订采购计划，购买符合标准的合格产品。

（3）用人单位应当查验并保存劳动防护用品检验报告等质量证明文件的原件或复印件。

（4）用人单位应当按照本单位制定的配备标准发放劳动防护用品，并做好登记，具体见表7-3。

表7-3　　劳动防护用品发放登记表

单位/ 车间：

序号	岗位/工种	员工姓名	防护用品名称	型号	数量	领用人签字	备注

发放人：　　　　日期：　　年　　月　　日

（5）用人单位应当对从业人员进行劳动防护用品的使用、维护等专业知识的培训。

（6）用人单位应当督促从业人员在使用劳动防护用品前，对劳动防护用品进行检查，确保外观完好、部件齐全、功能正常。

（7）用人单位应当定期对劳动防护用品的使用情况进行检查，确保从业人员正确使用。

7.2.4　劳动防护用品维护、更换及报废

（1）劳动防护用品应当按照要求妥善保存，及时更换，保证其在有效期内。公用的劳动防护用品应当由车间或班组统一保管，定期维护。

（2）用人单位应当对应急劳动防护用品进行经常性的维护、检修，定期检测劳动防护用品的性能和效果，保证其完好有效。

（3）用人单位应当按照劳动防护用品发放周期定期发放，对工作过程中损坏的，用人单位应及时更换。

（4）安全帽、呼吸器、绝缘手套等安全性能要求高、易损耗的劳动防护用品，应当按照有效防护功能最低指标和有效使用期，到期强制报废。

7.3 安全标志使用与管理

7.3.1 安全标志及其使用

(1) 安全色

安全色是指用以传递安全信息含义的颜色，包括红、蓝、黄、绿4种颜色。

1）红色。用以传递禁止、停止、危险或者提示消防设备设施的信息，如禁止标志等。

2）蓝色。用以传递必须遵守规定的指令性信息，如指令标志等。

3）黄色。用以传递注意、警告的信息，如警告标志等。

4）绿色。用以传递安全的提示信息，如提示标志、车间内或工地内的安全通道等。

安全色普遍适用于公共场所、企业和交通运输、建筑、仓储等行业以及消防等领域所使用的信号和标志的表面颜色，但是不适用于灯光信号和航海、内河航运以及其他目的而使用的颜色。

(2) 对比色

对比色是指使安全色更加醒目的反衬色，包括黑、白两种颜色。

安全色与对比色同时使用时，应按规定搭配使用。安全色的对比色见表7-4。

表7-4　安全色的对比色

安全色	对比色
红色	白色
蓝色	白色
黄色	黑色
绿色	白色

对比色使用时，黑色用于安全标志的文字、图形符号和警告标志的几何图形；白色作为安全标志红、蓝、绿色的背景色，也可用于安全标志的文字和图形符号；红色和白色、黄色和黑色间隔条纹，是两种较醒目的标示；红色与白色交替，表示禁止越过，如道路及禁止跨越的临边防护栏杆等；黄色与黑色交替，表示警告危险，如防护栏杆、吊车吊钩的滑轮架等。

（3）安全标志

安全标志是由安全色、几何图形和图形符号构成的，是用来表达特定安全信息的标记，分为禁止标志、警告标志、指令标志和提示标志4类。禁止标志的含义是禁止人们的不安全行为；警告标志的含义是提醒人们对周围环境引起注意，以避免可能发生的危险；指令标志的含义是强制人们必须做出某种动作或采取防范措施；提示标志的含义是向人们提供某种信息（如标明安全设施或场所等）。

（4）安全标志的使用与管理

《安全标志及其使用导则》（GB 2894—2008）等规定了安全色、基本安全图形和符号，以及安全标志的使用与管理规定，详细请参阅国家标准有关内容。烟花爆竹等一些行业根据《安全标志及其使用导则》的原则，还制定了有本行业特色的安全标志（图形或符号）。

7.3.2 职业病危害警示标识和告知卡管理

（1）职业病危害警示标识和告知卡

《职业病防治法》规定，产生职业病危害的用人单位，应当在醒目位置设置公告栏，公布有关职业病防治的规章制度、操作规程、职业病危害事故应急救援措施和工作场所职业病危害因素检测结果。对产生严重职业病危害的作业岗位，应当在其醒目位置，设置警示标识和中文警示说明。警示说明应当载明产生职业病危害的种类、后果、预防以及应急救治措施等内容。

向用人单位提供可能产生职业病危害的设备的，应当提供中文说明书，并在设备的醒目位置设置警示标识和中文警示说明。警示说明应当载明设备性能、可能产生的职业病危害、安全操作和维护注意事项、职业病防护以及应急救治措施等内容。向用人单位提供可能产生职业病危害的化学品、放射性同位素和含有放射性物质的材料的，应当提供中文说明书。说明书应当载明产品特性、主要成分、存在的有害因素、可能产生的危害后果、安全使用注意事项、职业病防护以及应急救治措施等内容。产品包装应当有醒目的警示标识和中文警示说明。储存上述材料的场所应当在规定的部位设置危险物品标识或者放射性警示标识。

工作场所（地点）是从业人员接触职业病危害最直接、最频繁的地点。用人单位工作场所（地点）中存在粉尘、毒物、噪声、高温、电离辐射以及有毒有害物质等职业病危害。因此，用人单位应当按照《工作场所职业病危害警示标识》（GBZ 158—2013）和《高毒物品作业岗位职业病危害告知规范》（GBZ/T 203—2007），结合用人单位存在的职业病危害实际情况，在醒目位置设置职业病危害警示标识、中文警示说明和职业病危害告知卡。

（2）职业病危害警示标识

职业病危害警示标识是指在工作场所中设置的可以提醒从业人员对职业病危害产生警觉并采取相应防护措施的图形标识、警示线、警示语句和文字说明以及组合使用的标识等。用人单位应在产生或存在职业病危害因素的工作场所、作业岗位、设备、材料（产品）包装、储存场所设置相应的警示标识。产生职业病危害的工作场所，应当在工作场所入口处及产生职业病危害作业岗位或设备附近的醒目位置设置警示标识。警示标识包括图形标识、警示语句、职业病危害告知卡等。

1）图形标识。根据《工作场所职业病危害警示标识》规定，图形标识分为禁止标识、警告标识、指令标识、提示标识和警示线，共5种。

①禁止标识。禁止不安全行为的图形，如禁止入内、禁止停留和禁止启动等标识。

②警告标识。提醒注意周围环境，以避免可能发生危险的图形，如当心中毒、当心腐蚀、当心感染等标识。

③指令标识。强制做出某种动作或采用防范措施的图形，如戴防护镜、戴防毒面具、戴防尘口罩等标识。

④提示标识。提供相关安全信息的图形，如救援电话等标识。

⑤警示线。警示线是界定和分隔危险区域的标识线，分为红色、黄色和绿色 3 种，见表 7-5。按照实际需要，警示线可喷涂在地面或制成色带设置。

表 7-5　警示线名称及图形符号

序号	名称及图形符号	设置范围和地点
1	红色警示线	高毒物品作业场所、放射作业场所、事故危害源的周边
2	黄色警示线	一般有毒物品作业场所、事故危害区域的周边
3	绿色警示线	事故现场救援区域的周边

事故现场救援区域的周边生产、使用有毒物品工作场所应当设置黄色区域警示线，生产、使用高毒、剧毒物品工作场所应当设置红色区域警示线。警示线设在生产、使用有毒物品的车间周围外缘不少于 30 cm 处，警示线宽度不少于 10 cm。

室外、野外放射工作场所及室外、野外放射性同位素及其储存场所应设置相应警示线，开放性放射工作场所监督区设置黄色区域警示线，控制区设置红色区域警示线。

2）警示语句。警示语句是一组表示禁止、警告、指令、提示或描述工作场所职业病危害的词语。警示语句可单独使用，也可与图形标识组合使用。基本警示语句见表 7–6。

表 7–6　　基本警示语句

序号	语句内容	序号	语句内容
1	禁止入内	29	刺激皮肤
2	禁止停留	30	腐蚀性
3	禁止启动	31	遇湿具有腐蚀性
4	当心中毒	32	窒息性
5	当心腐蚀	33	剧毒
6	当心感染	34	高毒
7	当心弧光	35	有毒
8	当心辐射	36	有毒有害
9	注意防尘	37	遇湿分解放出有毒气体
10	注意高温	38	当心有毒气体
11	有毒气体	39	接触可引起伤害
12	噪声有害	40	皮肤接触可对健康产生危害
13	戴防护镜	41	对健康有害
14	戴防毒面具	42	接触可引起伤害和死亡
15	戴防尘口罩	43	麻醉作用
16	戴护耳器	44	当心眼损伤
17	戴防护手套	45	当心灼伤
18	穿防护鞋	46	强氧化性
19	穿防护服	47	当心中暑
20	注意通风	48	佩戴呼吸防护器
21	左行紧急出口	49	戴防护面具
22	右行紧急出口	50	戴防溅面具
23	直行紧急出口	51	佩戴射线防护用品
24	急救站	52	未经许可不许入内
25	救援电话	53	不得靠近
26	刺激眼睛	54	不得越过此线
27	遇湿具有刺激性	55	泄险区
28	刺激性	56	不得触摸

3）警示说明。使用可能产生职业病危害的化学品、放射性同位素和含有放射性物质的材料的，必须在使用岗位设置醒目的警示标识和中文警示说明。警示说明应当载明产品特性、主要成分、存在的有害因素、可能产生的危害后果、安全使用注意事项、职业病防护以及应急救治措施等内容。

使用可能产生职业病危害的设备的，除设置警示标识外，还应当在设备醒目位置设置中文警示说明。警示说明应当载明设备性能、职业病危害因素、安全操作和维护注意事项、职业病防护以及应急救治措施等内容。

为用人单位提供可能产生职业病危害的设备或可能产生职业病危害的化学品、放射性同位素和含有放射性物质的材料的，应当依法在设备或者材料的包装上设置警示标识和中文警示说明。以甲醛为例，其职业危害中文警示说明见表7–7。

表7–7 甲醛职业危害中文警示说明

甲醛 分子式：HCHO，相对分子质量：30.03	
理化特性	常温下为无色、有刺激性气味的气体，沸点–19.5 ℃，能溶于水、醇、醚，水溶液称福尔马林，杀菌能力极强，15 ℃以下易聚合，置空气中氧化为甲酸
可能产生的危害后果	低浓度甲醛蒸气对眼、上呼吸道黏膜有强烈刺激作用，高浓度甲醛蒸气对中枢神经系统有毒性作用，可引起中毒性肺水肿，主要症状：眼痛流泪、喉痒及胸闷、咳嗽、呼吸困难，口腔糜烂、上腹痛、吐血，眩晕、恐慌不安、步态不稳、甚至昏迷。皮肤接触可引起皮炎、红斑、丘疹、瘙痒、组织坏死等
职业病危害防护措施	①使用甲醛设备应密闭，不能密闭的应加强通风排毒 ②注意个人防护，穿戴劳动防护用品 ③严格遵守安全操作规程
应急救治措施	①撤离现场，移至新鲜空气处，吸氧 ②皮肤黏膜损伤，立即用2%的碳酸氢钠溶液或大量清水冲洗 ③立即与医疗急救单位联系抢救

（3）职业病危害告知卡

对产生严重职业病危害的作业岗位，除设置警示标识外，还应当按照《高毒物品作业岗位职业病危害告知规范》的规定，在其醒目位置设置职业病危害告知卡（以下简称告知卡）。告知卡应当标明职业病危害因素名称、理化特性、健康危害、接触限值、防护措施、应急处理及急救电话、职业病危害因素检测结果及检测时间等。符合以下条件之一，即为产生严重职业病危害的作业岗位：

1）存在硅尘或石棉粉尘的作业岗位。

2）存在致癌、致畸等有害物质或者可能导致急性职业性中毒的作业岗位。

3）放射性危害作业岗位。

根据《高毒物品目录》的规定，存在高毒物品目录中的化学毒物的工作场所也应当在醒目位置设职业病危害告知卡。以苯为例，其职业病危害告知卡见表 7–8。

表 7–8　　苯职业病危害告知卡

<table>
<tr><td colspan="3">有毒物品，对人体有害，请注意防护</td></tr>
<tr><td rowspan="2">苯 Benzene</td><td>健康危害</td><td>理化特性</td></tr>
<tr><td>可经口和皮肤进入人体，大剂量会致人死亡，高浓度会引起嗜睡、眩晕、头痛、心搏加快、震颤、意识障碍和昏迷等，经口还会引起恶心、肠刺激等，长期接触会引起贫血、易出血、易感染，严重时会引起白血病和造血器官癌症</td><td>不溶于水，遇热、明火易燃烧、爆炸</td></tr>
<tr><td rowspan="2">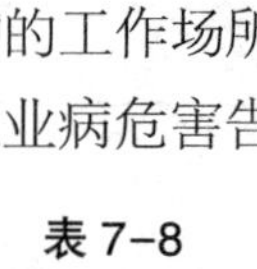
当心中毒</td><td colspan="2">应急处理</td></tr>
<tr><td colspan="2">急性中毒立即脱离现场至空气新鲜处，脱去污染的衣物，用肥皂水或清水冲洗污染的皮肤
立即与医疗急救单位联系</td></tr>
</table>

续表

	注意防护
	 必须穿工作服  必须戴防护手套  必须戴防毒面具  注意通风
急救电话：120　职业卫生咨询电话：(此处填写真实电话号码)	

（4）公告栏与职业病危害警示标识的设置与管理

1）公告栏、中文警示说明和警示标识设置场所。公告栏和职业病危害警示标识的主要作用是使从业人员对职业病危害因素产生警觉，并自觉采取相应防护措施。用人单位职业卫生管理人员应熟悉掌握本单位常见的职业病危害，掌握相应的职业病危害警示标识及如何设立。

①公告栏应设置在企业办公区域、工作场所入口处等方便从业人员观看的醒目位置。

②告知卡应设置在产生或存在严重职业病危害的作业岗位附近的醒目位置。

③企业多处场所都涉及同一职业病危害因素的，应在各工作场所入口处均设置相应的警示标识。

④工作场所内存在多个产生相同职业病危害因素的作业岗位的，临近的作业岗位可以共用警示标识、中文警示说明和告知卡。

⑤多个警示标识在一起设置时，应按禁止、警告、指令、提示类型的顺序，先左后右、先上后下排列。

⑥可能产生职业病危害的设备及化学品、放射性同位素和含放射性物质的材料（产品）包装上，可直接粘贴、印刷或者喷涂警示标识。

此外，公告栏和职业病危害警示标识设置的位置应具有良好的照明条件，不应设置在门窗上或可移动的物体上，且其前面不得放置妨碍认读的障碍物。

若工作场所出现了新的职业病危害因素，应判断是否需要增加新的警示标识。当国家或地方制定的工作场所职业病危害告知和警示规定发生变化时，应按照新的标准和要求设置警示标识。工作场所职业病危害告知和警示标识内容应列入企业职业卫生培训范围，职业卫生管理人员、从业人员均应了解和掌握相关内容，理解警示标识的含义和应对措施。

2）公告栏、告知卡和警示标识制作规格。公告栏和告知卡制作时应使用坚固材料，尺寸大小和内容应满足需要，内容通俗易懂、字迹清楚、颜色醒目，设置的高度应适合从业人员阅读。警示标识（不包括警示线）制作选用坚固耐用、不易变形变质、阻燃的材料。有触电危险的工作场所则使用绝缘材料。

警示标识的规格要求等按照《工作场所职业病危害警示标识》执行，避免设置无效的警示标识。

3）公告栏与警示标识的维护与更换。公告栏和警示标识由于环境或人为影响，可能发生破损，公告栏内容和警示标识也会因相关工艺或国家标准变动需要及时更新，因此，职业卫生管理人员需要定期对其进行检查和更换，使从业人员掌握最新、最准确的职业病危害相关知识。

公告栏中公告内容发生变动后应及时更新，职业病危害因素检测结果应在收到检测报告之日起 7 日内更新。生产工艺发生变更时，应在工艺变更完成后 7 日内补充完善相应的公告内容与警示标识。

告知卡和警示标识应至少每半年检查一次，发现有破损、变形、变色、图形符号脱落等影响使用的问题时，应及时修整或更换。

用人单位应按照国家相关要求，完善职业病危害告知与警示标识档案材料，并将其存放于本单位的职业卫生档案中。

第 *8* 讲

事故应急预案编制与管理

事故应急预案在应急救援系统中起着关键作用，它明确了在突发事故发生之前、发生过程中以及刚刚结束之后，谁负责做什么、何时做，以及相应的策略和资源准备等。它是针对可能发生的重大事故及其影响和后果的严重程度，为应急准备和应急响应的各个方面预先做出的详细安排，是开展及时、有序和有效事故应急救援工作的行动指南。

生产经营单位应当遵照法律法规的要求，制定本单位生产安全事故应急救援预案，与所在地县级以上地方人民政府组织制定的预案相衔接，并依法做好预案的管理工作。另外，企业要加强应急预案的培训和演练，做到遇事故不慌乱、心理上和行动上胸有成竹，有效开展事故应急救援和自救互救，将事故伤害和损失降低到最低程度。

8.1 事故应急预案的作用和种类

8.1.1 事故应急预案及其作用

事故应急预案在应急救援工作中的重要作用和突出地位体现在以下几个方面：

（1）应急预案明确了应急救援的范围和体系，使应急准备和应急管理（尤其是培训和演练工作）不再无据可依、无章可循。

（2）制定应急预案有利于做出及时的应急响应，降低生产安全事故损失。

（3）应急预案可作为各类生产安全事故的应急基础。通过编制基本应急预案，保证应急预案足够的灵活性，对那些事先无法预料到的突发事件或事故，也可以起到基本的应急指导作用，成为开展应急救援工作的“底线”。在此基础上，可以针对特定危害编制专项应急预案，有针对性地制定应急措施，进行专项应急准备和演练。

（4）当发生超过应急能力的重大生产安全事故时，便于与上级应急部门协调。

（5）有利于提高风险防范意识。

8.1.2 事故应急预案的基本要求

（1）科学性

生产安全事故的应急救援是一项科学性很强的工作，制定预案也必须以科学的态度，在全面调查研究的基础上，开展科学分析和论证，制定出严密、统一、完整的应急响应方案，使预案真正具有科学性。

（2）实用性

应急预案应符合生产安全事故现场和当地的客观情况，具有适用性、实用性和针对性，便于现实操作。

（3）权威性

救援工作是一项紧急状态下的应急性工作，所制定的应急预案应明确救援工作的管理体系、救援行动的组织指挥权限、各级救援组织的职责和任务等一系列的行政性管理规定，并保证救援工作的统一指挥。应急预案还应经上级部门批准后才能实施，以保证其具有一定的权威性和法律保障。

8.1.3 事故应急预案的种类

企业的事故应急预案体系主要由综合应急预案、专项应急预案和现场处置方案构成。企业应根据本单位组织管理体系、生产规模、危险源的性质以及可能发生的事故类型确定应急预案体系，并根据本单位的实际情况，确定是否编制专项应急预案。风险因素单一的小微型企业可只编写现场处置方案。

（1）综合应急预案

综合应急预案是企业应急预案体系的总纲，主要从总体上阐述事故的应急工作原则，包括企业的应急组织机构及职责、应急预案体系、事故风险描述、预警及信息报告、应急响应、保障措施、应急预案管理等内容。

（2）专项应急预案

专项应急预案是企业为应对某一类型或某几种类型事故，或者针对重要生产设施、重大危险源、重大活动等内容而制定的应急预案。专项应急预案主要包括事故风险分析、应急指挥机构及职责、处置程序和措施等内容。

（3）现场处置方案

现场处置方案是企业根据不同事故类型，针对具体的场所、装置或设施所制定的应急处置措施，主要包括事故风险分析、应急工作职责、应急处置和注意事项等内容。企业应根据风险评估、岗位操作规程以及危险性控制措施，组织本单位现场作业人员及安全管理等专业人员共同编制现场处置方案。

8.2 事故应急预案的主要内容

无论是哪一种应急预案，都由基本预案和应急标准化操作程序共同组成。

8.2.1 基本预案

基本预案也称“领导预案”，是应急响应组织结构和政策方针的综述，还包括应急行动的总体思路和法律依据，指定和确认各部门在应急预案中的责任与行动内容。其主要内容包括最高行政领导承诺、发布令、基本方针政策、主要分工职责、任务与目标、基本应急程序等。基本预案一般是对公众发布的文件。

基本预案可以使政府和企业高层领导从总体上把握本行政区域或行业系统针对突发事故应急的有关情况，了解应急准备状况，同时也为制定其他应急预案内容如标准化操作程序、应急功能设置等提供框架和指导。基本预案包括以下12项内容：

（1）预案发布令

组织或机构第一负责人应为预案签署发布令，援引国家、地方、上级部门相应法律和规章的规定，宣布应急预案生效。其目的是要明确实施应急预案的合法授权，保证应急预案的权威性。

在预案发布令中，组织或机构第一负责人应表明其对应急管理和应急救援工作的支持，并督促各应急部门完善内部应急响应机制，制定标准操作程序，积极参与培训、演练和预案的编制与更新等。

（2）应急机构署名页

在应急预案中，可以包括各有关内部应急部门和外部机构及其负责人的署名页，表明各应急部门和机构对应急预案编制的参与和认同，以及履行所承担职责的承诺等。

（3）术语和定义

应列出应急预案中需要明确的术语和定义的解释和说明，以便各应急人员准确地把握有关事项，避免产生歧义和因理解不一致而导致应急时发生混乱等。

（4）相关法律法规

我国政府近年来相继颁布了一系列法律法规，对突发公共事件、行业特大生产安全事故、重大危险源等制定应急预案做了明确规定和要求，要求县级以上各级人民政府或企业制定相应的重大事故应急预案。

在基本预案中，应列出明确要求制定应急预案的国家、地方及上级部门的法律、法规和规定，以及有关重大事故应急的文件、技术规范和指南性材料及国际公约，作为制定应急预案的根据和指南，使应急预案更有权威性。

（5）方针与原则

列出应急预案所针对的事故（或紧急情况）类型、适用的范围和救援的任务，以及应急管理和应急救援的方针和指导原则。

方针与原则应体现应急救援的优先原则，如保护人员安全优先，防止和控制事故蔓延优先，保护环境优先。此外，方针与原则还应体现事故损失控制、高效协调、持续改进的思想，同时还要符合行业或企业实际。

（6）危险分析与环境综述

列出应急工作所面临的潜在重大危险及后果预测，给出区域的地理、气象、人文等有关环境信息。

影响救援的不利条件包括突发事故发生时间、发生当天的气象条件（温度、湿度、风向、降水），临时停水、停电，周围环境、邻近区域同时发生事故，季节性的风向、风速、气温、雨量，企业人员分布及周边居民情况等。

（7）应急资源

该部分应对应急资源做出相应的管理规定，并列出应急资源、装备的总体情况，包括应急力量的组成、应急能力，各种重要应急设施（备）、物资的准备情况，上级救援机构或相邻可用的应急资源等。

（8）机构与职责

应列出所有应急部门在突发事故应急救援中承担职责的负责人及其主要职责（详细的职责及行动在标准化操作程序中列出）。所有部门和人员的职责应覆盖所有的应急功能。

（9）教育、培训与演练

为全面提高应急能力，应对应急人员培训、公众教育、应急演练作出相应的规定，包括内容、计划、组织与准备、效果评估、要求等。

应急人员的培训内容包括如何识别危险，如何采取必要的应急措施，如何启动紧急警报系统，如何进行事件信息的接报与报告，如何安全疏散人群等。

公众教育的基本内容包括潜在的重大危险，突发事故的性质与应急特点，事故警报与通知的规定，基本防护知识，撤离的组织、方法和程序，在事故危险区域内行动时必须遵守的规则，自救与互救的基本常识等。

应急演练的具体形式既可以是桌面演练，也可以是实战模拟演练。应急演练按规模可以分为单项演练、组合演练和全面演练。

(10) 与其他应急预案的关系

列出本预案可能用到的其他应急预案（包括当地政府预案及签订互助协议机构的应急预案），明确本预案与其他应急预案的关系，如本预案与其他预案发生冲突时，应如何解决。

(11) 互助协议

列出不同政府组织、政府部门之间以及相邻企业之间或专业救援机构等签署的正式互助协议，明确可提供的互助力量（消防、医疗、检测）、物资、设备、技术等。

(12) 预案管理

应急预案的管理应明确负责组织应急预案制定、修改及更新的部门，应急预案的审查和批准程序，预案的发放、定期评审和更新等。

8.2.2 应急标准化操作程序

应急标准化操作程序主要是针对每一个应急活动执行部门，在进行某几项或某一项具体应急活动时所规定的操作标准。这种操作标准包括操作指令检查表和对检查表的说明，一旦应急预案启动，相关人员可按照操作指令检查表，逐项落实行动。

应急标准化操作程序是应急预案中最重要的和最具可操作性的文件，回答的是在应急活动中谁来做、如何做和怎样做的一系列问题。突发事故的应急活动由多种功能组成，需要多个部门参加，所以每一个部门在应急响应中的行动和具体执行的步骤要有一个程序来指导。事故发生是千变万化的，会出现不同的情况，但应急的程序是有一定规律的，标准化的内容和格式可保证在错综复杂的事故中不会造成混乱。

应急标准化操作程序的目的和作用决定了标准化操作程序的基本要求。一般来说，应急标准化操作程序的基本要求如下：

（1）可操作性

应急标准化操作程序就是为应急组织或人员提供的详细、具体的应急指导，必须具有可操作性。应急标准化操作程序应明确其目的、执行任务的主体及时间和地点、具体的应急行动、行动步骤和行动标准等，使应急组织或人员可以有效、快速地开展应急工作，避免因受到紧急情况的干扰导致手足无措，甚至出现错误的行为。

（2）协调一致性

在应急救援过程中，不同的应急组织或应急人员参与并承担不同的应急职责和任务，开展各自的应急行动，因此应急标准化操作程序在应急功能、应急职责及与其他人员配合方面，必须要考虑相互之间的衔接。即应急标准化操作程序应与基本预案的要求、应急功能设置的规定、特殊风险预案的应急内容、支持附件提供的信息资料及其他标准化操作程序协调一致，不应该有矛盾或逻辑错误。

（3）针对性

应急救援活动由于突发事故发生的种类、地点和环境、时间、事故演变过程的差异而呈现出复杂性，应急标准化操作程序是依据特殊风险管理部分对特殊风险的状况描述和管理要求，结合应急组织或人员的应急职责和任务而编制的程序。

（4）连续性

应急救援活动包括应急准备、初期响应、应急扩大、应急恢复等阶段，是连续的过程。为了指导应急组织或人员能在整个应急过程中发挥其应急作用，标准化操作程序必须具有连续性。同时，随着事态的发展，参与应急的组织和人员会发生较大变化，因此还应注意标准化操作程序中应急功能的连续性。

（5）层次性

应急标准化操作程序可以结合应急组织的组织机构和应急职能的设置，分成不同的应急层次。例如，针对某公司，可以有部门级应急标准化操作程序、班组级应急标准化操作程序，甚至个人的应急标准化操作程序。

8.3 事故应急预案的编制

8.3.1 应急预案编制的基本要求

应急预案的编制应当遵循以人民为中心、依法依规、符合实际、注重实效的原则，以应急处置为核心，明确应急职责，规范应急程序，细化保障措施。应急预案的编制应当符合下列基本要求：

（1）符合有关法律、法规、规章和标准的规定。

（2）符合本地区、本部门、本单位的安全生产实际情况。

（3）符合本地区、本部门、本单位的危险性分析情况。

（4）应急组织和人员的职责应分工明确，并有具体的落实措施。

（5）有明确、具体的应急程序和处置措施，并与其应急能力相适应。

（6）有明确的应急保障措施，满足本地区、本部门、本单位的应急工作需要。

（7）应急预案基本要素齐全、完整，应急预案附件提供的信息准确。

（8）应急预案内容与相关应急预案可相互衔接。

8.3.2 应急预案编制方法

企业主要负责人负责组织编制和实施本单位的应急预案，并对应急预案的真实性和实用性负责；各分管负责人应当按照职责分工落实应急预案规定的职责。应急预案编制具体方法如下：

（1）编制应急预案应当成立编制工作小组，由本单位有关负责人任组长，吸收与应急预案有关的职能部门和单位的人员，以及有现场处置经验的人员参加。

（2）编制应急预案前，编制单位应当进行事故风险评估和应急资源调查。其中，事故风险评估是指针对不同事故种类及特点，识别存在的危险、有害因素，分析事故可能产生的直接后果以及次生、衍生后果，评估各种后果的危害程度和影响范围，提出防范和控制事故风险措施的过程。应急资源调查是指全面调查本地区、本单位第一时间可以调用的应急资源状况和合作区域内可以请求援助的应急资源状况，并结合事故风险评估结论制定应急措施的过程。

（3）企业应当根据有关法律、法规、规章和相关标准，结合本单位组织管理体系、生产规模和可能发生的事故特点，确立本单位的应急预案体系，编制相应的应急预案，并体现自救互救和先期处置等特点。

（4）企业风险种类多、可能发生多种类型事故的，应当组织编制综合应急预案。综合应急预案应当规定应急组织机构及其职责、应急预案体系、事故风险描述、预警及信息报告、应急响应、保障措施、应急预案管理等内容。

（5）对于某一种或者多种类型的事故风险，企业可以编制相应的专项应急预案，或将专项应急预案并入综合应急预案。专项应急预案应当规定应急指挥机构与职责、处置程序和措施等内容。

(6) 对于危险性较大的场所、装置或者设施，企业应当编制现场处置方案。现场处置方案应当规定应急工作职责、应急处置措施和注意事项等内容。事故风险单一、危险性小的企业，可以只编制现场处置方案。

(7) 企业应急预案应当包括向上级应急管理机构报告的内容、应急组织机构和人员的联系方式、应急物资储备清单等附件信息。附件信息发生变化时，应当及时更新，确保准确有效。

(8) 企业组织应急预案编制过程中，应当根据法律、法规、规章的规定或者实际需要，征求相关应急救援队伍、公民、法人或其他组织的意见。

(9) 企业编制的各类应急预案之间应当相互衔接，并与相关人民政府及其部门、应急救援队伍和涉及的其他单位的应急预案相衔接。

(10) 企业应当在编制应急预案的基础上，针对工作场所、岗位的特点，编制简明、实用、有效的应急处置卡。应急处置卡应当规定重点岗位、人员的应急处置程序和措施，以及相关联络人员和联系方式，以便于人员携带。

8.3.3 应急预案编制工作程序

企业的应急预案编制工作程序包括成立应急预案编制工作组、资料收集、风险评估、应急能力评估、编制应急预案和应急预案评审6个步骤。

(1) 成立应急预案编制工作组

企业应结合本单位各部门的职能和分工，成立以单位主要负责人（或分管负责人）为组长，单位相关部门人员参加的应急预案编制工作组，明确工作职责和任务分工，制订工作计划，组织开展应急预案编制工作。

(2) 资料收集

应急预案编制工作组应收集与预案编制工作相关的法律、法规、技术标准、应急预案、国内外同行业企业事故资料，同时收集本单位安全生产相关技术资料、周边环境情况、应急资源等有关资料。

(3) 风险评估

风险评估的主要内容包括：分析企业存在的危险因素，确定事故危险源；分析可能发生的事故类型及后果，并指出可能产生的次生、衍生事故；评估事故的危害程度和影响范围，提出风险防控措施。

(4) 应急能力评估

在全面调查和客观分析企业应急队伍、装备、物资等应急资源状况基础上开展应急能力评估，并依据评估结果，完善应急保障措施。

(5) 编制应急预案

依据企业风险评估以及应急能力评估结果，组织编制应急预案。应急预案编制应注重系统性和可操作性，做到与相关部门和单位的应急预案相衔接。

(6) 应急预案评审

应急预案编制完成后，企业应组织评审。评审分为内部评审和外部评审，内部评审由企业主要负责人组织有关部门和人员进行，外部评审由企业组织外部有关专家和人员进行。应急预案评审合格后，由企业主要负责人（或分管负责人）签发实施，并进行备案管理。

8.4 事故应急预案管理

8.4.1 应急预案评审

矿山、金属冶炼企业，易燃易爆物品、危险化学品的生产、经营（带储存设施的，下同）、储存、运输企业，使用危险化学品达到国家规定数量的化工企业，烟花爆竹生产、批发经营企业和中型规模以上的其他企业，应当对本单位编制的应急预案进行评审，并形成书面评审纪要。其他企业可以根据自身需要，对本单位编制的应急预案进行论证。

参加应急预案评审的人员应当包括有关安全生产及应急管理方面的专家。评审人员与所评审应急预案的企业有利害关系的，应当回避。

应急预案的评审或者论证应当注重基本要素的完整性、组织体系的合理性、应急处置程序和措施的针对性、应急保障措施的可行性、应急预案的衔接性等内容。

8.4.2　应急预案公布

企业的应急预案经评审或者论证后，由本企业主要负责人签署公布，并及时发放到本单位有关部门、岗位和相关应急救援队伍。事故风险可能影响周边其他单位、人员的，企业应当将有关事故风险的性质、影响范围和应急防范措施告知周边的其他单位和人员。

8.4.3　应急预案备案

地方各级人民政府安全生产监督管理部门的应急预案，应当报同级人民政府备案，同时抄送上一级人民政府安全生产监督管理部门，并依法向社会公布。地方各级人民政府其他负有安全生产监督管理职责部门的应急预案，应当抄送同级人民政府安全生产监督管理部门。

易燃易爆物品、危险化学品等危险物品的生产、经营、储存、运输单位，矿山、金属冶炼、城市轨道交通运营、建筑施工单位，以及宾馆、商场、娱乐场所、旅游景区等人员密集场所经营单位，应当在应急预案公布之日起20个工作日内，按照分级属地原则，向县级以上人民政府安全生产监督管理部门和其他负有安全生产监督管理职责的部门进行备案，并依法向社会公布。

上述单位属于中央企业的，其总部（上市公司）的应急预案，报国务院主管的负有安全生产监督管理职责的部门备案，并抄送应急管理部；其所属单位的应急预案报所在地省（自治区、直辖市）或者设区的市级人民政府负有安全生产监督管理职责的部门备案，并抄送同级人民政府安全生产监督管理部门。上述单位不属于中央企业的，其中非煤矿山、金属冶炼和危险化学品生产、经营、储存、运输企业，以及使用危险化学品达到国家规定数量的化工企业、烟花爆竹生产、批发经营企业的应急预案，按照隶属关系报所在地县级以上地方人民政府安全生产监督管理部门备案。

其他企业应急预案的备案，由省（自治区、直辖市）人民政府负有安全生产监督管理职责的部门确定。

油气输送管道运营单位的应急预案，除按照规定备案外，还应当抄送所经行政区域的县级人民政府安全生产监督管理部门。海洋石油开采企业的应急预案，除按照规定备案外，还应当抄送所经行政区域的县级人民政府安全生产监督管理部门和海洋石油安全监管机构。煤矿企业的应急预案，除按照规定备案外，还应当抄送所在地的煤矿安全监察机构。

企业申报应急预案备案，应当提交的材料有应急预案备案申报表、应急预案评审或者论证意见、应急预案文本及电子文档、风险评估结果和应急资源调查清单。

受理备案登记的负有安全生产监督管理职责的部门应当在5个工作日内对应急预案材料进行核对，材料齐全的，应当予以备案并出具应急预案备案登记表；材料不齐全的，不予备案，并一次性告知需要补齐的材料。逾期不予备案又不说明理由的，视为已经备案。对于实行安全生产许可的企业，已经进行应急预案备案的，在申请安全生产许可证时，可以不提供相应的应急预案，仅提供应急预案备案登记表。

8.5 事故应急预案的演练

8.5.1 事故应急预案演练的目的和要求

(1) 应急演练的目的

应急演练的目的是通过培训、评估、改进等手段，提高保护人民群众生命财产安全和环境的综合应急能力，说明应急预案的各部分或整体是否能有效地付诸实施，验证应急预案对可能出现的各种紧急情况的适应性，找出应急准备工作中需要改善的地方，确保建立和保持可靠的通信渠道及应急人员的协同性，确保所有应急组织熟悉并能够履行其职责，找出需要改善的潜在问题。

(2) 应急演练的要求

应急演练的类型有多种，不同类型的应急演练虽有不同特点，但在策划演练内容、演练情景、演练频次、演练评价方法等方面具有共同性。应急演练的总体要求如下：

1) 符合规定。应急演练必须遵守相关法律、法规、标准和应急预案的规定。

2) 领导重视、科学计划。开展应急演练工作必须得到有关领导的重视，给予财政等相应支持，必要时有关领导应参与演练过程并扮演与其职责相当的角色。应急演练必须事先确定演练目标，演练策划人员应对演练内容、情景等事项进行精心策划。

3) 结合实际、突出重点。应急演练应结合当地存在的危险源特点、潜在事故类型、可能发生事故的地点和气象条件及应急准备工作的实际情况进行。演练应重点解决应急过程中组织指挥和协同配合问题，解决应急准备工作不足的问题，以提高应急行动的整体效能。

4) 周密组织、统一指挥。演练策划人员必须制定并落实保障演练达到目标的具体措施，各项演练活动应在统一指挥下实施，演练人员要严守演练现场规则，确保演练过程安全。演练不得影响企业的安全正常运行，不得使各类人员承受不必要的风险。

5）由浅入深、分步实施。应急演练应遵循由下而上、先分后合、分步实施的原则，综合性的应急演练应以若干次分步演练为基础。

6）讲究实效、注重质量。应急演练指导机构应精干，工作程序要简明，各类演练文件要实用，避免一切形式主义的安排，以取得实效为检验演练质量的唯一标准。

7）兼顾效率。应急演练原则上应避免惊动公众，如必须卷入有限数量的公众，则应在公众相关教育得到普及、条件比较成熟时相机进行。

8.5.2 事故应急预案演练的种类

每一次演练并不要求展示上述所有目标的符合情况，也不要求所有应急组织全面参与演练的各类活动，但为检验和评价事故应急能力，应在一段时间内对应急演练目标进行全面的演练。

(1) 根据规模分类

根据应急演练的规模，可将其分为单项演练、组合演练、综合演练。

1）单项演练。单项演练是为了熟练掌握应急操作或完成某种特定任务所需技能而进行的演练。此类演练有通信联络程序演练、人员集中清点演练、应急装备物（物资）到位演练、医疗救护行动演练等。

2）组合演练。组合演练是为了检查或提高应急组织之间及其与外部组织之间的相互协调性而进行的演练。此类演练有应急药物发放与周边群众撤离演练、扑灭火灾与堵漏演练、关闭阀门演练等。

3）综合演练。综合演练是应急预案内规定的所有任务单位或其中绝大多数单位参加的，为全面检查预案可执行性而进行的演练。此类演练较前两类演练更为复杂，需要更长的准备时间。

（2）根据形式分类

根据应急演练的形式，可将其分为桌面演练、功能演练、全面演练。

1）桌面演练。桌面演练是指由应急组织的代表或关键岗位人员参加的，按照应急预案及其标准运作程序，讨论发生紧急事件时应采取的行动的演练活动。桌面演练的主要特点是对演练情景进行口头演练，一般是在会议室内举行的非正式活动。桌面演练的主要作用是在没有压力的情况下，演练人员在检查和解决应急预案中问题的同时，获得一些建设性的讨论结果。主要目的是在友好、较小压力的情况下，锻炼演练人员解决问题的能力，以及解决应急组织相互协作和职责划分的问题。

2）功能演练。功能演练是针对某项应急响应功能或其中某些应急响应活动举行的演练活动。功能演练一般在应急指挥中心举行，并可同时开展现场演练，调用有限的应急设备，主要目的是针对应急响应功能，检验应急响应人员以及应急管理体系的策划和响应能力。例如，指挥和控制功能的演练，目的是检测、评价多个政府部门在一定压力情况下集权式的应急运行和及时响应能力，演练地点主要集中在若干个应急指挥中心或现场指挥所，可开展有限的现场活动，调用有限的外部资源。外部资源的调用范围和规模应能满足响应模拟紧急事件时的指挥和控制要求。又如，针对交通运输活动的演练，目的是检验地方政府相关应急响应部门建立现场指挥所，协调现场应急响应人员和交通运载工具的能力。

3）全面演练。全面演练是指针对应急预案中全部或大部分应急响应功能，检验、评价应急组织应急运行能力的演练活动。全面演练一般要求持续几个小时，采取交互式方式进行，演练过程要求尽量真实，调用更多的应急响应人员和资源，并开展人员、设备及其他资源的实战性演练，以展示相互协调的应急响应能力。

8.5.3 事故应急预案演练实施的要点

事故应急预案演练的实施有助于确定事故应急响应过程中的问题和解决办法。各类演练在实施中都有各自的程序和特点。

（1）桌面演练的实施

桌面演练的复杂性、范围和真实程度变化很大。实际桌面演练只有两种：基本桌面演练和高级桌面演练。基本桌面演练是在定向演练中通过小组讨论的方式解决基本问题。桌面演练有较多的时间，可先介绍目的、范围和管理规章，然后由演练控制者进行场景叙述。场景是讨论计划条款和程序的起点，应该详细包括特定位置、严重程度和其他相关问题。演练控制者必须控制讨论方向，以确保达到演练目标。在完成所有目标后，基本桌面演练结束。如果没有在允许时间内达到所有目标，演练控制者要决定延迟继续演练或简单结束演练。

（2）功能演练和全面演练的实施

功能演练和全面演练的方法基本相同，只在范围和复杂程度上有所区别。两种类型都具有较高的真实度，都能反映许多任务的实际效果，都在与真实紧急事件发生场所相同的地方进行，不同于定向和桌面演练。

功能/全面演练与桌面演练的重要区别是后者宣布开始时间和日期，而前者有时不通知演练人员确切的时间。这种“非注意”型演练可检测报警和通知程序。

功能/全面演练的演练人员在首次信息发布后才做出响应。换句话说，他们会继续正常活动，直到他们接到演练开始的通知。例如，消防人员听到消防报警才会做出响应。为避免混乱和恐慌，所有演练信息特别是最初的报警，应该说明演练的开始和结束，如“这是……演练”。如果使用报警系统，应该用公共发布系统来宣布演练开始。根据演练的目标和范围，可使用不同的方法介绍演练信息。如果演练不包括真实应急中最初的响应活动，在说明最初信息或问题之后，演练控制者应使用场景叙述的方式来告知演练人员目前的状态。

为得到最高真实程度，演练人员应正常执行响应任务。例如，执行需要使用消防带的消防任务时，由于消防水能引起破坏，演练人员应该布置消防带和完成其他任务，但不能放水。

一旦开始演练，演练控制者有责任保证演练按规定程序平稳进行。演练控制者面临的另一个问题是，实际应急过程可能需要花费很长的时间，功能/全面演练必须在压缩后的演练时间表内完成。例如，一般要花几个小时或更长时间才能控制住的大型建筑火灾，在演练时应减少到在几分钟内完成。在最初响应活动完成后，控制者应该停止演练，简单向所有演练人员说明假定几个小时后，火被扑灭。

功能/全面演练中，一般完成所有演练目标或到设定时间时，演练才结束。由于日程设定有问题或其他原因而重新安排演练是不现实的，因而演练控制者必须保证演练能按时进行，或在演练前做必要的调整。

8.5.4　事故应急预案演练的总结与评价

(1) 应急演练的评价

演练评价是指观察和记录演练活动、比较演练人员表现与演练目标要求并提出演练发现的过程。演练评价的目的是确定演练是否达到演练目标要求，检验各应急组织指挥人员及应急响应人员完成任务的能力。要全面、正确地评价演练效果，必须在演练覆盖区域的关键地点和各参演应急组织的关键岗位上，派驻公正的评价人员。评价人员的作用主要是观察演练的进程，记录演练人员采取的每一项关键行动及其实施时间，与演练人员访谈，要求参演应急组织提供文字材料，评价参演应急组织和演练人员表现并反馈演练发现。

演练发现是指通过演练评价过程，发现应急救援体系、应急预案、应急执行程序或应急组织中存在的问题。按对人员生命安全的影响程度，可将演练发现划分为3个等级，从高到低分别为不足项、整改项和改进项。

1）不足项。不足项是在演练过程中观察或识别出的，可能使应急准备工作不完备，从而导致在紧急事件发生时不能确保应急组织采取合理应对措施来保护人员安全。不足项应在规定的时间内予以纠正。演练发现确定为不足项时，策划小组负责人应对该不足项详细说明，并给出应采取的纠正措施和完成时限。

2）整改项。整改项是指演练过程中观察或识别出的，单独并不会对公众安全健康造成不良影响的不完备项。整改项应在下次演练时予以纠正。

3）改进项。改进项是指应急准备过程中应予以改善的问题。改进项不同于不足项和整改项，一般不会对人员生命安全健康产生严重影响，因此，不必要求对其予以纠正。

（2）应急演练总结与追踪

演练结束后，进行总结与讲评是全面评价演练是否达到演练目标、应急准备水平及是否需要改进的一个重要步骤，也为演练人员进行自我评价提供机会。演练总结与讲评可以通过访谈、汇报、协商、自我评价、公开会议和通报等形式完成。演练总结应包括如下内容：演练背景，参与演练的部门和单位，演练方案和演练目标，演练情景，演练过程的全面评价，演练过程发现的问题和整改措施，对应急预案和有关程序的改进建议，对应急设备、设施维护与更新的建议，对应急组织、应急响应人员能力和培训的建议。

应急演练追踪是指策划小组在演练总结与讲评过程结束之后，安排人员督促相关应急组织继续解决其中尚待解决的问题或事项的活动。为确保参演应急组织能从演练中取得最大益处，策划小组应对演练发现进行充分研究，确定导致该问题的根本原因、纠正方法和纠正措施完成时间，并指定专人负责对演练发现中的不足项和整改项的纠正过程实施追踪，监督检查纠正措施进展情况。

第 9 讲

事故现场应急处置与救援概述

对事故进行现场控制和安排是现场应急处置工作很重要的一个环节，也是应急管理工作中内容最复杂、任务最繁重的部分，现场控制和安排在一定程度上决定了应急处置的工作效率与质量。对发生事故的现场进行应急处置，要临危不惧，把握好应遵循的原则，采取科学的处置方法，根据既定的事故应急预案，按照科学规范的响应程序和处置要求，充分运用应急指挥、应急队伍、应急装备等各种应急资源，对事故进行应急处置与救援。

企业是安全生产的责任主体。事故发生后企业要先期处置、抢救人员、控制危险源、杜绝盲目施救，防止事态扩大；要明确并落实生产现场带班人员、班组长和调度人员的直接处置权和指挥权，在遇到险情或事故征兆时应立即下达停产撤人命令，组织现场人员及时、有序地撤离到安全地点，减少人员伤亡；要依法依规及时、如实地向当地安全生产监管监察部门和负有安全生产监督管理职责的有关部门报告事故情况，不得瞒报、谎报、迟报、漏报，不得故意破坏事故现场、毁灭证据。

9.1 事故现场应急处置

9.1.1 事故现场处置原则

(1) 快速反应原则

任何灾难性事故都具有突发性、连带性和不确定性等特点，这些特点决定了在事故现场处置过程中任何时间上的延误都有可能加大应急处置工作的难度，以至于使灾难造成的损失扩大，引发更为严重的后果。因此，在应急处置过程中必须坚持做到快速反应，力争在最短的时间内到达现场、控制事态、减少损失，以最高的效率和最快的速度救助受害人，并为尽快恢复正常的工作秩序、社会秩序、生活秩序创造条件。

在所有的灾难性事故发生之后，现场处置快速反应并没有一个现成的模式，一方面需要遵循事故处置的一般原则，另一方面也需要根据事故的性质与所影响的范围灵活掌握、灵活处理。有的事故在爆发的瞬间就已结束，没有继续蔓延的条件，但大多数事故在救援和处置过程中可能还会继续蔓延扩大。因此，如果事故现场处置不及时，很可能带来灾难性后果，甚至引发其他灾害事故。事故现场控制的作用，体现在防止事故继续蔓延扩大方面。因此，必须在事发的第一时间内做出反应，以最快的速度和最高的效率进行现场控制。快速反应原则是事故现场应急处置中的首要原则。

（2）救助原则

大量的灾难性事故的案例研究表明，造成事故严重后果的原因就是反应不及时，受害者不能得到及时救助。事故现场应急处置的首要目标是人员的安全，救助原则与快速反应原则的本质要求都是减少人员的伤亡。

每当灾难性事故发生时，就会产生数量和范围不确定的受害者。受害者的范围不仅包括灾难中的直接受害者，甚至还包括直接受害者的亲属、朋友以及周围其他利益相关的人员。受害者所需要的救助往往是多方面的，这不仅体现在生理上，还体现在心理和精神上。因此，负责灾难性事故应急处置的相关部门和人员在进行现场控制的同时应立即展开对受害者的救助，及时抢救并护送危重伤员、救援受困群众、妥善安置死亡人员、安抚在精神与心理上受到严重冲击的受害者。

(3) 人员疏散原则

在大多数灾难性事故现场应急处置的控制与安排中，把处于危险境地的受害者尽快疏散到安全地带，避免出现更大伤亡的灾难性后果，是一项极其重要的工作。在很多伤亡惨重的灾难性事故中，没有及时进行人员安全疏散是造成群死群伤的主要原因。

无论是自然灾害还是人为的事故，或者其他类型的灾难性事故，在决定是否疏散人员的过程中，需要考虑的因素一般有以下几点：

1）是否可能会对群众的生命和健康造成危害，特别是要考虑到是否存在潜在的危险性。

2）灾难性事件的危害范围是否会扩大或者蔓延。

3）是否会对环境造成破坏性的影响。

(4) 保护现场原则

按照一般的程序，灾难性事故的应急处置工作结束之后，或在应急处置过程中的适当时机，调查工作就需要介入，以分析灾难性事故的原因与性质，发现、收集有关的证据，调查灾难性事故的责任者。在应急处置过程中，特别是对现场的控制做出安排时，一定要考虑到对现场进行有效的保护，以便日后开展调查工作。在实践中容易出现的问题是应急处置人员的注意力都集中在救助伤亡人员或防止灾难后果的蔓延扩大上，而忽略了对现场与证据的保护，结果在事后发现需要收集证据时，现场已遭到破坏，给调查工作带来不便。因此，必须在进行现场控制的整个过程中，把保护现场作为工作原则贯穿始终。虽然对灾难性事故的应急处置与调查处理是不同的环节与过程，但在实际工作中没有绝对明确的界限，不能把两者截然分开。

(5) 保障应急参与人员安全的原则

要保障应急参与人员的安全，现场的应急指挥人员在指导思想上也应当充分地权衡各种利弊，使现场应急处置的决策更科学化、最优化，避免付出不必要的牺牲和代价。

9.1.2 事故应急处置工作内容

根据《生产经营单位生产安全事故应急预案编制导则》（GB/T 29639—2013）的规定，应急处置主要包括以下内容：

（1）事故应急处置程序

根据可能发生的事故类型及现场情况，明确事故报警、各项应急措施启动、应急救护人员的引导、事故扩大及同生产经营单位应急预案的衔接程序。

（2）现场应急处置措施

针对可能发生的火灾、爆炸、危险化学品泄漏、坍塌、水患、机动车辆伤害等，从人员救护、工艺操作、事故控制、消防、现场恢复等方面制定明确的应急处置措施。

（3）报告和求援

明确报警负责人以及报警电话及上级管理部门、相关应急救援单位联络方式和联系人员，事故报告的基本要求和内容。

9.1.3 事故现场控制的基本方法

在应急事件的现场处置过程中，对现场的控制是必不可少的，要做出一系列的应急安排，以防止灾难性事故的影响范围进一步蔓延扩大，把人员伤亡与经济损失减少到最低。由于事故发生的时间、地点、环境不同，事故类型、影响范围、损坏程度也不相同，因而其所需要的控制手段包括应急资源也不相同。这些差别决定了在不同的事故现场应该采取不同的控制方法。事故现场控制的一般方法可分为以下几种：

（1）警戒线控制法

警戒线控制法是由参加现场处置工作的人员对需要保护的重大或者特别重大事件现场，防止非应急处置人员与其他无关人员随意进出，干扰应急行动的特别保护方法。在重特大灾难现场或其他相关场所，根据不同情况或需要，应安排公安机关的人民警察或保卫人员等应急参与人员实施警戒保护。对应急现场应从其核心现场开始，向外设置多层警戒线。

现场设置警戒线，一方面是为了保证现场处置工作的人员顺利进出，并使其在心理上有一种安全感，同时避免外来的未知因素对现场安全构成威胁，以避免现场可能存在的各种危险源危及周围无关人员的安全。应急警戒范围，应坚持宜大不宜小，保留必要的警戒冗余度以阻止现场大规模无序流动。在实践中，普遍的做法是设置两层以上的警戒线，由内向外，由高密度向低密度布置警戒人员。

(2) 区域控制法

在有些灾难性事故与应急事件的应急处置过程中，可能点多面广，需要处置的问题较多，处置工作必然存在优先安排的顺序问题；也可能由于环境等因素的影响，对某些局部区域采取不同的控制措施，控制进入现场的人员数量。区域控制在不破坏现场的前提下，在现场外围对整个应急现场环境进行总体观察，确定重点区域、重点地带、危险区域、危险地带。一般遵循的原则是，先重点区域，后一般区域；先危险区域，后安全区域；先外围区域，后中心区域。具体实施区域控制时，一般应当在现场专业处置人员的指导下进行，由事发单位或事发地的公安机关指派专门人员具体实施；对于重特大灾难应急现场，还应当由穿着制服的人民警察或武装警察实施区域控制。

(3) 遮盖控制法

遮盖控制法实际上是保护现场与现场证据的一种方法。在应急处置现场，有些物证的时效性要求往往比较高，天气因素的变化可能会影响取证的真实性。有时由于现场比较复杂，破坏比较严重，再加上应急处置人员不足，不能立即对现场进行勘查、处置。因此，需要用其他物品对重要现场、重要证据、重要区域进行遮盖，以利于后续工作的开展。遮盖物一般多采用干净的塑料布、帆布、草席等，起到防风、防雨、防日晒以及防止无关人员随意触动的作用。应当注意的是，除非万不得已，一般尽量不要使用遮盖控制法，防止遮盖物污染某些微量物证，影响取证以及后续的理化分析结果。

(4) 以物围圈控制法

为了维持现场处置的正常秩序，防止现场重要物证被破坏以及危害扩大，可以用其他物品对现场中心地带周围进行围圈。一般来讲，可以使用一些不污染环境的、阻燃阻爆的物体。如果现场比较复杂，还可以采用分区域、分地段的方式进行围圈。

(5) 定位控制法

有些事故应急现场由于死伤人员较多、物体变动较大、物证分布范围较广，采取上述几种现场控制方法，可能会给事发地的正常生活和工作秩序带来一些负面影响，这就需要对现场特定死伤人员、特定物体、特定物证、特定方位、特定建筑等采取定点标注的控制方法，使现场处置有关人员对整体事故现场能够一目了然，做到定量与定性相结合，有利于下一步工作的开展。定位控制一般可以根据现场大小、破坏程度等情况。首先，按区域、方位对现场进行区域划分，可以有形划分，也可以无形划分，如长条形、矩形、圆形、螺旋形等形式；然后，每一划分区域指派现场处置人员，用色彩鲜艳的小旗对死伤人员、重要物体、重要物证、重要痕迹定点标注；最后，根据现场应急处置需要，在此基础上开展下一步的工作。

9.1.4 事故现场处置过程

在事故现场处置工作中，尽管由于发生事故的单位、地点、化学介质不同，处置程序会存在差异，但一般都是由设点、询问和侦检、隔离与疏散、防护、现场急救等步骤组成。

(1) 设点

设点指各救援队伍进入事故现场，选择有利地形（地点）设置现场救援指挥部、救援和医疗急救点。

各救援点的位置选择关系能否有序地开展救援和保护自身的安全。现场救援指挥部、救援和医疗急救点的设置应考虑以下几项因素：

1）地点：应选在上风向的非污染区域，需注意不要远离事故现场，便于指挥和救援工作的实施。

2）位置：各救援队伍应尽可能在靠近现场救援指挥部的地方设点并随时保持与指挥部的联系。

3）路段：应选择交通路口，利于救援人员或转送伤员的车辆通行。

4）条件：现场救援指挥部、救援和医疗急救点，可设在室内或室外，应便于人员行动或伤员的抢救，同时要尽可能利用原有通信、水和电等资源，有利于救援工作的实施。

5）标志：现场救援指挥部、救援和医疗急救点，均应设置醒目的标志，方便救援人员和伤员识别。悬挂的旗帜应用轻质面料制作，以便救援人员随时掌握现场风向。

（2）询问和侦检

采取现场询问和现场侦检的方法，充分了解和掌握事故的具体情况、危险范围、潜在险情（爆炸、中毒等）。

侦检是危险物质事故应急处置的首要环节。侦检是指利用检测仪器检测事故现场危险物质的浓度、强度以及扩散、影响范围，并做好动态监测。根据事故情况不同，可以派出若干侦检小组，对事故现场进行侦检，每个侦检小组至少应有两人。

（3）隔离与疏散

1）建立警戒区域。事故发生后，应根据化学品泄漏扩散的情况或火焰热辐射所涉及的范围建立警戒区，并在通往事故现场的主要干道上实行交通管制。建立警戒区时应注意的事项如下：

①警戒区的边界应设警示标志，并有专人警戒。

②除消防、应急处置人员以及必须坚守岗位的工作人员外，其他人员禁止进入警戒区。

③泄漏溢出的化学品为易燃物品时，区域内应禁火种。

2）紧急疏散。迅速将警戒区及污染区内与事故应急处理无关的人员撤离，以减少不必要的人员伤亡。紧急疏散时应注意的事项如下：

①如事故物质有毒时，需要佩戴劳动防护用品或采取简易有效的防护措施，并有相应的监护措施。

②应向上风方向转移，明确专人引导和护送疏散人员到达安全区，并在疏散或撤离的路线上设立哨位，指明方向。

③不要在低洼处滞留。

④要查清是否有人留在污染区或着火区。

（4）防护

根据事故物质的毒性及划定的危险区域，确定相应的防护等级，并根据防护等级按标准配备相应的防护器具。

（5）现场急救

在事故现场，危险物质对人体可能造成的伤害有中毒、窒息、冷冻伤、化学灼伤、烧伤等，进行急救（救护）时，不论患者还是救援（救护）人员都需要进行适当的防护。

9.2 事故现场急救

9.2.1 事故现场急救原则、基本步骤和注意事项

（1）现场急救时应遵循的原则

事故现场急救的总任务是采取及时有效的急救措施和技术，最大限度地减少伤员的疾苦，降低致残率，减少死亡率，为医院抢救打好基础。因此，现场急救时应遵循以下原则：

1）先复苏后固定原则。遇有心搏、呼吸骤停又有骨折的伤员，应首先用口对口人工呼吸和胸外按压等技术使心、肺、脑复苏，直至心搏、呼吸恢复后，再进行骨折固定处理。

2）先止血后包扎原则。遇伤员有大出血又有伤口时，首先应立即用指压、止血带或药物等方法止血，接着再消毒，并对伤口进行包扎。

3）先重后轻原则。在同时遇有生命垂危的和较轻的伤员时，应优先抢救危重者，后抢救较轻的伤员。

4）先救护后搬运原则。在发现伤员时，应先救后送。在运送伤员去医院的途中，不要停止抢救措施，继续观察伤病变化，减少颠簸、注意保暖，确保快速平安抵达最近的医院。

5）急救与呼救并重原则。在遇有成批伤员、现场还有其他参与急救的人员时，要紧张而镇定地分工合作，急救和呼救可同时进行，以便较快地争取到急救外援。

6）搬运与急救一致性原则。在运送危重伤员时，应与急救工作协调一致，争取时间，在途中应继续进行抢救工作，尽力减少伤员的痛苦和死亡，安全到达目的地。

（2）现场急救的基本步骤

总体来说，事故现场急救应按照紧急呼救、判断伤情和救护三大步骤进行。

1）紧急呼救。当事故发生，发现了危重伤员，经过现场评估和病情判断后需要立即救护，同时立即向专业紧急医疗服务机构或附近担负院外急救任务的医疗部门、社区卫生单位报告，常用的急救电话为120或999。由急救机构立即派出专业救护人员、救护车至现场抢救。

2）判断伤情。在现场巡视后对伤员进行最初评估。发现伤员，尤其是处在情况复杂现场的伤员，救护人员需要首先确认并立即处理威胁伤员生命的情况，检查伤员的意识、气道、呼吸、循环体征等。

3）救护。灾害事故现场一般都很混乱，组织指挥特别重要。应快速组成临时现场救护小组，统一指挥，加强灾害事故现场一线救护，这是保证抢救成功的关键措施。

灾害事故发生后，避免慌乱，应尽可能缩短伤后至抢救的时间，强调提高基本治疗技术是做好灾害事故现场救护最重要的问题。要善于应用现有的先进科技手段，体现“立体救护、快速反应”的救护原则，提高救护的成功率。

现场救护原则是先救命后治伤，先重伤后轻伤，先抢后救、抢中有救，使伤员尽快脱离事故现场，先分类再运送。医护人员以救为主，其他人员以抢为主，各负其责、相互配合，以免延误抢救时机。现场救护人员应注意自身防护。

(3) 现场急救应注意的事项

现场急救应关键把好“急”与“救”这两个字。“急”就是在救援行动上要充分体现快速反应、快速抢救，此时此刻真正体现出“时间就是生命”。必须有可行的措施来保证能以最快速度、最短时间让伤员得到医学救护。“救”是指对伤员的救援措施和手段要正确有效、处置有方，表现出精良的技术水准和良好的精神风范，以及随机应变的工作能力。实践证明，应急救援成功的关键往往在于现场急救，而现场急救是否成功很大程度上又取决于现场急救的组织与实施。

现场急救时应注意的事项主要有以下几点：

1) 避免直接接触伤员的体液。

2) 使用防护手套，并用防水胶布贴住自己损伤的皮肤。

3) 急救前和急救后都要洗手，并且救护伤员的眼、口、鼻或者任何皮肤损伤处，一旦被溅上伤员的血液，应尽快用肥皂和水清洗，并去医院进行处理。

4) 进行口对口人工呼吸时，尽量使用人工呼吸面罩。

9.2.2 事故现场急救区的划分和紧急呼救

(1) 现场急救区的划分

通常，现场伤员急救的标记（分类卡）有四类：

1）第Ⅰ急救区（红色）：病伤严重，危及生命者。

2）第Ⅱ急救区（黄色）：病伤严重，未危及生命者。

3）第Ⅲ急救区（绿色）：受伤较轻，可行走者。

4）第Ⅳ急救区（黑色）：死亡者。

分类卡由急救系统统一印制，背面有扼要的病情说明，随伤员携带。此卡常被挂在伤员左胸的衣服上。如没有现成的分类卡，可临时用硬纸片自制。

现场有大批伤员时，最简单、有效的急救应有以下四个区，以便相关工作有条不紊地进行。

1）收容区：伤员集中区，在此区挂上分类标签，并进行必要的紧急复苏等抢救工作。

2）急救区：用以接收第Ⅰ优先者和第Ⅱ优先者，在此做进一步抢救工作，如对休克、呼吸与心搏骤停者等进行心肺复苏。

3）后送区：这个区收接收能自已行走或较轻的伤员。

4）太平区：停放已死亡者。

（2）现场急救区的紧急呼救

紧急呼救主要有以下三个步骤：

1）救护启动。救护启动由急救通信（称为呼救系统）开始。畅通的呼救系统，在国际上被列为抢救危重伤员“生命链”中的“第一环”。有效的呼救系统，对保障危重伤员获得及时救治至关重要。

应用无线电和电话进行呼救。通常在急救中心配备有经过专门训练的话务员，能够对呼救迅速做出适当的应答，并能把电话接到合适的急救机构。城市呼救网络系统的通信指挥中心，应当接收所有的医疗（包括灾难等意外伤害事故）急救电话，根据伤员所处的位置和病情，指定就近的急救站去救护伤员。这样可以大大节省时间，提高效率，便于伤员救护和转运。

2）呼救电话须知。紧急事故发生时，须报警呼救，最常使用的是呼救电话。使用呼救电话时必须要用最精练、准确、清楚的语言说明伤员目前的情况及严重程度、伤员的人数及存在的危险、需要何类急救等。如果不清楚身处位置的话，不要惊慌，因为紧急医疗服务系统控制室可以通过全球卫星定位系统追踪其正确位置。

一般应简要清楚地说明以下几点：

①报告人的电话号码与姓名，伤员姓名、性别、年龄和联系电话。

②伤员所在的确切地点，尽可能指出附近街道的交汇处或其他显著标志。

③伤员目前最危重的情况，如昏倒、呼吸困难、大出血等。

④若遇灾害事故、突发事件时，说明伤害性质、严重程度、伤员的人数。

⑤现场所采取的救护措施。注意，不要先放下话筒，要等紧急医疗服务系统调度人员先挂断电话。

3）单人及多人呼救。在专业急救人员尚未到达时，如果有多人在现场，一名救护人员留在伤员身边开展救护，其他救护人员通知紧急医疗服务机构。如果是意外伤害事故，要分配好救护人员各自的工作，分秒必争、组织有序地实施伤员的寻找、脱险、医疗救护工作。

在伤员心搏骤停的情况下，为挽救生命，抓住“救命的黄金时刻”，应立即进行心肺复苏，然后迅速拨打急救电话。如有手机在身，则应在进行1~2 min心肺复苏后，在抢救间隙中拨打急救电话。

任何年龄的外伤或呼吸暂停伤员，打电话呼救前接受1 min的心肺复苏是非常必要的。

9.2.3 事故现场伤员评估和分类

（1）现场伤员评估

伤员的意识、气道、呼吸、循环体征、瞳孔反应等表象，是判断伤势轻重的重要标志。

1）意识。先判断伤员神志是否清醒。在呼唤、轻拍、推动时，伤员会睁眼或有肢体运动等其他反应，表明伤员有意识。如伤员对上述刺激无反应，则表明伤员意识丧失，已陷入危重状态。伤员突然倒地，然后呼之不应，情况多为严重。

2）气道。呼吸必要的条件是保持气道畅通。如伤员有反应但不能说话、不能咳嗽、憋气，可能存在气道梗阻，必须立即检查和清除，如进行侧卧位和清除口腔异物等。

3）呼吸。正常成人每分钟呼吸 12~18 次，危重伤员呼吸变快、变浅乃至不规则，呈叹息状。在气道畅通后，对无反应的伤员进行呼吸检查，如伤员呼吸停止，应保持气道通畅，立即进行人工呼吸。

4）循环体征。在检查伤员意识、气道、呼吸之后，应对伤员的循环体征进行检查。

可以通过检查循环体征（如呼吸、咳嗽、运动、皮肤颜色、脉搏情况）来进行判断：

成人正常心搏每分钟 60~80 次。呼吸停止，心搏随之停止；或者心搏停止，呼吸也随之停止。心搏、呼吸几乎同时停止也是常见的。心搏反应在手腕处的桡动脉、颈部的颈动脉较易触到。

心律失常以及严重的创伤、大失血等危及生命时，心搏或加快超过每分钟 100 次，或减慢至每分钟 40~50 次，或不规则，忽快忽慢，忽强忽弱，均为心脏呼救的信号，都应引起重视。

如伤员面色苍白或青紫，口唇、指甲发绀，皮肤发冷等，可以知道皮肤循环和氧代谢情况不佳。

5）瞳孔反应。眼睛的瞳孔又称“瞳仁”，位于黑眼球中央。正常时人的双眼瞳孔是等大圆形的，遇到强光能迅速缩小，很快又能回到原状。用手电筒突然照射一下瞳孔即可观察到瞳孔的反应。当伤员脑部受伤、脑出血、严重药物中毒时，瞳孔可能缩小为针尖大小，也可能扩大到黑眼球边缘，对光线不起反应或反应迟钝。有时因为出现脑水肿或脑疝，使双眼瞳孔一大一小。瞳孔的变化表示脑病变的严重程度。

当完成现场评估后，再对伤员的头部、颈部、胸部、腹部、盆腔和脊椎骨、四肢进行检查，看有无开放性损伤、骨折畸形、触痛、肿胀等体征，有助于对伤员的伤情进一步判断。

还要注意伤员的总体情况，如表情淡漠不语、冷汗口渴、呼吸急促、肢体不能活动等现象为病情危重的表现；对外伤伤员应观察其神志不清程度，呼吸次数和强弱，脉搏次数和强弱；注意检查有无活动性出血，如有应立即止血。严重的胸腹部损伤容易引起伤员休克、昏迷甚至死亡。

（2）现场伤员分类

当灾害性事故发生后，伤员数量大、伤情复杂、重危伤员多。急救和后运工作常出现四大矛盾：急救技术力量不足与伤员需要抢救的矛盾；急救物资短缺与物资需要量的矛盾；重伤员与轻伤员都需要急救的矛盾；轻、重伤员都需要后运的矛盾。解决这些矛盾的办法就是对伤员进行分类。伤员分类是生产现场急救工作的重要组成部分，做好伤员分类工作，可以保证充分地发挥人力、物力的作用，使需要急救的轻、重伤员均得到适当处理，使急救和后运工作有条不紊地进行。

生产现场急救分类工作的重要意义集中在一个目标，即提高效率，将现场有限的人力、物力和时间，用在抢救有存活希望的伤员身上，提高伤员的存活率，降低死亡率。

1）现场伤员分类的要求：

①分类工作是在特殊困难和紧急的情况下进行的，一边抢救一边分类的。

②分类应派经过训练、经验丰富、有组织能力的技术人员承担。

③分类应按照先危后重、先轻后小（伤口小）的原则进行。

④分类应快速、准确、无误。

2）现场伤员分类的判断。现场伤员分类是以决定优先急救对象为前提的，首先根据伤情来判定。

①呼吸是否停止，用看、听、感来判定。

看：通过观察胸廓的起伏，或用棉花、羽毛贴在伤员的鼻下方，看有无摆动。如吸气胸廓上提，呼气胸廓下降或棉花、羽毛有摆动即呼吸未停。反之，即呼吸已停。

听：侧头用耳尽量接近伤员的鼻部，去听是否有气体交换。

感：在听的同时，用脸感觉有无气流呼出。如听到有气体交换或气流感说明伤员尚有呼吸。

②脉搏是否停止，用触、看、摸、量来检查。

触：触桡动脉有无脉搏跳动，感受其强弱。

看：头部、胸腹、脊椎骨、四肢，有无损伤、大出血、骨折等，这些都是重点判定项目。

摸：摸颈动脉有无脉搏跳动，感受其强弱。

量：量收缩压是否小于 12 kPa（90 mm 汞柱）。

判定一个伤员要在 1~2 min 完成。通过以上方法对伤员进行简单的分类，便于采取针对性急救措施。

（3）停止心肺复苏的时机

当心脏停止搏动时，人体的血液循环也就终止了，所以需要我们在胸部进行心脏按压以推动血液循环，又称为人工循环。人体心脏位于胸骨与胸椎之间，向下按压胸骨时，胸腔内压力会增大，进而就会促使血液流动，同时压挤心脏，向外泵血；在放松压力后，静脉血回流心脏，就可使心脏充盈血液。如此反复进行下去，就可使心脏有节奏地、被动地收缩和舒张，以此来维持血液循环。有效的胸外心脏按压可达到正常心搏时心脏排出血量的 25%~30%，可以保障人体最低的基本血液循环需要。

停止心肺复苏的时机，一是急救医生接到 120 电话后赶到现场，二是伤员已经恢复了心搏和呼吸。对于在施工现场发生的意外，如电击事故、高处坠落事故、机械事故等导致人心搏、呼吸停止的情况，至少抢救 30 min 以上，最大限度地提高抢救的成功率。

此外，在心肺复苏过程中，出现如下征象者可考虑终止心肺复苏工作：

1）脑死亡。全脑功能丧失，不能恢复，又称不可逆昏迷。发生脑死亡即意味着生命终止，即使有心搏，也不会长久维持。即使能维持一段时间也毫无意义。所以一旦出现脑死亡即可终止抢救，以免消耗不必要的人力、物力和财力。出现下列情况可判断脑死亡：

①深度昏迷，对疼痛刺激无任何反应，无自主活动。

②自主呼吸停止。

③瞳孔固定。

④脑干反射消失，包括瞳孔对光反射、吞咽反射、头眼反射(即“娃娃眼”现象，将伤员头部向双侧转动，眼球相对保持原来位置不动；若眼球随头部同步转动，即反射阳性。但颈脊髓损伤者禁忌此项检查)、眼前庭反射（头前屈 30°，用冰水 20~50 mL，10 s 内注入外耳道，应出现快速向灌注侧反方向的眼球震颤，若双耳依次检查未见眼球震颤则为反射消失）等。

⑤具备上述条件至少观察 24 h 无变化方可做出判定。

2）经过正规的心肺复苏 20~30 min 后，仍无自主呼吸，瞳孔散大，对光反射消失，标志着生物学死亡，可终止抢救。

3）心搏停止 12 min 以上而没有接受任何心肺复苏治疗者，几乎无一存活，但在低温环境中(如冰库、水库、雪地、冷水淹溺)及年轻的创伤病人虽停搏超过 12 min 仍应积极抢救。

4）心搏、呼吸停止 30 min 以上，肛温接近室温，出现尸斑，可停止抢救。

第 10 讲

事故现场急救基本技术

事故现场急救是指在事发的现场，对伤员实施及时、有效的现场抢救。事故发生后的几分钟、十几分钟，是抢救危重伤员最重要的时刻，医学上称之为“救命的黄金时刻”。在此时间内，抢救及时、正确，生命有可能被挽救；反之，生命有可能丧失或病情加重。现场及时、正确的急救，可为医院救治创造条件，能最大限度地挽救伤员的生命和减轻其伤残程度。

10.1 心肺复苏技术

据有关研究数据显示，5 min 内开始实施心肺复苏急救，8 min 内进一步生命支持，心搏、呼吸暂停伤员存活率最高可达 43%；复苏（加上生命支持）每延迟 1 min，存活率下降 3%；除颤每延迟 1 min，存活率下降 4%。心肺复苏技术简称 CPR（cardiopulmonary resuscitation），是指当伤病人员呼吸与心搏已经停止时，合并使用人工呼吸及胸外心脏按压来进行急救的一种技术方法。

10.1.1 实施要领

实施心肺复苏时，首先要判断伤员呼吸、心搏状况，只有明确判定呼吸、心搏已经停止，才能立即进行心肺复苏。

(1) 开放气道

用最短的时间，先将伤员衣领口、领带、围巾等解开，戴上手套（最好是医用手套）迅速清除伤员口鼻内的污泥、土块、痰、呕吐物等异物，以利于呼吸道畅通，再将气道打开。

（2）口对口人工呼吸

口对口人工呼吸的主要步骤为：

1）急救者一只手的拇指、食指捏闭伤员的鼻孔，另一只手托其下颌。

2）将伤员口打开，急救者深呼吸，用唇紧贴并包住伤员口部吹气。

3）看伤员胸部鼓起方为有效。

4）脱离伤员口部，放松捏鼻孔的拇指、食指，使胸廓恢复。

5）感到伤员口鼻部有气呼出。

6）连续吹气 2 次，使伤员肺部充分换气。

（3）心脏复苏

首先判定心搏是否停止，可以摸伤员的颈动脉有无搏动，如无搏动，立即进行胸外心脏按压。实施胸外心脏按压的主要步骤如下：

1）用一只手的掌根按在伤员胸骨中下 1/3 段交界处。

2）另一只手压在前手的手背上，手指扣住下方手的手掌并使手指脱离胸腔壁，不能平压在胸腔壁。

3）双肘关节伸直，利用体重和肩臂力量垂直向下挤压，使胸骨下陷 4 cm 左右。

4）略停顿后在原位放松，但手掌根不能离开胸骨定位点。

5）连续进行 15 次胸外心脏按压，再口对口人工呼吸 2 次，如此反复。

10.1.2 注意事项

（1）进行口对口人工呼吸注意事项

1）口对口人工呼吸一定要在气道开放的情况下进行。

2）向伤员肺内吹气不能太急太多，仅需胸廓隆起即可，吹气量不能过大，以免引起胃扩张。

3）吹气时间以占一次呼吸周期的1/3为宜。

（2）胸外心脏按压注意事项

1）防止并发症。胸外心脏按压并发症有急性胃扩张、肋骨或胸骨骨折、肋骨软骨分离、气胸、血胸、肺损伤、肝破裂、冠状动脉刺破（心脏内注射时）、心包压塞、胃反流物误吸或吸入性肺炎等，故要求判断准确、处理及时、操作正规。

2）胸外心脏按压与放松时间比例和按压频率。实验研究证明，当胸外心脏按压及放松时间各占1/2时，心脏射血最多，获得最大血流动力学效应；按压频率为80~100次/min时，可使血压短期上升到8~9 kPa（60~70 mm汞柱），有利于心脏复搏。

3）胸外心脏按压用力要均匀，不可过猛。

（3）效果观察

1）颈动脉搏动。胸外心脏按压有效时可随每次按压触及一次颈动脉搏动，测血压为5.3~8 kPa（40~60 mm汞柱）以上，说明胸外心脏按压方法正确。若停止按压，脉搏仍然存在，说明病人自主心搏已恢复。

2）面色转红润。复苏有效时，病人面色、口唇、皮肤颜色由苍白或发绀转为红润。

3）意识渐渐恢复。复苏有效时，病人昏迷变浅、眼球活动、出现挣扎，或给予强刺激后出现保护性反射活动，甚至手足开始活动，肌张力增强。

4）出现自主呼吸。应注意观察，有时很微弱的自主呼吸不足以满足机体供氧需要，如果不继续人工呼吸，则可能很快又停止自主呼吸。

5）瞳孔变小。复苏有效时，扩大的瞳孔变小，并出现光反应。

10.2 现场止血

受伤出血分为内出血和外出血。内出血一般只能到医院救治，外出血是现场急救的重点。理论上将出血分为动脉出血、静脉出血、毛细血管出血：动脉出血时血色鲜红，血流有搏动、量多、速度快；静脉出血时血色暗红，血液缓慢流出；毛细血管出血时，血色鲜红、慢慢渗出。若当时能鉴别出血类型，对选择止血方法有重要价值。但有时受现场的光线等条件的限制，往往难以区分。

常用的现场止血方法有多种，使用时要根据出血位置等具体情况选择其中的一种，也可以把几种方法结合在一起应用，以达到最快、最有效、最安全的止血目的。

10.2.1 加压止血法

（1）指压动脉止血法

指压动脉止血法适用于头部和四肢某些部位的大出血，方法为用手指压迫伤口近心端动脉，将动脉压向深部的骨头，以阻断血液流通。这是一种不需要任何器械，简便、有效的止血方法，但因为止血时间短暂，常需要与其他方法结合进行。

1）头面部指压动脉止血法：

①指压颞浅动脉。该方法适用于一侧头顶、额部、颞部的外伤大出血。在伤侧耳前，用一只手的拇指对准下颌骨关节压迫颞浅动脉，另一只手固定伤员头部。

②指压面动脉。该方法适用于面部外伤大出血。用一只手的拇指和食指或拇指和中指分别压迫双侧下颌角前约 1 cm 的凹陷处，以阻断面动脉血流。

③指压耳后动脉。该方法适用于一侧耳后外伤大出血。用一只手的拇指压迫伤侧耳后乳突下凹陷处，阻断耳后动脉血流，另一只

手固定伤员头部。

④指压枕动脉。该方法适用于一侧头后枕骨附近外伤大出血。用一只手的四指压迫耳后与枕骨粗隆之间的凹陷处，阻断枕动脉的血流，另一只手固定伤员头部。

2）指压四肢动脉止血法：

①指压肱动脉。该方法适用于一侧肘关节以下部位的外伤大出血。用一只手的拇指压迫上臂中段内侧，阻断肱动脉血流，另一只手固定伤员手臂。

②指压桡动脉和尺动脉。该方法适用于手部大出血。双手拇指分别压迫伤侧手腕两侧的桡动脉和尺动脉，以阻断血流。因为桡动脉和尺动脉在手掌部有广泛吻合支，所以必须同时压迫双侧。

③指压指（趾）动脉。该方法适用于手指（脚趾）大出血。用拇指和食指分别压迫手指（脚趾）两侧的动脉，以阻断血流。

④指压股动脉。该方法适用于一侧下肢的大出血。用两手的拇指用力压迫伤肢腹股沟中点稍下方的股动脉，以阻断股动脉血流。此时伤员应该保持坐姿或卧姿。

⑤指压胫前、后动脉。该方法适用于一侧脚部大出血。用两手的拇指和食指分别压迫伤脚足背中部搏动的胫前动脉及足跟与内踝之间的胫后动脉。

（2）直接压迫止血法

直接压迫止血法适用于较小伤口的出血，用无菌纱布直接压迫伤口处，时间约10 min。

（3）加压包扎止血法

加压包扎止血法适用于各种伤口，是一种比较可靠的非手术止血法。先用无菌纱布覆盖压迫伤口，再用三角巾或绷带用力包扎，包扎范围应该比伤口稍大。这是一种目前最常用的止血方法，在没有无菌纱布时，可使用消毒卫生巾或餐巾等代替。

10.2.2 辅助材料止血法

(1) 填塞止血法

填塞止血法适用于较大而深的伤口，先用镊子夹住无菌纱布塞入伤口内，如一块纱布止不住出血，可再加纱布，最后用绷带或三角巾包扎固定。

(2) 止血带止血法

止血带止血法只适用于四肢大出血，而且是其他止血法效果不明显时才用的方法。止血带有橡皮止血带（橡皮条和橡皮带）、气性止血带（如血压计袖带）和布制止血带等，其操作方法各不相同。

使用止血带的注意事项：

1）部位。上臂外伤大出血应扎在上臂上端 1/3 处，前臂或手大出血应扎在上臂下端，不能扎在上臂靠近肘关节的 1/3 处，因该处神经走行贴近肱骨，易被损伤。下肢外伤大出血应扎在股骨靠近膝关节的 1/3 处。

2）衬垫。使用止血带的部位应该有衬垫，否则会损伤皮肤。止血带可扎在衣服外面，把衣服当作衬垫用。

3）松紧度。应以出血停止、远端摸不到脉搏为宜，过松将达不到止血目的，过紧则会损伤组织。

4）使用时间。一般不应超过 5 h，原则上每小时要放松 1 次，放松时间为 1~2 min。

5）标记。正在使用止血带的伤员应有明显标记贴在前额或胸前易发现的部位，写明绑扎时间。如立即送往医院，则可以不做标记。

10.3 骨折固定

10.3.1 常用骨折固定方法

骨折是人们在生产、生活中常见的身体损伤，为了避免骨折的断端对血管、神经、肌肉及皮肤等组织的再损伤，减轻伤员的痛苦，以及便于搬动与转运伤员，凡发生骨折或怀疑有骨折的伤员，均必须在现场立即采取临时固定的措施。常用的骨折固定方法有以下几种。

（1）肱骨（上臂）骨折固定法

1）夹板固定法。用两块夹板分别放在上臂内外两侧（如果只有一块夹板，则放在上臂外侧），用绷带或三角巾等将其上下两端固定。之后肘关节弯曲 90°，前臂用小悬臂带悬吊。

2）无夹板固定法。将三角巾折叠成 10～15 cm 宽的条带，其中央正对骨折处，将上臂固定在躯干上，于对侧腋下打结。屈肘 90°，再用小悬臂带将前臂悬吊于胸前。

（2）尺骨、桡骨（前臂）骨折固定法

1）夹板固定法。用两块长度超过肘关节至手心的夹板分别放在前臂的内外两侧（如果只有一块夹板，则放在前臂外侧），并在手心放好衬垫让伤员握好，以使腕关节稍向背屈，再固定夹板上下两端。屈肘 90°，用大悬臂带悬吊，手略高于肘。

2）无夹板固定法。使用大悬臂带、三角巾固定。用大悬臂带将骨折的前臂悬吊于胸前，手略高于肘。再用一条三角巾将上臂带一起固定于胸部，在健侧腋下打结。

（3）股骨（大腿）骨折固定法

1）夹板固定法。伤员仰卧，伤腿伸直。用两块夹板（内侧夹板长度为上至大腿根部，下过足跟；外侧夹板长度为上至腋窝，下过足跟）分别放在伤腿内外两侧（只有一块夹板时则放在伤腿外侧），并将健肢靠近伤肢，使双下肢并列，两足对齐。关节处及空隙部位均放置衬垫，用5~7条三角巾或布带先将骨折部位的上下两端固定，然后分别固定腋下、腰部、膝、踝等处。足部用三角巾“8”字固定，使足部与小腿呈直角。

2）无夹板固定法。伤员仰卧，伤腿伸直，健肢靠近伤肢，双下肢并列，两足对齐。在关节处与空隙部位之间放置衬垫，用5~7条三角巾或布条将两腿固定在一起（先固定骨折部位的上下两端）。足部用三角巾“8”字固定，使足部与小腿呈直角。

（4）脊椎骨骨折固定法

发生脊椎骨骨折时不得轻易搬动伤员，严禁一人抱头、另一个人抬脚等不协调的动作。

如伤员俯卧位时，可用“工”字夹板固定，将两横板压住竖板分别横放于两肩上及腰骶部，在脊椎骨的凹凸部位放置衬垫，先用三角巾或布带固定两肩，再固定腰骶部。现场处理原则是：背部受到剧烈的外伤，有颈、胸、腰椎骨折者，绝不能试图扶着让病人做一些活动来“判断”有无损伤，一定要就地固定。

（5）头颅部骨折

头颅部骨折伤员在检查、搬动、转运等过程中，力求头颅部不会受到新的外界的影响而加重局部损伤。具体做法是：伤员静卧，头部可稍垫高，头颅部两侧放两个较大的、硬实的枕头或沙袋等物将其固定住，以免搬动、转运时局部晃动。

10.3.2 骨折固定注意事项

（1）如果是开放性骨折，必须先止血、再包扎、最后再进行骨折固定，此顺序绝不可颠倒。

（2）下肢或脊椎骨骨折应就地固定，尽量不要移动伤员。

（3）四肢骨折固定时，应先固定骨折的近端，后固定骨折的远端。如固定顺序相反，会导致骨折再度移位。夹板必须扶托整个伤肢，骨折上下两端的关节均必须固定住，绷带、三角巾不要绑扎在骨折处。

（4）夹板等固定材料不能与皮肤直接接触，要用棉垫、衣物等柔软物垫好，尤其骨突部位及夹板两端更要垫好。

（5）固定四肢骨折时应露出指（趾）端，以便随时观察血液循环情况，如伤肢出现苍白、发绀、发冷、麻木等情况，应立即松开重新固定，以免造成肢体缺血、坏死。

10.4 伤口包扎

包扎的目的是保护伤口、减少污染、固定敷料和帮助止血，常用绷带和三角巾进行包扎。无论采用何种包扎方法，均要求达到包好后固定不移动和松紧适度，并尽量保证无菌操作条件。

10.4.1 绷带包扎法

（1）绷带包扎常用方法

绷带包扎法分为环形包扎法、螺旋形包扎法、螺旋形反折包扎法、“8”字形包扎法和头顶双绷带包扎法等。包扎时要掌握好“三点一走行”，即绷带的起点、止血点、着力点（多在伤处）和走行方向的顺序，做到既牢固又不能太紧。应先在创口覆盖无菌纱布，然后从伤口低处向上左右缠绕。包扎伤臂或伤腿时，要尽量设法暴露手指尖或脚趾尖，以便观察血液循环。绷带用于胸、腹、臀、会阴等部位效果不好，容易滑脱，所以一般用于四肢和头部的伤口。

1）环形包扎法。绷带卷放在需要包扎位置稍上方，第一圈稍斜缠绕，第二、第三圈作环行缠绕，并将第一圈斜出的旗角压于环行圈内，然后重复缠绕，最后在绷带尾端撕开，打结固定或用别针、胶布将尾部固定。

2）螺旋形包扎法。先环形包扎数圈，然后将绷带渐渐地斜旋上升缠绕，每圈盖过前圈的1/3至2/3呈螺旋状。

3）螺旋反折包扎法。先作两圈环行固定，再作螺旋形包扎，待到渐粗处，一手拇指按住绷带上面，另一手将绷带自此点反折向下，此时绷带上缘变成下缘，后圈覆盖前圈1/3~2/3。此法主要用于粗细不等的四肢如前臂、小腿或大腿等的包扎。

4）“8”字形包扎法。此方法适用于四肢各关节处的包扎。于关节上下将绷带一圈向上、一圈向下作“8”字形来回缠绕。

5）头顶双绷带包扎法。将两条绷带连在一起，打结处包在头后部，分别经耳上向前，于额部中央交叉，然后第一条绷带经头顶到枕部，第二条绷带反折绕回到枕部，并压住第一条绷带。第一条绷带再从枕部经头顶到额部，第二条则从枕部绕到额部。

（2）绷带包扎注意事项

绷带包扎时，应当关注以下注意事项：

1）伤口上要加盖敷料，不要在伤口上使用弹力绷带。

2）不要将绷带缠绕过紧，要经常检查肢体供血情况。

3）有绷带过紧的体征（手、足的甲床发紫；绷带缠绕肢体远心端皮肤发紫，有麻木感或感觉消失；严重者手指、足趾不能活动），应立即松开绷带，重新缠绕。

4）不要将绷带缠住手指、足趾末端，除非有损伤。

10.4.2 三角巾包扎法

三角巾制作简单、方便，分为普通三角巾和带形、燕尾式三角巾，包扎时操作简捷，且几乎能适应全身各个部位。

（1）三角巾的头面部包扎法

1）三角巾风帽式包扎法。适用于包扎头顶部和两侧面、枕部的外伤。先将消毒纱布覆盖在伤口上，将三角巾顶角打结放在前额正中，在底边的中点打结放在枕部，然后两手拉住两底角向下颌包住并交叉，再绕到颈后的枕部打结。

2）三角巾帽式包扎法。先用无菌纱布覆盖伤口，然后把三角巾底边的正中点放在伤员眉间上部，顶角经头顶拉到脑后枕部，再将两底角在枕部交叉返回到额部中央打结，最后拉紧顶角并反折塞在枕部交叉处。

3）三角巾面具式包扎法。适用于面部较大范围的伤口，如面部烧伤或较广泛的软组织损伤。方法是把三角巾一折为二，顶角打结放在头顶正中，两手拉住底角罩住面部，然后两底角拉向枕部交叉，最后在下颌部打结，在眼、鼻和口处提起三角巾剪成小孔。

4）单眼三角巾包扎法。将三角巾折成带状，其上1/3处盖住伤眼，下2/3从耳下端绕经枕部向健侧耳上额部并压住上端带巾，再绕经伤侧耳上，枕部至健侧耳上与带巾另一端在健耳上方打结固定。

5）双眼三角巾包扎法。将无菌纱布覆盖在伤眼上，用带形三角巾从头后部拉向前从眼部交叉，再绕向枕下部打结固定。

6）下颌、耳部、前额或颞部小范围伤口三角巾包扎法。先将无菌纱布覆盖在伤部，将带形三角巾放在下颌处，两手持带巾两底角经双耳分别向上提，长的一端绕头顶与短的一端在颞部交叉，然后将短端经枕部、对侧耳上至颞侧与长端打结固定。

（2）胸背部三角巾包扎法

三角巾底边向下，绕过胸部以后在背后打结，其顶角放在伤侧肩上，系带穿过三角巾底边并打结固定。如为背部受伤，包扎方向相同，只要在前后面交换位置即可。若为锁骨骨折，则用两条带形三角巾分别包绕两个肩关节，在后背打结固定，再将三角巾的底角向背后拉紧，在两肩过度后张的情况下在背部打结。

（3）上肢三角巾包扎法

先将三角巾平铺于伤员胸前，顶角对着肘关节稍外侧，与肘部平行，屈曲伤肢，并压住三角巾，然后将三角巾下端提起，两端绕到颈后打结，顶角反折用别针扣住。

（4）肩部三角巾包扎法

先将三角巾放在伤侧肩上，顶角朝下，两底角拉至对侧腋下打结，然后急救者一手持三角巾底边中点，另一手持顶角将三角巾提起拉紧，再将三角巾底边中点由前向下、向肩后包绕，最后顶角与三角巾底边中点于腋窝处打结固定。

（5）腋窝三角巾包扎法

先在伤侧腋窝下垫上消毒纱布，三角巾中间压住敷料，并将带巾两端向上提，于肩部交叉，并经胸背部斜向对侧腋下打结。

（6）下腹及会阴部三角巾包扎法

将三角巾底边包绕腰部打结，顶角兜住会阴部在臀部打结固定。或将两条三角巾顶角打结，结点放在伤员腰部正中，上面两端围腰打结，下面两端分别缠绕两大腿根部并与相对底边打结。

（7）残肢三角巾包扎法

残肢先用无菌纱布包裹，将三角巾铺平，残肢放在三角巾上，使其对着顶角，并将顶角反折覆盖残肢，再将三角巾底角交叉，绕肢打结。

10.5 伤员搬运

搬运伤员是现场急救的重要措施之一。搬运的目的是使伤员迅速脱离危险地带，纠正当时影响伤员的病态体位，使其减少痛苦、避免再受伤害，安全迅速地送往医院进行专业治疗。搬运伤员的方法应根据当地、当时的器材和人力而选定。

10.5.1 徒手搬运

（1）单人搬运法

适用于伤势比较轻的伤员，采取背、抱或挟持等方法。

（2）双人搬运法

一人托住双下肢，一人托住腰部。在不影响伤势的情况下，还可采用椅式、轿式和拉车式。

（3）三人搬运法

对疑有胸、腰椎骨折的伤者，应由三人配合搬运。一人托住伤员的肩胛部，一人托住臀部和腰部，另一人托住两下肢，三人同时把伤员轻轻抬放到硬板担架上。

（4）多人搬运法

对脊椎骨受伤的人员向担架上搬动时应由4~6人一起搬动，2人专管伤员的头部的牵引固定，使头部始终保持与躯干成直线的位置，维持颈部不动，另2人托住伤员的臂和背，2人托住下肢，协调地将伤员平直放到担架上，并在颈、腋窝放置一块小枕头，头部两侧用软垫或沙袋固定。

10.5.2 担架搬运

（1）自制担架法

因没有现成的担架而又需要担架搬运伤员时，只能快速地自制担架。

1）用木棍制担架：用两根长约2.5 m的木棍或竹竿绑成梯子形，中间用绳索来回绑在两长棍之间即成。

2）用上衣制担架：用两根长约2.5 m的木棍或竹竿穿入两件上衣的袖筒中即成，常在没有绳索的情况下采用此方法。

3）用椅子代担架：用两把扶手椅对接，用绳索固定对接处即成。

4）其他担架的做法：两根木棍、一块毛毯或床单、较结实的长线（铁丝也可）作为材料。第一步，把木棍放在毛毯中央，毯的一边折叠，与另一边重合。第二步，毛毯重合的两边包住另一根木棍。第三步，用穿好线的针把两根木棍边的毯子缝合一条线，然后把包另一根木棍边的毯子两边也缝上，即制作完成。

（2）车辆搬运

车辆搬运受气候条件影响小、速度快，能及时送到医院抢救，尤其适合较长距离运送。轻伤者可坐在车上，重伤者可躺在车里的担架上。重伤者最好用救护车转送，没有救护车的地方，可用汽车代替。上车后，胸部伤员取半卧位，一般伤员取仰卧位，颅脑伤员应使其头偏向一侧。

车辆搬运时的注意事项：

1）必须先急救，妥善处理后才能搬动。

2）搬运时尽可能不摇动伤者的身体。若遇脊椎骨受伤者，应将其身体固定在担架上，用硬板担架搬运。切忌一人抱胸、一人搬腿的双人搬抬法，因为这样搬运易加重脊髓损伤。

3）运送伤员时，应随时观察其呼吸、体温、出血、面色等变化情况，注意伤员姿势，注意保暖。

4）在人员、器材未准备完好时，切忌随意搬运。

5）上述不论哪种搬运伤员的方法，在途中都要保持平稳，切忌颠簸。

第 11 讲

常见物理因素伤害急救

不同的劳动条件存在着各种职业性有害因素，它们对人体健康产生不良影响，可能导致各种职业性伤害。本讲重点介绍常见物理性职业性有害因素导致的作业现场伤害及其急救知识。

11.1 高温、低温伤害急救

11.1.1 烧伤急救

一旦发生烧伤，特别是体表较大面积的烧伤，死亡率与致残率较高，严重影响人身安全。由于烧伤防治知识普及性较差，人们对其基本知识及防治知识知之甚少，因此使一些烧伤伤员得不到及时有效的急救、治疗甚至丧失了宝贵的生命。

(1) 热力烧伤的现场急救

热力烧伤一般包括热水、热液、蒸汽、火焰和热固体以及热辐射所造成的烧伤。烧伤在日常生活中很常见，因而民间的急救措施也多种多样，最常用的方法是在创面上涂抹牙膏、酱油、香油等，但这些物品都不利于热量的散发，同时还可能加重创面污染，所以并不是有效的救治方式。

有效的烧伤紧急处置措施是：应立即去除致伤因素并给予降温。如热液烫伤，应立即脱去被热液浸渍的衣物，使热力不再继续作用并尽快用凉水冲洗或浸泡，使伤部冷却以减轻疼痛和损伤程度。

去除致伤因素后，创面应用冷水冲洗，这样做的好处是能防止热力继续作用，可减少体液渗出和水肿，减轻疼痛。这种方法需在伤后半小时内进行，否则无效。具体方法是烧伤后将创面立即浸入自来水或冷水中，水温应为15~20 ℃，可用纱布或毛巾浸冷水后敷于伤部0.5~1 h或更长时间，直到停止冷水冲洗后创面不再感觉疼痛。冷水冲洗的水流与时间应结合季节、室温、烧伤面积、伤员体质而定，气温低、烧伤面积大或年老体弱者不能耐受较大范围的冷水冲洗。冷水冲洗后的创面不要随意涂抹药物，即使基层医疗单位和家庭常用的一些外用药如紫药水、红汞等也不行，以免影响清创和对烧伤深度的诊断。创面可用无菌敷料覆盖，没有条件的可用清洁布单或被服覆盖，尽量避免与外界直接接触，之后应尽快将伤员送医院诊治。

（2）吸入性损伤的现场急救

吸入性损伤是指热空气、蒸汽、烟雾等有害气体以及挥发性化学物质等致伤因素被人体吸入所造成的呼吸道黏膜和肺实质的损伤，以及毒性气体和物质吸入引起的全身性化学中毒。

吸入性损伤可主要归纳为以下三个方面：一是热损伤，是指吸入的干热或湿热空气直接造成呼吸道黏膜、肺的实质性损伤。二是窒息，是指因缺氧或吸入窒息性气体引起的伤害，是火灾中常见的人员死亡原因，由于在燃烧过程中，一方面是密闭环境中大量的氧气被急剧消耗，高浓度的二氧化碳可使人员窒息；另一方面含碳物质不完全燃烧可产生一氧化碳，含氮物质不完全燃烧可产生氰化氢，两者均为强窒息性气体，吸入人体后可引起氧代谢障碍导致窒息。三是化学损伤，火灾烟雾中含有大量的粉尘颗粒和各种化学性物质，这些有害物质可通过局部刺激或吸收引起呼吸道黏膜的直接损伤和广泛的全身中毒反应。

此时应使伤员迅速脱离火灾现场，置于通风良好的地方，清除口鼻分泌物和污物，保持呼吸道通畅，有条件者给予导管吸氧。同时应判断是否为一氧化碳、氰化氢气体中毒，及时送医疗机构进一步处理，途中要严密观察，防止伤员因窒息而死亡。

(3) 电烧伤的现场急救

发现人员电烧伤时，首先要用木棒等绝缘物或橡胶手套切断电源，立即进行急救维持病人的呼吸和循环系统功能，对出现呼吸和心搏停止者，应立即进行口对口人工呼吸和胸外心脏按压，不要轻易放弃。

(4) 烧伤伴合并伤的现场急救

火灾现场造成的人体损伤往往还伴有其他损伤，如煤气、油料爆炸可伴有爆震伤、房屋倒塌砸伤等；车祸时可伴有挤压伤，另外还可造成颅脑损伤、骨折、内脏损伤、大出血等。在急救中对危及病人生命的合并伤应迅速给予处理，如活动性出血应给予压迫或包扎止血，开放性损伤应采取灭菌包扎保护，如出现合并颅脑、脊椎骨损伤者应小心搬运，合并骨折者应先给予简单固定。

(5) 现场急救后转送前的注意事项

经过现场急救后，为使伤员能够得到及时、系统的治疗，应尽快转送医院进行专业治疗，送医的原则是尽早、尽快、就近。但是由于一些基层医院没有烧伤外科或专业人员，因此，烧伤伤员经常遇到再次转院的问题。对轻中度烧伤一般可以及时转送，但对重度伤员，因伤后早期易发生休克，故应首先及时对其进行静脉补液，能有效预防休克的发生或及时纠正休克，减轻创面损伤程度，降低烧伤并发症的发生率。一般来说，成人体表烧伤面积大于 15%，儿童大于 10%，其中Ⅱ度以上烧伤面积占体表总面积 1/2 以上者，即有发生低血容量性休克的可能，多需要静脉补液治疗。

11.1.2 中暑急救

(1) 中暑及其分类

中暑是高温环境影响下的体温调节功能紊乱，常因烈日暴晒或在高温环境下重体力劳动所致。

正常人体温度恒定在37 ℃左右，是通过下丘脑体温调节中枢的作用，使产热与散热取得平衡，当周围环境温度超过皮肤温度时，散热主要靠出汗，以及皮肤和肺泡表面的蒸发作用。人体还可通过循环系统将深部组织的热量带至皮肤组织，通过扩张的皮肤血管散热，因此经过皮肤血管的血流越多，散热就越快。如果产热大于散热或散热受阻，体内有过量热蓄积，即产生高热中暑。

按照中暑症状的发展程度，可将其分为以下三类。

1）先兆中暑。先兆中暑为中暑症状中最轻的一种。表现为在高温条件下劳动或停留一定时间后，出现头晕、头痛、大量出汗、口渴、乏力、注意力不集中等症状，此时的体温可正常或稍高。这类病人经积极处理后，病情会很快好转，一般不会造成严重后果。处理方法也比较简单，通常是将病人立即带离高热环境，来到阴凉、通风条件良好的地方，解开其衣服，口服清凉饮料、0.3%的凉盐水或十滴水、人丹等防中暑药，经短时间休息和处理后，症状即可消失。

2）轻度中暑。轻度中暑往往是因先兆中暑未得到及时救治发展而来，除有先兆中暑的症状外，还可同时出现体温升高（通常>38 ℃），面色潮红，皮肤灼热；比较严重的可出现呼吸急促、皮肤湿冷、恶心、呕吐、脉搏细弱而快、血压下降等呼吸、循环系统功能早衰症状。处理时除按先兆中暑的方法外，应尽量饮水或静脉滴注5%葡萄糖盐水，也可用针刺人中、合谷、涌泉、曲池等穴位。如体温较高，可采用物理方法降温；对于出现呼吸、循环系统功能衰竭倾向的中暑病人，应送医院救治。

3）重症中暑。重症中暑是中暑中最严重的一种，多见于年老体弱者，往往以突然谵妄或昏迷起病，出汗停止可为其前驱症状。重症中暑病人常出现昏迷，体温常在40 ℃以上，皮肤干燥、灼热，呼吸快、脉搏大于140次/min。这类病人治疗效果很大程度上取决于抢救是否及时。因此，一旦发生中暑，应尽快将病人体温降至正常或接近正常。为病人降体温的方法有物理和药理两种。物理降温简便安全，通常是在病人颈项、头顶、头枕部、腋下及腹股沟加置冰袋，或用凉水加少许酒精擦拭，一般持续半小时左右，同时可用电风扇向病人吹风以增加降温效果。药物降温效果比物理方式好，常用药为氯丙嗪，但应在医护人员的指导下使用。由于重症中暑病人病情发展很快，且可出现休克、呼吸衰竭，时间长可危及病人生命，所以应争分夺秒地抢救，最好尽快送条件好的医院接受专业治疗。

（2）中暑的急救措施

1）搬移。迅速将病人抬到通风、阴凉、干爽的地方，使其平卧并解开衣扣，松开或脱去衣服，如衣服被汗水湿透应及时更换。

2）降温。患者头部可敷上冷毛巾，用50%酒精、白酒、冰水或冷水进行全身擦拭，然后用电扇吹风加速散热，有条件的也可用降温毯给予降温，但要注意不能过快地降低患者体温，当体温降至38 ℃以下时，要停止一切冷敷等强降温措施。

3）补水。患者仍有意识时，可给一些清凉饮料补水。在补充水分时，可加入少量盐或小苏打水。但千万不可急于补充大量水分，否则会引起呕吐、腹痛、恶心等症状。

4）促醒。中暑病人若已失去知觉，可指掐人中、合谷等穴位，使其苏醒。若呼吸、心搏停止，应立即实施心肺复苏。

5）转送。对于重症中暑病人，必须立即送医院诊治。搬运病人时，应使用担架，不可使患者步行。同时运送途中要注意，尽可能地用冰袋敷于病人额头、枕后、胸口、肘窝及腹股沟部，积极进行物理降温，以保护大脑、心肺等重要脏器。

11.1.3 冷冻伤急救

低温引起人体的损伤为冷冻伤，分为非冻结性冷冻伤和冻结性冷冻伤。

（1）非冻结性冷冻伤

1）主因。非冻结性冷冻伤由10 ℃以下至冰点以上的低温，加以潮湿条件所造成，如冻疮、战壕足、浸渍足等。暴露在冰点以下低温的人体局部皮肤、血管会发生收缩，血流缓慢，影响细胞代谢。当局部再次达到常温后，血管又会出现扩张、充血、有渗液等症状。

2）主要症状。首先足、手和耳部红肿，伴有瘙痒、水疱，合并感染后引起局部糜烂或溃疡。

3）急救。局部表皮涂冻疮膏，每日温敷2～3次。有糜烂或溃疡者可在医护人员指导下使用抗生素药物。

（2）冻结性冷冻伤

1）主因。冻结性冷冻伤大多发生于意外事故或战争时期，因人体接触冰点以下的低温，野外遇暴风雪困在冰雪中，不慎被制冷剂如液氮、干冰等损伤所致。

2）主要症状。局部冷冻伤分为四度。

Ⅰ度冷冻伤：伤及表皮层。局部红肿、发热，有瘙痒、刺痛感。数天后干痂脱落而愈合，不留疤痕。

Ⅱ度冷冻伤：损伤达真皮层。局部红肿明显，有水疱形成，感觉疼痛，若无感染，局部结痂后愈合，很少有疤痕。

Ⅲ度冷冻伤：伤及皮肤各层并深达皮下组织。创面由苍白变为黑褐色，周围有红肿、疼痛，有血性水疱。若无感染，坏死组织干燥成痂，愈合后留有疤痕，恢复慢。

Ⅳ度冷冻伤：伤及肌肉、骨等组织。局部症状似Ⅱ度冷冻伤，但治愈后易留有功能障碍或致残。

3）急救复温是救治基本手段。首先使病人脱离低温环境和冰冻物体，其冻结的衣服、鞋袜和肢体勿用火烘烤，应用温水（40 ℃左右）融化后脱下或剪掉。然后用38～40 ℃温水浸泡伤肢或浸浴全身，水温要稳定，使局部在20 min、全身在半小时内复温，直到肢体红润，皮温达36 ℃左右为宜。对呼吸、心搏骤停者，应及时施行心肺复苏。

11.2 高气压、低气压伤害预防

11.2.1 高气压下作业对人体的影响

一般情况下人体习惯居住地区的大气压变化较小，对正常人无不良影响，但人们有时需要在异常气压下工作，如在高压下的潜水或潜涵作业，低气压下的高空或高原作业。此时气压与正常气压相差甚远，如不注意防护可影响人体健康。

高气压下进行的作业，主要有潜水作业和潜涵作业。潜水作业常见于水下施工、打捞沉船等作业。潜水员每下沉 10 m，可增加一个大气压，被称为附加压。潜水员在水下工作，需穿特制的潜水服，下潜和上升到水面时随时调节压缩空气的阀门。潜涵作业是在地下水位以下深处或在沉降于水下的潜涵内进行的作业。如建桥墩时，所采用的潜涵逐渐下沉到一定深度，为排出潜涵内的水，需用与水下的压力相等或大于水下压力的高气压通入，以保证水不致进入潜涵。

健康人一般能耐受 3~4 个标准大气压，若超过此限度，则可对机体产生伤害。在加压过程中，由于外耳道的压力较大，使鼓膜向内凹陷产生内耳充满塞感，出现耳鸣及头晕等症状，甚至可压破鼓膜。在更高气压下，则可发生神经系统和循环系统功能性改变。在 7 个标准大气压以下环境，高的氧分压引起心脏收缩节律和外周血流速度减慢；7 个标准大气压以上环境，主要为氮的麻醉作用，如出现酒醉样、意识模糊、幻觉等症状，对血管运动中枢产生刺激，引起心搏加快、血压升高以及血流速度加快。

11.2.2 低气压下作业对人体的影响

高空、高原和高山均属于低气压环境。高山与高原是指海拔在

3 000 m 以上的地点，海拔越高，氧分压越低。在高海拔下工作，还会遇到强烈的紫外线和红外线、日温差大、湿度低、气候多变等不利条件。

在高原低氧环境下，人体为保持正常活动和进行作业，首先发生各系统功能的适应性变化，逐渐过渡到稳定的适应一般需要 1~3 个月。人对缺氧的适应个体差异很大，一般在海拔 3 000 m 以内，能较快适应；3 000 m 以上，部分人需较长时间适应。

低气压对人体的影响，主要是人体对缺氧的适应性及其影响，特别是呼吸系统和循环系统功能受到的影响更为明显。在高原地区，大气中的氧气随高度的增加而减少，直接影响肺泡气体交换、血液携氧和结合氧在体内释放的速度，使机体供氧不足，产生缺氧。初期，大多数人的肺通气量增加，心率加快，部分人血压升高；适应后，心脏每分钟输出量将增加。由于肺泡低氧引起肺小动脉和微动脉的收缩，造成肺动脉高压，使右心室肥大，这会引起心力衰竭。血液中红细胞和血红蛋白有随海拔升高而增多的趋势，血液比重和血液黏滞度的增加也是加重右心室负担因素之一。此外，初登高原的人员由于外界气压低，而致腹内气体膨胀，胃肠蠕动受限，消化液如唾液、胃液和胆汁减少，常产生腹胀、腹泻、上腹疼痛等症状。轻度缺氧可使神经系统兴奋性增高，反射增强，海拔继续升高，则会出现抑郁症状。

11.2.3 减压病及其预防

减压病是指在高气压环境下工作一定时间后，转到正常气压环境时，因减压过速、降压幅度过大所引起的一种疾病。此时人体的组织和血管中会产生气泡，导致血液循环障碍和组织损伤。

急性减压病大多在数小时内发病，减压越快症状出现越早，病理变化也越重。此病出现较早较多的症状为皮肤奇痒，并有灼热感、青紫，呈大理石样斑纹，可产生浮肿或皮下气肿。由于神经受损、血管痉挛、局部缺氧、肌肉痉挛、骨关节损伤可能引起疼痛和肌肉酸痛，如有大量气体在肺小动脉及毛细血管内，可引起肺水肿，如有脑血管被气体栓塞可有头痛、头晕、呕吐、运动失调、昏迷、偏瘫等症状，视觉和听觉器官受累可发生眼球震颤、失明、复视、听力减退、内耳眩晕综合征。

减压病的防治原则：对减压病的唯一根治手段是消除组织内的气泡，及时加压治疗。病人需在特殊的高压氧舱内，按规定逐渐减压，待症状消失后出舱。

为了防止减压病的发生，首先，必须对潜水等作业人员进行安全教育，使其了解发病的原因及预防措施，同时严格遵守安全作业规程。

其次，必须从技术上实现潜水技术保障、潜水供气保障和潜水医务保障三者密切协调配合，严格遵守潜水作业制度。同时应注重技术革新，如建桥墩时采用管柱钻孔法代替潜涵，使作业人员可以在水面上工作而不必进入高压环境。

再次，预防减压病的保健措施也很重要，工作前应防止过劳、严禁饮酒、加强营养，工作时要注意防寒、防潮，工作后尽量喝热饮料、洗热水澡等。潜水作业人员在就业前、下潜前要定期进行体格检查。

减压病的职业禁忌证有听觉器官、心血管系统、呼吸系统及神经系统疾病。此外，重病后体弱者、嗜酒者、肥胖者也不宜从事此项工作。

11.2.4 高山病及其预防

高山病又称高原病或高原适应不全症，按发病急缓分为急性高原病和慢性高原病。

(1) 急性高原病

急性高原病有三种类型：

1）急性高原反应。短时间进入 3 000 m 以上的高原，表现为头痛、头晕、目眩、心悸、气短，重者食欲减退、恶心、失眠、疲乏、胸闷、面部浮肿等。急性高原反应多发生在登山后 24 h 内，大多数 4~6 d 内症状消失。

2）高原肺水肿。多发生在海拔 4 000 m 以上处，多为未经习服的登山者。早期反应与急性高原反应不易区别，严重者有干咳、多量血性泡沫痰、呼吸极度困难、胸痛、烦躁不安，两肺广泛性湿啰音。

3）高原脑水肿。发病率低，死亡率高。由于缺氧引起脑部小血管痉挛而产生脑水肿。缺氧又可直接损害大脑皮层，故患者除有急性高原反应外，可出现剧烈头痛、兴奋，呼吸困难，随后嗜睡转入昏迷，少数可有脑膜刺激症状及抽搐等。

（2）慢性高原病

慢性高原病有五种类型，主要见于较长期生活于高原的人，由于某种原因失去了对缺氧的适应能力。

1）慢性高原反应。有些病人虽然在高原居住一定时间，但始终存在高原反应症状。常表现为神经衰弱综合征，有时出现心律失常或短暂晕厥。

2）高原心脏病。病人以儿童为多见。由于缺氧引起肺血管痉挛，导致肺动脉高压，右心室因持续负荷过重而增大，使右心衰竭。

3）高原红细胞增多症。发生在 3 000 m 以上处，红细胞、血红蛋白随海拔增高而递增，伴有发绀、头痛、呼吸困难及全身乏力等。

4）高原高血压。一般移居高原一年内为适应不稳定期，血压波动明显而升高者多，以后趋于稳定。

5）高原低血压。患此病的概率较低。

预防高原病的发生，首先应进行适应性锻炼，实行分段登高、逐步适应。在高原地区应逐步增加劳动强度，对劳动定额和劳动强度应相应减少和严格控制。同时，劳动者应注意摄取高糖、多种维生素和易消化的食物，多饮水，不饮酒，注意保暖防寒、防冻、预防感冒。对进入高原地区的人员，应进行全面体格检查，凡有心、肝、肺、肾等疾病，高血压、严重贫血者，均不宜进入高原地区。

高原病由于是较单纯的低氧性缺氧，因此较长时间不能适应的重症病人，只能移居平原或低海拔处才能治愈。对于急性发病或症状较重者，可以采用休息、吸氧对症治疗。

11.3 触电与雷击事故急救

11.3.1 触电现场急救

电击伤俗称触电，是由于电流或电能（静电）通过人体，造成机体损伤或器官功能障碍，甚至死亡。大多数是由于人体直接接触电源所致，也有被数千伏以上的高压放电造成的较远距离击伤。

接触 1 000 V 以上的高压电时多出现呼吸停止，220 V 以下的低压电易引起心肌纤颤及心脏停搏，220~1 000 V 的电压可致心脏和呼吸中枢同时麻痹。

(1) 触电症状

轻度症状表现为心慌、头晕、面苍白、恶心，但神志清楚，如脱离电源，安静休息，注意观察，不需特殊处理。重度症状表现为呼吸急促、心搏加快、血压下降、昏迷、心室颤动、呼吸中枢麻痹以至呼吸停止。

触电局部可有深度烧伤，呈焦黄色，与周围正常组织分界清楚，有两处以上的创口，一个入口、一个或几个出口，重者创面深及皮下组织、肌腱、肌肉、神经，甚至深达骨组织，呈炭化状态。

(2) 触电急救措施

1) 尽快切断电源。立即拉下总闸或关闭电源开关，拔掉插头，使触电者尽快脱离电源，急救者可用绝缘物（干燥的竹竿、扁担、木棍、塑料制品、橡胶制品、皮制品等）挑开接触病人的电源线。

2）如触电者仍接触漏电的机器，赶快用干燥的棉衣、棉被等将病人推拉开。在高空高压线触电抢救中，注意不要再造成高处坠落。

3）未切断电源之前，抢救者切忌用自己的手直接去拉触电者，这样自己也会立即触电受伤，因为人体是电的良导体。急救者最好穿胶鞋，踏在木板上保护自身。

4）确认呼吸、心搏停止时，在用人工呼吸和胸外心脏按压急救后，才可使用强心剂等药物。

5）触电烧伤应合理包扎。

（3）注意事项

1）救护人员应在确认触电者已与电源脱离，且救护人员本身所涉环境安全距离内无危险电源时，方能接触伤员进行抢救。

2）在抢救过程中，不要为图方便而随意移动伤员，如必须移动，应使伤员平躺在担架上并在其背部垫以平硬阔木板，不可让伤员身体蜷曲着进行搬运。移动过程中尽力持续抢救。

3）任何药物都不能代替人工呼吸和胸外心脏按压，对触电者用药或注射针剂，应由有经验的医生诊断确定。

4）抢救过程中，要每隔数分钟再判定一次，每次判定时间均不得超过一秒。做人工呼吸要有耐心，不能轻易放弃。

5）如需送医院抢救，在途中也不能中断急救措施。

6）在医务人员未接替抢救前，现场救护人员不得放弃现场抢救，只有医生才有权做出伤员死亡的诊断。

11.3.2 雷击现场急救

打雷时放电的时间短、电流大、电压高。雷击损伤一般伤情较重，重则呼吸与心搏停止、休克、死亡等。雷击与高压电击伤类似。

（1）雷电致人伤害的因素

1）高电压。打雷时正负电位差可达几千万甚至几亿伏，遭遇雷击时的电压足以致人死亡。

2）强电流。超出人体耐受强度的电流即可对人造成伤害，电流越强，伤害越大。雷击的电流足以致人体神经、肌肉等组织被烧伤甚至直接造成休克或死亡。

3）雷击部位与触电时间。雷击电流通过大脑、心脏等重要器官时危害大，触电时间越长危害越大。

（2）雷击造成的主要伤害

1）大脑神经系统损伤，致人昏迷、休克、惊厥、神经失能、痉挛等。

2）心血管系统损伤，造成心脏停搏，血管烧伤、断裂，形成血栓、供血中断等。

3）呼吸系统损伤。由于脑神经传导及呼吸肌的痉挛等，造成呼吸功能失常，导致呼吸停止或异常。

4）运动系统损伤。由于昏迷、休克、惊厥或肌肉烧伤，可致运动系统功能丧失；若造成高空作业者从高处坠落，伤亡概率更大。

（3）雷击的特点

雷击损伤瞬间产生，伤员一般伤情严重，生命危在旦夕，必须立即施救，多数伤员要进行心肺复苏。有心室纤颤、心律异常者，应给予除颤整律治疗。

雷击损伤较为复杂，要求多学科综合救治，重点在于维持呼吸、稳定血压、纠正酸中毒、医治烧伤等。

（4）雷击伤的急救

1）使伤员就地平卧，松解衣扣、乳罩、腰带等。

2）伤员呼吸、心搏停止的伤员，应立即对其进行口对口人工呼吸和胸外心脏按压，并坚持至病人苏醒为止。

3）送医院急救。

第 12 讲

常见化学因素伤害急救

在生产环境中，由工业毒物引起的作业人员中毒称为职业中毒。职业中毒的局部作用表现为引起皮肤黏膜的刺激和腐蚀作用，全身作用表现为接触部位以外的器官损害，以及肝、肾、血液等组织损害。

职业中毒可分为急性、亚急性和慢性三种临床类型。其中，急性中毒是指毒物一次或在短时间（几分钟至数小时）大量进入人体而引起的中毒。工业生产中如果发生急性中毒事故，应当及时进行现场急救，为专业医疗救治打下良好的基础。

由强酸、强碱、酚、磷等化学物质引起的烧伤，称为化学性烧伤，大多数是由于设备故障、违章操作或个人防护不当等原因造成的。此种烧伤常发生在生产化学物质的工厂、制药厂、实验室或危险化学品的储运过程中。化学性烧伤和强热力烧伤存在本质上的不同，因此，急救时也必须注意其特殊性。

12.1 急性中毒现场急救

12.1.1 毒物的判断

要认定人员是否中毒并快速判断引起中毒的物质（毒物），通常我们可以从病人呼出的气味或吐出物质散发出的气味或其他体征来做出判断。

(1) 呼气、呕吐物和体表的气味

1）蒜臭味：有机磷农药，磷、砷化合物。

2）酒味：乙醇（酒精）及其他醇类化合物。

3）苦杏仁味：氰化物及含氰苷的果仁。

4）酮味（刺鼻甜味）：丙酮、三氯甲烷（氯仿）、指甲油去除剂。

5）辛辣味：氯乙酰乙酯。

6）香蕉味：乙酸乙酯、乙酸异戊酯等。

7）梨味：水合氯醛。

8）酚味：苯酚、来苏尔。

9）氨味：氨水、硝酸铵。

10）其他特殊气味：煤油、汽油、硝基苯等。

（2）皮肤黏膜

1）樱桃红：氰化物、一氧化碳。

2）潮红：酒精、阿托品类、抗组胺类。

3）发绀：亚硝酸盐、氮氧化合物、含亚硝酸盐的植物、氯酸盐、磺胺、非那西丁、苯的氨基与硝基化合物、对苯二酚。

4）紫癜：毒蛇和毒虫咬伤、硫酸盐。

5）黄疸：四氯化碳、砷化合物、磷化合物、蛇毒、毒草、其他损伤肝脏的毒物。

6）多汗：有机磷类、毒蕈、毒扁豆碱、毛果芸香碱、吗啡、吲哚美辛、硫酸盐。

7）无汗：抗胆碱药（如阿托品类）、BZ失能剂、曼陀罗等茄科植物（以下简称曼陀罗）。

8）红斑：水疱芥子气、氮芥、路易氏剂、光气肟。

（3）眼

1）瞳孔缩小：有机磷类、毒扁豆碱、毛果芸香碱、毒蕈、阿片类止痛药、巴比妥类、氯丙嗪类。

2）瞳孔扩大：抗胆碱药、曼陀罗、BZ失能剂、抗组胺类、苯丙胺、可卡因。

3）眼球震颤：苯妥英钠、巴比妥类。

4）视力障碍：有机磷类、甲醇、肉毒毒素、苯丙胺。

5）视幻觉：麦角酸二乙胺、抗胆碱药、曼陀罗、BZ失能剂。

（4）口腔

1）流涎：有机磷类、毒蕈、毒扁豆碱、毛果芸香碱、砷化合物、汞化合物。

2）口干：抗胆碱药、曼陀罗、BZ失能剂、抗组胺类、苯丙胺、麻黄碱。

（5）神经系统

1）嗜睡、昏迷：巴比妥和其他镇静安眠药、抗组胺类、抗抑郁药、醇类、阿片类止痛药、有机磷类、有机溶剂（苯，汽油等）。

2）肌肉颤动：有机磷类、毒扁豆碱、毒蕈。

3）抽搐惊厥：有机磷类、毒扁豆碱、毒蕈、抗组胺类、氯化烃类、氰化物、异烟肼、肼类化合物、士的宁、三环类抗抑郁制剂、硫酸盐、呼吸兴奋剂、氟乙酰胺、毒鼠强。

4）谵妄：抗胆碱药、BZ失能剂、曼陀罗、甲喹酮、水合氯醛、硫酸盐。

5）瘫痪：箭毒、肉毒毒素、高效镇痛制剂、可溶性钡盐。

（6）消化系统

1）呕吐：有机磷类、毒扁豆碱、毒蕈、重金属盐类、腐蚀性毒物。

2）腹绞痛：有机磷类、毒蕈、重金属盐类、斑蝥毒、乌头碱、巴豆、砷化合物、汞化合物、磷化合物、腐蚀性毒物。

3）腹泻：有机磷类、毒蕈、砷化合物、汞化合物、巴豆、蓖麻子。

（7）循环系统

1）心动过速：抗胆碱药、BZ失能剂、曼陀罗、拟肾上腺素药、甲状腺（片）、可卡因、醇类。

2）心动过缓：有机磷类、毒扁豆碱、毛果芸香碱、毒蕈、乌头、可溶性钡盐、洋地黄类、β受体阻断剂、钙拮抗剂。

3）血压升高：拟肾上腺素药、有机磷类。

4）血压下降：亚硝酸盐类、氯丙嗪类、各种降压药。

（8）呼吸系统

1）呼吸加快：呼吸兴奋剂、抗胆碱药、曼陀罗、BZ失能剂。

2）呼吸减慢：阿片类止痛药、镇静安眠药、有机磷毒物、蛇毒、高效止痛剂。

3）哮喘：刺激性气体、有机磷类。

4）肺水肿：有机磷农药、毒蕈、窒息性气体（光气、双光气、氮氧化合物、硫化氢、磷化氢、氯、氯化氢、二氧化硫、氨、二氯亚砜等）、硫酸二甲酯。

（9）尿色的改变

1）血尿：磺胺、毒蕈、氯胍、酚、斑蝥毒。

2）葡萄酒色：苯胺、硝基苯。

3）蓝色：姜蓝。

4）棕黑色：酚、亚硝酸盐。

5）棕红色：安替比林、辛可芬、山道年。

6）绿色：香草酚。

12.1.2 急性中毒的急救

发生急性中毒后，可分除毒、解毒和对症治疗三步进行急救。

（1）除毒

1）吸入毒物的急救。应立即将病人救离中毒现场，移至空气新鲜的地方，解开其衣领，以保持呼吸道的通畅。病人昏迷时，如有假牙要取出，将舌头牵引出来。

2）清除皮肤毒物。迅速使中毒者离开中毒场地，脱去被污染的衣物，对皮肤、毛发等彻底清洗，使用流动清水或温水反复冲洗身体，清除玷污的毒物。有条件时，可用1%乙酸或1%～2%稀盐酸、酸性果汁冲洗碱性毒物；3%～5%碳酸氢钠或石灰水、小苏打水、肥皂水冲洗酸性毒物。但是敌百虫杀虫剂中毒忌用碱性溶液冲洗。

3）清除眼内毒物。迅速用0.9%盐水或清水冲洗5～10 min。酸性毒物用2%碳酸氢钠溶液冲洗，碱性毒物用3%硼酸溶液冲洗。然后可滴0.25%氯霉素眼药水或涂抹0.5%金霉素眼药膏以防止感染。

4）经口误服毒物的急救。对于已经明确属口服毒物的神志清醒的病人，应马上采取办法，使毒物从体内排出。

①催吐。首先让病人处于坐位，上身前倾并饮水300～500 mL（普通的玻璃杯1杯），然后嘱病人弯腰低头，面部朝下，抢救者站在病人身旁，手心朝向病人面部，将中指伸到病人口中（若留有长指甲须剪短），用中指指肚向上钩按压病人软腭（紧挨上牙的是硬腭，再往后就是软腭），按压软腭造成的刺激可以导致病人呕吐。呕吐后再让患者饮水并再刺激病人软腭使其呕吐，如此反复操作，直到吐出的是清水为止。也可用羽毛、筷子、压舌板，或触摸咽部催吐。催吐可在发病现场进行，也可在送医院的途中进行，总之越早越好。有条件的还可服用1%硫酸锌溶液50～100 mL，必要时用阿扑吗啡（阿扑吗啡）5 mg进行皮下注射。

对下列情况不能实施催吐：口服强酸、强碱等腐蚀性毒物者；已发生昏迷、抽搐、惊厥者；患有严重心脏病、食道胃底静脉曲张、胃溃疡、主动脉夹层动脉瘤的患者；孕妇。

②洗胃。对于清醒的中毒病人，对其进行洗胃越快越好，但神志不清、惊厥抽搐、休克、昏迷者忌用此方法。洗胃只能在医生指导下进行。洗胃液体一般用清水，如条件许可，也可用无强烈刺激性的化学液体破坏或中和胃中毒物。

③灌肠。清洗肠内毒物，防止吸收。腐蚀性毒物中毒可灌入蛋清、米汤、淀粉糊、牛奶等，以保护胃肠黏膜，延缓毒物的吸收；口服炭末、白陶土有吸附毒物的功能；如由皮下、肌肉注射引起的

中毒，若时间较短，可在原注射处周围肌肉注射 1% 肾上腺素 0.5 mg 以延缓吸收。

5）以下方法可促使已进入体内的毒物排除：

①利尿排毒。大量饮水、喝茶水都有利尿排毒作用；亦可口服呋塞米 20~40 mg。

②静脉注射排毒。用 5% 葡萄糖 40~60 mL，加维生素 C 500 mg 静脉滴注。

③换血排毒。常用于毒性极大的氰化物、砷化物中毒，可将病人的血液换成同型健康人的血。

④透析排毒。在医院可做血液腹膜、结肠透析以清除毒物。

6）镇静和保暖是抢救过程中减少耗氧量的极为重要的环节，常用镇静药物异丙嗪 25 mg、地西泮 10 mg 肌肉注射。

（2）解毒和对症治疗

关于解毒和对症治疗需在医院由专业医师进行。

（3）给予病人生命支持

在医生到达之前或在送病人去医院途中，应对已发生昏迷的病人采取正确体位，防止窒息；对已发生心搏、呼吸停止的病人应立即实施心肺复苏等。

12.2 刺激性气体中毒急救

12.2.1 刺激性气体及其急救措施

刺激性气体过量吸入可引起以呼吸道刺激、炎症乃至肺水肿为主要表现的疾病状态，称为刺激性气体中毒。

（1）主要毒物

最常见的刺激性气体可大致分为如下几类：

1）酸类和成酸化合物，如硫酸、盐酸、硝酸、氢氟酸等酸雾；

成酸氧化物（酸酐），如二氧化硫、二氧化氮、五氧化二氮、五氧化二磷等；成酸氢化物，如氟化氢、氯化氢、溴化氢、硫化氢等。

2）氨和胺类化合物，如氨、甲胺、乙胺、乙二胺、乙烯胺等。

3）卤素及卤素化合物，以氯气及含氯化合物（如光气）最为常见。近年有机氟化物中毒有所增多，如八氟异丁烯、二氟一氯甲烷裂解气、氟利昂、聚四氟乙烯热裂解气等。

4）金属或类金属化合物，如氧化镉、羰基镍、五氧化二钒、硒等。

5）酯、醛、酮、醚等有机化合物，前二者刺激性尤强，如硫酸二甲酯、甲醛等。

6）化学武器，如刺激性毒剂［苯氯乙酮、二苯胺氯胂（亚当毒气）等］、糜烂性毒剂［二氯二乙硫醚（芥子气）、三氯三乙胺（氮芥气）］等。

7）其他，如臭氧也为一重要致害物，它常被用作消毒剂、漂白剂、强氧化剂。空气中的氧在高温或短波紫外线照射下也可转化为臭氧，最常见于氩弧焊、X光机、紫外线灯管、复印设备等工作环境。现代建筑材料、家具、室内装饰中已广泛采用高分子聚合物，故其失火烟雾中常含大量具有刺激性的热解物，如氮氧化物、氯气、氯化氢、光气、氨气等，应当受到重视。

（2）刺激性气体的毒性作用

刺激性气体的主要毒性在于它们对呼吸系统造成刺激及损伤，这是因为它们可在呼吸道黏膜表面形成具有强烈腐蚀作用的物质，如酸类物质或成酸化合物、氨或胺类化合物、酯类、光气等。

有的刺激性气体本身就是强氧化剂，如臭氧，可直接引起过氧化损伤。

上述损伤作用发生在呼吸道则可引起刺激反应，严重者可导致化学性炎症、水肿、充血、出血，甚至黏膜坏死；发生在肺泡，则可引起化学性肺水肿。化学物质的刺激性还可引起支气管痉挛及其分泌物增加，进一步加重可导致肺水肿。

（3）刺激性气体中毒症状

1）化学性（或称中毒性）呼吸道炎。主要因刺激性气体对呼吸道黏膜的直接刺激损伤作用引起的。水溶性越强的刺激性气体，对上呼吸道的损伤作用也越强，其进入深部肺组织的量也相应较少，如氯气、氨气、二氧化硫、各种酸雾等。此时，可同时见有鼻炎、咽喉炎、气管炎、支气管炎等表现及眼部刺激症状，如打喷嚏、流涕、流泪、畏光、眼痛、喉干、咽痛、声嘶、咳嗽、咯痰等，严重时可有血痰及气急、胸闷、胸痛等症状；高浓度刺激性气体吸入可因喉头水肿而致明显缺氧、发绀，有时甚至引起喉头痉挛，致人窒息死亡。较重的化学性呼吸道炎症可出现头痛、头晕、乏力、心悸、恶心等全身症状。轻度刺激性气体中毒或高浓度刺激性气体吸入早期，应使病人及时脱离中毒现场，给予其适当处理后多能很快康复。

2）化学性（中毒性）肺炎。主要是进入呼吸道深部的刺激性气体对细支气管及肺泡上皮的刺激损伤作用引起肺炎，常见表现除有呼吸道刺激症状外，主要表现为较明显的胸闷、胸痛、呼吸急促、咳嗽、痰多，甚至咯血；体温多有中度升高，伴有较明显的全身症状，如头痛、畏寒、乏力、恶心、呕吐等，一般可持续3~5 d。

3）化学性（中毒性）肺水肿。化学性肺水肿是吸入刺激性气体后最严重的表现，如吸入高浓度刺激性气体可在短期内迅速出现严重的肺水肿。但一般情况下，化学性肺水肿多由化学性呼吸道炎乃至化学性肺炎演变而来，如积极采取措施，减轻乃至防止肺水肿的发生，对改善预后有重要意义。

化学性肺水肿的主要特点是：突然发生呼吸急促、严重胸闷憋气、剧烈咳嗽，大量泡沫痰，呼吸常达30/min以上，并伴明显发绀、烦躁不安、大汗淋漓，不能平卧。多数化学性肺水肿治愈后不留后遗症，但有些刺激性气体如光气、氮氧化物、有机氟热裂解气等可引起的肺水肿，在恢复2~6周后可能出现逐渐加重的咳嗽、发热、呼吸困难，甚至死于急性呼吸衰竭；还有些危险化学品，如氯气、氨气等可导致慢性堵塞性肺疾患；有机氟化合物、现代建筑火灾烟雾等则可引起肺间质纤维化等。

（4）刺激性气体中毒的急救措施

刺激性气体中毒现场急救原则是迅速将伤员脱离事故现场，对呼吸、心搏停止者应及时采取心肺复苏。

1）群体性刺激性气体中毒救护措施：

①根据初步了解的事故规模、严重程度，做好药品、器材及特殊检验、特殊检查方面的准备工作，并与急救医疗机构及时联络，以便协助处理伤员。

②入院后，应根据随伤员转送来的资料，按病情分级安排病房，并在入院检查后根据病情进展情况随时进行调整。各级伤员应统一巡诊、分工负责、严密观察、及时处置。原则上凡是急性刺激性气体中毒的病人，都应留院观察至少 24 h。

③严格病房无菌观念及隔离消毒制度，观察期及危重的伤员应谢绝探视，以保障病房安静清洁的治疗环境。

2）早期（诱导期）的治疗处理：

①所有伤员，包括留院观察者，应尽早进行胸部 X 射线透视检查，静卧休息。

②积极改善症状，如剧咳者可使用祛痰止咳剂，包括适当使用强力中枢性镇咳剂；躁动不安者可给予镇静剂，如地西泮、异丙嗪；支气管痉挛时可用异丙基肾上腺素气雾剂吸入或氨茶碱静脉注射；中和药物雾化吸入有助于缓解呼吸道刺激症状，其中加入糖皮质激素、氨茶碱等效果更好。

③适度给氧。多用氧气鼻塞或面罩，但进入肺内的氧浓度（体积百分比）应小于 55%；慎用机械正压给氧，以免诱发气道坏死组织堵塞、纵隔气肿、气胸等。

④严格避免任何增加心肺负荷的活动，如体力负荷、情绪激动、

剧咳、过快过量输液等，必要时可使用药物进行控制，并可适当促尿脱水。

⑤抗感染。

⑥采用抗自由基制剂及钙通道阻滞剂，以在亚细胞水平上切断肺水肿的产生环节。

12.2.2 氯气中毒急救

氯气在常温常压下为黄绿色、具有异臭和强烈刺激性气味的气体，在高压下液化为液态氯。氯气易溶于水和碱溶液，也易溶于二硫化碳和四氯化碳等有机溶剂。氯气遇水首先生成次氯酸和盐酸，次氯酸又可再分解为氯化氢和新生态氧，因此是强氧化剂和漂白剂。氯气在高热条件下能与一氧化碳作用，生成毒性更大的光气。

氯气在工业中常被用于氯碱生产，以及制造杀虫剂、漂白剂、消毒剂、溶剂、颜料、塑料、合成纤维等，还可制造盐酸、光气、氯化苯、氯乙醇、氯乙烯、三氯乙烯、过氯乙烯等各种氯化物，以及应用在制药业、皮革业、造纸业、印染业以及医院、游泳池、自来水的消毒等。

氯气主要由呼吸道吸入，作用于支气管、细支气管和肺泡。其损害作用主要由氯化氢和次氯酸所致，尤其后者可透过细胞膜破坏细胞的完整性、通透性及肺泡壁的气—血、气—液屏障，使大量细胞液渗透至组织，重者形成肺水肿。次氯酸还可直接作用于心肌，特别是心脏传导系统。

(1) 吸入症状

1）氯气吸入后立即出现眼和上呼吸道刺激反应，如畏光、流泪、咽痛、呛咳等，继之咳嗽加剧出现胸闷、气急、胸骨后疼痛、呼吸困难或哮喘样发作等症状；有时伴有恶心、呕吐、腹胀、上腹痛等消化系统症状，或头晕、头痛、烦躁、嗜睡等神经系统症状。吸入者可在 1 h 内出现肺水肿，少数患者 12 h 内出现，严重者呈急性呼吸窘迫综合征。

2）吸入极高浓度的氯时，可致喉头痉挛窒息死亡或陷入昏迷；出现脑水肿或中毒性休克，甚至心搏骤停而“电击样死亡”；可引起支气管黏膜坏死脱落，甚至导致窒息。

3）部分可呈反应性气道功能不全综合征，两肺可闻弥漫性哮鸣音，再次接触氯气或其他刺激性气体易诱发哮喘。

4）少数重症者可发生肺部感染、上消化道出血、气胸及纵隔气肿等并发症。

（2）急救措施

1）立即脱离接触，保持安静及保暖。出现刺激性反应者，至少严密观察 12 h，并用清水彻底冲洗被污染的眼和皮肤。

2）早期合理氧疗。在发生严重肺水肿或急性呼吸窘迫综合征时，可给予鼻、面罩持续正压通气或呼气末正压通气，但呼气末正压力不宜超过 0.49 kPa。也可用高频喷射通气疗法（通气频率为 80~100 次/min，驱动压为 40~58 kPa）。此外可考虑肺外给氧，如应用光量子血液疗法。

3）应用肾上腺糖皮质激素，应在早期、足量、短程应用，如地塞米松 20~80 kg/d。

4）维持呼吸道畅通。可给予支气管解痉药，如喘定、氨茶碱等，药物雾化吸入，必要时切开气管，但慎用气管插管。

5）去泡沫剂。肺水肿时可用二甲硅油气雾剂，每次 0.5~1 瓶，咳泡沫痰者 1~3 瓶，间断使用至肺部啰音明显减少。

6）控制液体摄入量。病程早期就应控制液体摄入量，适当应用利尿剂，一般不用脱水剂。但中、重度中毒者应注意防止休克，补充血容量，纠正酸中毒，适当使用血管活性药物，并可联合使用山莨菪碱（654-2），以改善微循环。

7）积极防治肺部感染，合理使用抗生素以及防止并发症的发生。

12.2.3 氨中毒急救

氨为无色气体，具有强烈辛辣刺激性气味，对皮肤黏膜和呼吸道有刺激和腐蚀作用，引起急性呼吸系统损伤，常伴有眼和皮肤烧伤。空气中氨气质量浓度达500~700 mg/m^3 时，可发生呼吸道严重中毒症状。如达到3 500~7 500 mg/m^3 时，可出现“电击样死亡”。

（1）氨中毒后的症状

1）刺激反应。有一过性的眼和上呼吸道刺激症状，如流泪、流涕、呛咳等，肺部无阳性体征。

2）轻度中毒。有明显的眼和上呼吸道刺激症状和体征。肺部有干啰音，胸部X射线透视显示支气管炎或支气管周围炎。

3）中度中毒。声音嘶哑、咳嗽剧烈、呼吸困难，肺部有干、湿啰音或胸部X射线透视显示有肺炎或间质性肺水肿症状。

4）重度中毒。在中度中毒基础上咯大量粉红色泡沫痰，气急、胸闷、心悸、呼吸窘迫、发绀明显，并且两肺满布干、湿啰音。胸部X射线透视显示严重化学性肺炎或肺泡性肺水肿症状，或有明显的喉水肿，以及支气管黏膜坏死脱落造成窒息，并发气胸、纵隔气肿。

5）皮肤接触可见皮肤红肿、水疱、糜烂、角膜炎等。

（2）氨中毒后的急救措施

1）使病人迅速离开有毒现场至空气新鲜处，脱去被氨污染的衣服，眼、皮肤烧伤时可用清水或2%硼酸溶液彻底冲洗，使用抗生素眼药水。

2）保持呼吸道通畅，给予氧疗。

3）积极防治中毒性肺水肿和急性呼吸窘迫综合征，早期、足量、短程应用糖皮质激素及超声雾化吸入。

4）对因氨强腐蚀性造成的呼吸道黏膜脱落而引起的窒息或自发性气胸，应做好应急处理的准备，如环甲膜穿刺或气管切开及胸腔穿刺排气等。

5）重度氨中毒易并发肺部感染，应加强消毒隔离，尽早并较长时间应用抗生素。

12.2.4 二氧化硫中毒急救

二氧化硫又名亚硫酸酐，为无色气体，有刺激性气味，溶于水，在眼、鼻及上呼吸道黏膜处水解成亚硫酸，对局部有强烈的刺激作用，大量吸入可引起化学性肺炎或化学性肺水肿。

（1）急性二氧化硫中毒症状

1）轻症。人体吸入二氧化硫后可很快出现眼和呼吸道刺激症状，如流泪、流涕、呛咳等，肺部有干啰音。胸部 X 射线透视显示支气管炎或支气管周围炎症状。

2）重症。出现剧烈咳嗽、呼吸困难、咯粉红色泡沫痰、气急、胸闷、心悸、呼吸窘迫、发绀明显，两肺满布干、湿啰音。胸部 X 射线透视显示化学性肺炎或肺水肿症状，吸入极高浓度的二氧化硫时可立即因喉痉挛、水肿而致窒息。

二氧化硫液体或气溶胶与皮肤接触或溅入眼内可引起皮肤烧伤和眼损伤。

（2）急性二氧化硫中毒后的急救措施

1）使病人迅速离开有毒现场至空气新鲜处，或吸氧。有明显刺激反应，即使无客观体征者也应观察 48 h。

2）用大量清水冲洗皮肤或用 3% 碳酸氢钠溶液冲洗眼和漱口，以中和生成的亚硫酸及硫酸。

3）液态二氧化硫溅入眼内，必须迅速用大量生理盐水或清水冲洗，再滴入地塞米松和抗生素液，或涂以可的松、金霉素眼膏。

12.2.5 氯化氢中毒急救

氯化氢是一种无色气体，具有强烈刺激性气味，在空气中呈白色的烟雾，易溶于水成为盐酸，能与多种金属及非金属物质作用。工业上接触氯化氢的行业有化工、冶金、印染等。

（1）氯化氢中毒症状

氯化氢对人体的影响分为急性中毒和慢性病变。急性中毒多见于意外事故中，主要表现为头痛、头晕、恶心、咽痛、眼痛、咳嗽、声音嘶哑、呼吸困难、胸痛、胸闷，有时会出现咯血，严重者可引起化学性肺炎、肺水肿、肺不张等病症。长期在超过 15 mg/m^3 浓度的氯化氢环境下作业，会造成牙齿酸蚀症、慢性支气管炎等慢性病变。

（2）氯化氢中毒的急救措施

急性吸入氯化氢中毒时，应使中毒者立即脱离有毒现场，除去被污染的衣物，注意保持呼吸道通畅。盐酸烟雾所致急性气管炎时，可用4%碳酸氢钠溶液雾化吸入，必要时给氧。如刺激症状明显，咳嗽频繁，并有气急、胸闷等症状，可以0.5%异丙基肾上腺素1 mL及地塞米松2 mg雾化吸入。

皮肤接触氯化氢时，应脱去被污染的衣服，立即用大量清水彻底冲洗，烧伤处用5%碳酸氢钠溶液洗涤，然后处理创面的方法同热烧伤相同。进入眼内，应立即用大量温水冲洗，然后用2%碳酸氢钠或生理盐水冲洗，最后使用可的松滴眼液。烧伤创面较大时，需用抗生素预防感染。

12.2.6 氮氧化物中毒急救

氮氧化物是氮和氧化合物的总称，如一氧化氮、二氧化氮等，其毒性主要取决于二氧化氮的含量。二氧化氮水溶性差，主要作用于深部呼吸道，遇呼吸道中的水分或水蒸气可形成硝酸，对呼吸道和肺组织产生强烈的刺激与腐蚀作用。

（1）氮氧化物的中毒症状

1）刺激反应。氮氧化物气体吸入后，临床表现仅有一过性咳嗽、胸闷，X射线胸透检查无异常症状。

2）轻度中毒。出现胸闷、咳嗽、咯痰等，可伴轻度头晕、头痛、四肢无力、心悸、恶心等症状，胸部有散在干啰音。胸部X射线透视显示支气管炎或支气管周围炎症状。

3）中度中毒。有呼吸困难、胸部紧迫感、剧烈咳嗽、咯痰或咯血丝痰，常伴有头晕、头痛、无力、心悸、恶心等症状。体征可有轻度发绀，两肺可闻干、湿啰音。胸部X射线透视显示化学性支气管肺炎、间质性肺水肿或局灶型肺泡肺水肿症状。

4）重度中毒。呼吸窘迫、咳嗽加剧、咯大量白色或粉红色泡沫痰、明显发绀，两肺满布干、湿啰音，胸部X射线透视显示化学性肺泡性肺水肿症状；可并发气胸、纵隔及皮下气肿等；窒息或昏迷。

（2）氮氧化物中毒的急救措施

1）迅速将病人移离中毒现场至空气新鲜处，静卧、保暖、立即吸氧并保持呼吸道通畅。

2）对密切接触者需严密观察24~72 h，注意病情变化。

3）防治化学性肺水肿，早期、足量、短程应用糖皮质激素及消泡剂（二甲硅油）。

12.3 窒息性气体中毒急救

12.3.1 窒息性气体及其中毒急救措施

（1）窒息性气体及其分类

窒息性气体过量吸入可造成人体以缺氧为主要环节的疾病状态，称为窒息性气体中毒。

窒息性气体中毒是最常见的急性中毒。据全国职业病发病统计资料，窒息性气体中毒高居急性中毒之首，由其造成的死亡人数占急性职业中毒总死亡数的65%。根据窒息性气体毒作用的不同，可将其大致分为如下三类：

1）单纯窒息性气体。属于这一类的常见窒息性气体有：氮气、甲烷、乙烷、丙烷、乙烯、丙烯、二氧化碳、水蒸气及氩、氖等稀有气体。这类气体本身的毒性很低，或属稀有气体，但若在空气中大量存在可使吸入气中的氧含量明显降低，导致机体缺氧。正常情况下，空气中的氧含量（体积百分比，下同）约为20.96%，若氧含量小于16%，即可造成呼吸困难；氧含量小于10%，则可引起昏迷甚至死亡。

2）血液窒息性气体。常见的有一氧化碳、一氧化氮、苯的硝基或氨基化合物蒸气等。血液窒息性气体的毒性在于它们能明显降低血红蛋白对氧气的化学结合能力，从而造成组织供氧障碍。

3）细胞窒息性气体。常见的是氰化氢和硫化氢。这类毒物主要作用于细胞内的呼吸酶，阻碍细胞对氧的利用，故此类毒物也称细胞窒息性毒物。

（2）窒息性气体中毒症状

1）缺氧表现。缺氧是窒息性气体中毒的共同致病环节，故缺氧症状是各种窒息性气体中毒的共有表现。轻度缺氧时主要表现为注意力不集中、智力减退、定向力障碍、头痛、头晕、乏力；缺氧较重时可有耳鸣、呕吐、嗜睡、烦躁、惊厥或抽搐甚至昏迷等症状。但上述症状往往被不同窒息性气体的独特毒性所干扰或掩盖，故并非不同窒息性气体引起的相近程度的缺氧都有相同的临床表现。如能及时地治疗处理，使脑缺氧尽早改善，常可避免发生严重的脑水肿。

2）急性颅压升高表现：

①头痛。是窒息性气体中毒早期的主要症状，表明为全头痛，前额尤其明显且剧烈，任何可增加颅内压的因素，如咳嗽、喷嚏、排便，甚至突然转头均可使头痛明显加重。

②呕吐。是颅内压增高的常见症状，主要因延髓的呕吐中枢受

压所致。窒息性气体中毒所致脑水肿以细胞内水肿为主。

③抽搐。常为频繁的癫痫样抽搐发作，主要因大脑皮层运动区缺血、缺氧或水肿压迫所致；若累及脑干网状结构，则可出现阵发性或持续性肢体强直。

④视神经乳头水肿。一般在中毒 2～3 d 后才逐渐显现颅内压升高，故早期未能检查出视神经乳头水肿并不能排除脑水肿的存在。

⑤心血管系统变化。早期可见血压升高、脉搏缓慢，为延髓心血管运动中枢对水肿压迫及缺血缺氧代偿所致；若延髓功能衰竭，则可见血压急剧下降，脉搏亦微弱、快速。

⑥呼吸变化。早期表现为呼吸深慢，亦为延髓的代偿性反应；呼吸中枢若有衰竭，则呼吸转为浅慢、不规则，或呈叹息样，严重时可发生呼吸骤停。

⑦其他表现。颅内高压刺激耳内迷路和前庭，可引起耳鸣、眩晕；外展神经受压引起外展神经麻痹；延髓交感神经中枢刺激，可导致脑性肺水肿。

（3）窒息性气体中毒的急救措施

窒息性气体中毒有明显剂量—效应关系，侵入体内的毒物数量越多，危害越大，且由于病情一般较急重，故特别强调尽快中断毒物侵入，解除体内毒物毒性。越早抢救，机体的损伤越小，并发症及后遗症也越少。

1）中断毒物继续侵入。迅速将中毒者移离危险现场，同时清除其衣物及皮肤污染源。如硫化氢中毒者应脱去被污染工作服；若有氢氰酸、苯胺、硝基苯等液体溅在身上，还应彻底清洗被污染的皮肤，不可大意。危重病人易发生中枢性呼吸循环衰竭，应高度警惕，如有此类情况，应立即进行心肺复苏。

2）解毒措施。单纯窒息性气体如氮气，并无特殊解毒剂，但二氧化碳吸入可使用呼吸兴奋剂，严重者用机械过度通气，以排出体内过量二氧化碳。

血液窒息性气体如一氧化碳，无特殊解毒药物，但可给予高浓度氧吸入以加速一氧化碳血红蛋白解离，可视为解毒措施。苯的氨基或硝基化合物中毒所形成的变性血红蛋白，目前仍以亚甲基蓝还原为最佳的解毒治疗。

细胞窒息性气体如氰化氢，常用亚硝酸钠—硫代硫酸钠疗法进行驱排，近年国内还使用4-二甲基氨基苯酚等代替，也有较好效果；亚甲基蓝也可代替亚硝酸钠—硫代硫酸钠，但剂量应较大。硫化氢中毒从理论上来说也可使用氰化氢解毒剂，但因其在体内转化速度很快，且上述措施会生成相当量的高铁血红蛋白而降低血液携氧能力，故除非在中毒后立即使用，否则，可能弊大于利。

3）脑水肿的防治。脑水肿是缺氧引起的最严重后果，也是引起窒息性气体中毒死亡最重要的原因，故为成功抢救急性窒息性中毒的关键。其要点是早期防治，避免脑水肿的发生发展或使其危害程度减轻。

12.3.2 一氧化碳中毒急救

一氧化碳中毒又被称为煤气中毒。一氧化碳是无色、无臭、无味的气体，故易被忽略而致中毒。一氧化碳气体常见于家庭居室通风差的情况下，燃煤炉产生的煤气或液化气管道漏气，工业生产中常见于煤气使用工序以及矿井中。

（1）一氧化碳中毒症状

1）轻度中毒。病人可出现头痛、头晕、失眠、视物模糊、耳鸣、恶心、呕吐、全身乏力、心动过速、短暂昏厥等症状，血中碳氧血红蛋白含量达10%~20%。

2）中度中毒。除轻度中毒症状加重外，病人的口唇、指甲、皮肤黏膜会出现樱桃红色，多汗，血压先升高后降低，心率加速、心律失常、烦躁，一时性感觉和运动分离（即尚有思维，但不能行动）。症状继续加重，可出现嗜睡、昏迷，血中碳氧血红蛋白达

30%～40%。经及时抢救，可较快清醒，一般无并发症和后遗症。

3）重度中毒。病人迅速进入昏迷状态。初期四肢肌张力增加，或有阵发性强直性痉挛；晚期肌张力显著降低，病人面色苍白或青紫，血压下降，瞳孔散大，最后因呼吸麻痹、停止而死亡。经抢救存活者可有严重并发症及后遗症。

4）后遗症。中、重度中毒病人有神经衰弱、震颤、麻痹、偏瘫、偏盲、失语、吞咽困难、智力障碍、中毒性精神病或去大脑强直等后遗症，部分病人可发生继发性脑病。

（2）一氧化碳中毒的急救措施

1）抢救人员在进入现场时应加强通风，佩戴一氧化碳防毒面具。

2）使病人尽快脱离中毒现场，呼吸新鲜空气，有条件的可给纯氧。

3）对一氧化碳中毒病人要加强现场抢救，心脏停搏、呼吸骤停者应立即进行心脏复苏。严重中毒者应将病人送往有高压氧舱设备的医院进行治疗。

4）昏迷病人伴有高热和抽搐时，应给予头部降温为主的冬眠疗法。

5）防治并发症的措施主要是控制脑水肿及肺水肿，纠正水、电解质、酸碱失衡等。

6）低血压或休克除采取一般抗休克综合治疗外，早期现场急救可应用抗休克药。

7）发生抽搐的病人应立即静脉注射地西泮 10 mg，严重抽搐者可在气管插管后静脉注射硫喷妥钠。

12.3.3 硫化氢中毒急救

硫化氢为无色气体，有臭鸡蛋味，易溶于水，也可溶于醇类、石油溶剂和原油中。

（1）硫化氢的毒性

硫化氢是窒息性气体。人体吸入的硫化氢进入血液分布至全身，与细胞内线粒体中的细胞色素氧化酶结合，使其失去传递电子的能力，造成细胞缺氧，这与氰化物中毒有相似之处。硫化氢还可能与体内谷胱甘肽中的巯基结合，使谷胱甘肽失活，影响生物氧化过程，加重了组织缺氧。高浓度（1 000 mg/m^3 以上）硫化氢，主要通过对嗅觉神经、呼吸道及颈动脉窦和主动脉体的化学感受器进行直接刺激，传入中枢神经系统，先是兴奋，迅速转入抑制，发生呼吸麻痹，以至于出现“电击样死亡”。硫化氢接触湿润黏膜，与液体中的钠离子反应生成硫化钠，对眼和呼吸道产生刺激和腐蚀，可致眼结膜炎、呼吸道炎症，甚至肺水肿。由于硫化氢能够阻断细胞氧化过程，导致心肌缺氧，可发生弥漫性中毒性心肌病。

（2）硫化氢中毒症状

1）刺激反应。有眼刺痛、畏光、流泪、流涕、咽喉部烧灼感等症状，脱离接触会很快恢复。

2）轻度中毒。有眼刺痛、畏光、流泪、眼睑浮肿、眼结膜充血或水肿，角膜外浑浊等急性角膜、结膜炎症状；有咳嗽、胸闷，肺部可有干、湿性啰音，胸部 X 射线透视可显示肺纹理增强等急性支气管周围炎症状；可伴有头痛、头晕、恶心、呕吐等症状。

3）中度中毒。有明显的头痛、头晕并出现轻度意识障碍；有咳嗽、胸闷，肺部有干、湿啰音，胸部 X 射线透视显示两肺纹理模糊，有广泛的网状阴影或散在细粒状的阴影，肺野透亮度降低或出现片状密度增高阴影，显示间质性肺水肿或支气管肺炎。

4）重度中毒。表现为昏迷、肺泡性肺水肿、心肌炎、呼吸循环衰竭或猝死。

在现场立即陷入昏迷的一氧化碳、氰化物、芳香烃类急性中毒病人应与脑血管意外、心肌梗死相区别，了解病史及接触史，可避免误诊。绝大多数病人的肺水肿和心肌损害出现在 24 h 内，但少数病人可在昏迷好转后发生，甚至一周后方出现“迟发性”肺水肿及心肌损害。所以对急性中毒者要密切观察，及早发现、及时治疗。

（3）硫化氢中毒的急救措施

1）迅速将病人移离中毒现场至空气新鲜处，立即给予其吸氧并保持呼吸道通畅。

2）呼吸抑制者可给予呼吸兴奋剂，心搏及呼吸停止者，应立即施行人工呼吸和胸外心脏按压急救，直至送到医院救治。切忌口对口人工呼吸，宜采用胸廓挤压式人工呼吸。

3）使用鼻导管或面罩持续给氧，中度、重度中毒者可给予高压氧治疗。

4）眼部受伤害时，用生理盐水或2%碳酸氢钠溶液冲洗，出现的化学性炎症到眼科进行治疗。

5）严重者速送医院抢救。

12.4　金属及其化合物中毒急救

12.4.1 汞及其化合物中毒急救

汞俗称水银，是一种银白色液态金属，易挥发，温度越高挥发越快、越多，易溶于稀硝酸，可溶于类脂质。汞化合物分为无机汞和有机汞两大类。常用的无机汞有雷汞、硝酸汞、砷酸汞、氰化汞、氯化汞（升汞）；常用的有机汞有氯化乙基汞、乙酸苯汞、磷酸乙基汞、磺胺苯汞。

汞及其化合物引起的中毒，主要是指从呼吸道吸入大量的金属汞蒸气或汞化合物气溶胶与粉尘，通过肺泡膜后溶于血液类脂质，或与血液中血浆蛋白或血红蛋白结合，干扰细胞的正常代谢，造成细胞损害。

（1）汞及其化合物中毒症状

短期吸入高浓度汞及其化合物蒸气，发病较急，有头晕、头痛、震颤、乏力、低热等全身症状和咳嗽、咯痰、胸闷、胸痛、气促等呼吸道刺激症状；明显的口腔炎及牙周炎，如牙龈红肿、酸痛、糜烂出血、牙齿松动、龈袋积脓、流涎带腥臭味；恶心、呕吐、腹痛、腹泻呈水样或大便带血。部分病人发病1~3 d后皮肤出现红色斑丘疹，以头、面部及四肢为多，有融合倾向，可溃破糜烂。

重症病人可发生急性间质性肺炎，误服中毒可发生急性腐蚀性胃肠炎及坏死性肾病。

1）汞烟尘大量吸入。因高温而弥散到空气中的汞烟尘，可引起类似“铸造热”或“烟尘热”的寒战、发热等症状。病人一般能在几小时内退热。

2）汞毒性化学性肺炎。大量吸入因高热而弥散到空气中的汞烟尘，可引起化学性肺炎，有发热、咳嗽等症状，X射线胸透视显示部分肺野模糊阴影。

3）急性汞毒性肾病。主要见于误服升汞等水溶性很高的药物，皮肤大量接触热的含汞液体而致烧伤时也可发生。病人先出现明显的消化道症状如恶心、呕吐，继之出现少尿、无尿、蛋白尿、血液中尿素氮明显升高等中毒性肾病的症状。

4）急性汞毒性皮肤损害。见于皮肤直接接触汞及其化合物的病人，接触处出现丘疹样或斑片状红肿。

5）金属汞进入体内。一般由咬碎体温计，误服金属汞，将金属汞注入静脉所致。金属汞小滴的表面面积与汞蒸气或烟尘相比，极为有限，一般不致引起明显的汞中毒征象，但X射线透视可显示金属汞小滴存在的部位及数量。

（2）汞及其化合物中毒的急救措施

1）将病人迅速移离现场至新鲜空气场所。

2）有条件的给予其吸氧。

3）将中毒者迅速送至医院进行驱汞治疗。

4）对症治疗：

①按急性肾功能衰竭处理。

②皮肤损害用3%～5%硫代硫酸钠溶液湿敷。

③眼部损害用2%硼酸溶液冲洗。

④口腔炎用清水或3%过氧化氢溶液、盐水或0.1%乙酸或氯己定溶液漱口，保持口腔清洁。

⑤神经衰弱症候群可选用地西泮、氯氮卓、异丙嗪等口服。

⑥误服金属汞者，可口服泻药、牛奶、生蛋清、活性炭等使其排出，直至X射线透视检查无汞滴被发现。静脉注射液体金属汞者要长期观察尿汞，尿汞升高时，按照慢性汞中毒进行治疗。

12.4.2 铅及其化合物中毒急救

铅中毒以无机铅中毒为多见，主要损害神经、消化、造血系统和肾功能，对内分泌、生殖系统也有影响。另外，女工铅接触对子代的影响已逐步被引起重视。

（1）铅及其化合物中毒症状

急性无机铅中毒大多系口服可溶性铅无机化合物和含铅药物，如黑锡丹、樟丹等引起，慢性铅中毒多见于长期吸入铅烟、铅尘的从业人员，发病率以铅冶炼和蓄电池制造行业较高，铸字、颜料、釉彩、焊接较少见。长期饮含铅锡壶中的酒可引起慢性铅中毒，含铅废气、废水、废渣污染大气、水源和农作物，可危害居民。四乙铅系有机铅化合物，主要用作汽油抗爆剂，可经呼吸道、皮肤、消化道吸收。

急性铅中毒是指在病人服含铅化合物后，即有恶心呕吐、腹胀、腹绞痛和血压升高等症状，少数病人发生消化道出血和麻痹性肠梗阻。病情严重，发生循环系统功能衰竭，数日后出现中毒性肾炎、肝病和贫血。急性四乙铅中毒的潜伏期可达11 d，早期症状有头痛、头晕、失眠、食欲不振，继而有焦虑、易激动、噩梦，病情恶化出现幻觉、妄想、狂躁、谵妄，全身抽搐甚至瞳孔散大、意识丧失等症状。病情发作可呈间歇性，间歇期间病人常表情痴呆、动作迟缓，说话含糊或呈木僵状态。慢性铅中毒的典型症状如贫血、腹绞痛、周围神经病变、腕下垂、脑病等近年来已较罕见，目前多见的为轻度中毒症状如头晕、乏力、食欲不振、腹胀、脐周隐痛、便秘和肌肉关节酸痛等非特异性症状，病人口中金属味和齿龈铅线已很少被发现。

（2）铅及其化合物中毒的急救措施

1）口服中毒者，可立即给予大量浓茶或温水，刺激咽部以诱导催吐，然后给予牛奶、蛋清、豆浆以保护胃黏膜。

2）对症急救。对腹痛者可用热敷或口服阿托品 0.5～1.0 mg；对昏迷者应及时清除口腔内异物，保持呼吸道的通畅，防止异物误入气管或呼吸道引起窒息。

3）经上述现场急救后，应立即送医院抢救，以免耽误时间，危及病人生命。

12.4.3 铬及其化合物中毒急救

铬是银灰色、质脆而硬的金属。工业上主要使用的是三价或六价铬化合物，常用的铬化合物有氧化铬、三氯化铬、铬酸、氯化铬、铬酸钠、铬酸钾、重铬酸钾等。

除金属铬外，铬化合物都有毒性，以六价铬化合物毒性最大。吸入大量六价铬化合物的粉尘或烟雾，可引起急性呼吸道刺激症状，低浓度时可引起过敏性哮喘。铬酸对皮肤黏膜有刺激和腐蚀作用，长期吸入可致鼻中隔黏膜糜烂、溃疡变薄，甚至侵及鼻中隔软骨引起穿孔等。皮肤接触铬酸可引起难以痊愈的乌眼型溃疡，即铬疮。

（1）铬及其化合物的中毒症状

1）急性吸入铬及其化合物中毒主要表现为呼吸道刺激症状，发病较急，有流涕、鼻衄、咳嗽、咳痰、气促、胸闷、胸痛、咽痛发红、头痛、发热等症状，或出现头痛、气促、胸闷、发热、发绀等哮喘症状，两肺有广泛性哮鸣音、湿啰音。口服中毒对消化道有刺激和腐蚀作用，频繁吐泻，可致脱水。严重者出现少尿、无尿等急性肾功能衰竭症状，有的可出现口唇和指甲发绀、四肢发凉、血压下降甚至休克、昏迷。

2）皮肤接触六价铬化合物溶液，可造成皮肤烧伤，表现为红斑、水疱、焦痂，有时呈现边缘隆起中央凹陷的溃疡，称为铬疮。

（2）铬及其化合物中毒的急救措施

1）脱离中毒环境，皮肤被污染者应及时用清水或肥皂水清洗。

2）保持呼吸道通畅，呼吸急促者给予吸氧。

3）经口中毒者应立即用温水、1%亚硫酸钠或硫代硫酸钠溶液洗胃，然后给50%硫酸镁60 mL导泻，保护消化道黏膜，口服牛奶、蛋清或氢氧化铝凝胶。

4）皮肤烧伤后立即用清水冲洗20～30 min，并用5%硫代硫酸钠溶液湿敷。

5）对症治疗：

①碱性药物3%～5%碳酸氢钠溶液等雾化液吸入，每2～3 h一次，每次10~20 min（需雾化液10~20 mL）。

②预防继发感染，选用二联抗生素，静脉或肌肉注射。

③咳嗽剧烈者，可选用磷酸可待因0. 03 g或复方樟脑酊2 mL口服。

④缓解支气管痉挛，可用沙丁胺醇气雾吸入，氨茶碱0. 25 g或二羟丙茶碱0. 25 g加50%葡萄糖40 mL，静脉徐徐推注或口服氨茶碱。

（3）铬及其化合物中毒急救的注意事项

1）铬疮处理。溃疡表浅者可选用5%硫代硫酸钠溶液冲洗，涂5%硫代硫酸钠软膏或10%依地酸二钠钙软膏。铬疮深凹且时间长者，可先行外科清创刮除腐肉等坏死组织，然后敷上述药膏或溶液。

2）鼻黏膜损害。涂防铬软膏（十八醇 50 g、维生素 C5 g、吐温 50 mL、单甘油酯 25 mL、酒石酸钾 3 g、达克罗宁 1 g、羧甲基纤维素钠、香料适量），每日 2~3 次。

12.5 其他化学物质急性中毒急救

12.5.1 甲醇中毒急救

甲醇又名木醇或木精，系无色、透明、易燃、易挥发、有酒精气味的液体，易与水、酒精、酮、酯和卤代烃类混溶。

甲醇通常由木材干馏或人工合成而得，工业上用于制造甲醛及甲基化反应或用作溶剂，并用于制造抗冻剂、橡胶加速剂、油漆、染料、摄影胶片、玻璃纸等。此外，为解决能源短缺，用甲醇与汽油作混合燃料，近年来受到各国的重视。

工业生产中的人员甲醇急性中毒主要由吸入甲醇蒸气所致，其他比较少见。工业用酒精中含有较多的甲醇，如果误用此类酒精配制成白酒饮用，则易导致急性中毒。

（1）甲醇中毒症状

无论吸入或经口食入的甲醇中毒，均有一定的潜伏期，通常为 8~36 h；饮白酒中混合甲醇中毒者则潜伏期可更长，最短 6 h，最长可达 4 d。潜伏期内有轻度的醉酒感，吸入中毒者还可有呼吸道黏膜刺激症状及口苦感。

甲醇中毒在发病时以神经系统症状为主，如头晕、头痛、乏力、眩晕、表情淡漠、酒醉状态及失眠等，重者可出现共济失调、意识模糊，甚至谵妄及不同程度的昏迷，死亡多由于中枢性呼吸衰竭所致。心动过缓、呼吸缓慢等为提示预后不良的征兆。少数病例出现精神症状，也有发生周围神经病变及坐骨神经痛的报道，胃肠道症状以恶心、呕吐及上腹痛较为多见，口服中毒有并发急性胰腺炎的可能。

甲醇中毒时，视力模糊常较早出现，较重者眼球压痛、畏光、视力减退，病人会感觉眼前有跳动性黑点、飞雪或闪光，有的还有复视症状，严重时可致双眼永久性失明。检查可见瞳孔扩大或缩小，光反射迟钝或消失，眼底检查可见视神经乳头充血、出血或眼底静脉扩张、视网膜水肿，或见视神经萎缩。也有病例是眼损害症状出现于全身中毒症状改善之后，可于数月后出现迟发性视力损害。代谢性酸中毒是甲醇中毒的又一全身表现，严重者可出现深而快的呼吸，血气分析符合代谢性酸中毒各项指数。

(2) 甲醇中毒急救措施

1）尽早清除毒物。口服中毒者应及时用3%～5%碳酸氢钠洗胃。

2）酒精作抗毒治疗。目前尚无理想的特效解毒治疗方法，文献报道可用酒精作抗毒治疗。其理论依据是酒精对醇脱氢酶的亲和力比甲醇大20倍，由此可阻断甲醇代谢增毒，并促进其排出。

3）迅速纠正酸中毒。酸中毒不但可使病情恶化危及生命，而且影响和加重眼部病变，最好能根据血气分析给予适量碳酸氢钠。一般可先用5%碳酸氢钠溶液200～300 mL静脉滴注，然后再根据复查结果，口服碳酸氢钠制剂维持，直至血气分析中的pH正常。

4）对症处理。针对患者出现的惊厥、休克、脑水肿等给予相应的急救治疗措施。

12.5.2 乙醇中毒急救

急性乙醇中毒是指因过量摄入乙醇（俗称酒精）使机体的神经、呼吸及循环系统受到影响，产生不同程度的意识障碍，严重的表现为昏迷、呼吸受抑制及休克等症状。

急性乙醇中毒的常见表现是“醉酒”，以饮用高度白酒急性中毒多见，偶尔也有因吸入大量乙醇蒸气而致中毒者。

（1）乙醇中毒症状

1）中枢神经系统毒性反应。进入人体的乙醇首先作用于大脑皮质，表现为精神兴奋状态。当中毒症状进一步加重时，皮质下中枢和小脑受累，病人表现为步履蹒跚、共济失调等运动障碍，继而神经系统功能抑制出现精神失常，严重者出现昏睡或昏迷，最后由于抑制脑血管运动中枢和呼吸中枢出现休克、呼吸衰竭。呼吸中枢麻痹是乙醇中毒病人致死的主要原因。此外，病人由于血管扩张及缺氧可导致脑水肿。

2）休克。由于乙醇为血管中枢抑制剂，且易使皮肤血管扩张，因此常导致中毒病人休克。

3）低血糖。饮酒发生的低血糖多见于肝脏葡萄糖异生减弱，导致人体释放葡萄糖减少所致。

4）代谢性酸中毒。乙醇中毒时，会使肝脏中乳酸的利用率降低，另一方面丙酮酸还原成乳酸，易发生乳酸性酸中毒。

（2）乙醇中毒的急救措施

1）对于昏迷者，要确保呼吸道通畅。

2）如果病人出现呕吐，应立刻将其置于稳定性侧卧位，让呕吐物流出。

3）保持病人体温，尤其是在潮湿和寒冷的环境下。

4）检查病人的呼吸、脉搏及反应程度，如有必要立即使用心肺复苏。

5）密切监视病人的病情，每 10 min 检查并记录其呼吸、脉搏和反应程度。

6）清除毒物，对乙醇中毒清醒的病人可用催吐法洗胃，昏睡或昏迷者应用 1% 碳酸氢钠或 0.5% 活性炭混悬液插胃管洗胃，并可于胃管内注入浓茶。洗胃时要防止误吸及损伤胃黏膜。静脉输入果糖可加速血中酒精浓度下降约为 25%。

人饮用白酒时的乙醇中毒剂量有个体差异，一般为70~80 g，致死剂量为230~500 g。许多毒物如汞、砷、硝基苯等使人体对乙醇的耐受性下降，反之酒后对上述毒物的敏感性也增加。另外，在32 ℃高温条件下，乙醇的毒性可提高1~2倍。

人体摄入的乙醇80%由十二指肠和空肠吸收，其余由胃吸收。胃内食物的量、胃肠道功能、饮料含乙醇的量以及饮酒习惯等，均可影响吸收乙醇的速度，空腹及嗜酒者吸收速度加快，脂肪类食物则可阻止其吸收。乙醇被人体吸收后，通过血液遍及全身组织，按组织含水量的比例分布，依下列顺序递减：肝、脾、肺、肾、心、脑和肌肉，1 h以内血液中含量最高，以后很快减少。

12.5.3 急性汽油中毒急救

汽油主要成分为混合烃类，为无色或淡黄色的易挥发和易燃液体，具有特殊臭味，不溶于水，易溶于苯、二硫化碳、醇及脂肪。汽油为麻醉性毒物，能使人的中枢神经系统功能障碍，对皮肤黏膜也有刺激作用。因不同产地的汽油含不饱和烃、硫化物和芳香烃的量不同，所以毒性也不同。当上述化合物含量增加和作为汽车燃料使用时加入的添加剂，汽油的毒性相应增高。汽油主要经呼吸道侵入人体，皮肤吸收次之，也可经消化道吸收。吸入汽油浓度为1 851~2 165 mg/m^3，或口服汽油20~30 mg或7.5 g/kg（体重）可致死。

（1）急性汽油中毒症状

1）吸入汽油蒸气中毒：

①轻度中毒。表现为中枢神经系统麻醉症状，可有头痛、头晕、恶心、呕吐、烦躁、视力模糊、步态不稳等症状，或出现哭笑无常及兴奋不安等情绪反应，或有意识模糊、嗜睡、朦胧等轻度意识障碍状态。并可有眼、呼吸道黏膜刺激症状，如眼结膜充血、流泪、流涕、咳嗽等。

②重度中毒。较高浓度的汽油被人体吸入后，可出现四肢抽搐、眼球震颤、昏迷，或有谵妄等精神失常症状，可发生化学性肺炎。极高浓度吸入还可引起意识突然丧失，反射性呼吸停止，直至死亡。

2）吸入性肺炎。汽油蒸气经呼吸道吸入后，可出现剧烈咳嗽、胸痛、发热、呼吸困难、发绀，也可有铁锈色痰。病人肺部有呼吸音粗糙或干、湿啰音，胸部X射线透视可见片状或致密团块阴影，少数可有渗出性胸膜炎。

3）急性口服中毒。汽油经口、消化道进入人体后即可感到口渴，口腔、咽及胸骨部位有烧灼感，同时出现腹绞痛、恶心、呕吐、腹泻及排尿疼痛等症状。若未及时处理，导致大量吸收，可出现嗜睡，嘴唇青紫，呼吸表浅，脉搏细、速度快等症状，有时还可继发肺炎、中毒性肝炎、肾炎等。

4）皮肤中毒。皮肤接触汽油后可发生急性皮炎，出现红斑、水疱及瘙痒症状。

（2）汽油中毒急救措施

1）迅速将病人移离中毒现场，置于空气新鲜处。脱去被污染的衣物，皮肤用肥皂水清洗。受污染的眼睛用2%碳酸氢钠溶液冲洗并滴抗生素眼药水。

2）对口服中毒者一般不进行催吐或洗胃，以防反胃而增强吸收或误吸入肺内。口服时间不久者，可饮牛奶或以植物油、温水小心洗胃，继之可给予10%药用炭混悬液100~200 mL口服，以吸附剩余毒物，再用硫酸钠（芒硝）或硫酸镁导泻。

3）呼吸和心搏骤停者，应立即施行人工呼吸和胸外心脏按压直至送达医院。

4）可给予较高流量的氧吸入。

5）对吸入性肺炎病人可给予短程糖皮质激素治疗，同时注射抗生素，以防止局部继发感染。

6）皮肤起水疱者，应严格消毒并包扎。

7）对症治疗。

8）抢救中严禁使用肾上腺素，以免引起心室颤动。

12.5.4 沼气中毒急救

沼气是粪便、垃圾和一些庄稼废料混杂之后，经细菌发酵所产生的多种类混合气体，其中主要成分是甲烷。沼气池里的甲烷浓度很高，如果池子密封不好，甲烷散入空气中，体积百分比只要达到0.25%～0.3%，人吸入之后就会中毒。吸入的甲烷浓度越大，中毒程度越深，甚至致命。

（1）沼气中毒症状

1）轻症。有点头痛、头晕，浑身无力，走路摇晃，还有气短气急、呼吸不畅的感觉。

2）中症。除了轻症的不适之外，会出现：呼吸急促，气不够用；嘴唇呈现紫色；一阵阵地呛咳（这种咳嗽和普通咳嗽不一样，仿佛是有异物窜入气管内的那种猛咳，连声剧咳不止），咳出的痰可能带血丝，这是肺炎的一种表现（医学上称之为“化学物质的吸入性肺炎”，是甲烷把肺“化学性烧伤”之后的一种表现）；再严重一点，不仅呼吸困难、全身发青，还口吐粉色泡，这是肺水肿的症状。

3）重症。中症受害的，主要是肺，到了重症这一步，脑的损害跟着显现出来。病人先是头痛加重，喷射状地呕吐，随后就逐渐出现神志不清，终至昏迷不醒、瞳孔散大，最终因呼吸衰竭、血压下降而生命垂危。

（2）沼气中毒急救措施

1）先把病人移离有毒场所至空气清新、流通的地方，解开其衣领口，使呼吸通畅。

2）如果氧气供应方便，可以给予病人吸氧，以减轻缺氧。

3）病人已出现吸入性肺炎、肺水肿或脑水肿等症状，都不是轻症，必须火速送往医院，由专业医护人员救治。

12.6 化学性烧伤急救

12.6.1 化学性眼烧伤急救

酸碱等化学物质溅入眼部造成的损伤，其严重程度和愈后效果决定于化学物质的性质、浓度和渗透力，及其与眼部接触的时间。常见的引起化学性眼烧伤的物质有硫酸、硝酸、氨水、氢氧化钾、氢氧化钠等，相比之下，碱性化学品的毒性更大。

（1）化学性眼烧伤症状

1）低浓度酸碱眼烧伤时，会产生刺痛、流泪、怕光，眼睑、结膜充血，结膜和角膜上皮组织脱落等症状。

2）高浓度酸碱眼烧伤时，病人出现剧烈疼痛、流泪、怕光、眼睑痉挛、眼睑及结膜高度充血水肿、局部组织坏死等症状。

3）严重的酸碱眼烧伤时，可损害眼的深部组织，出现虹膜炎、前房积脓、晶体浑浊、全眼球炎，甚至眼球穿孔、萎缩或继发青光眼。

（2）化学性眼烧伤急救措施

1）发生化学性眼烧伤，应立即彻底冲洗眼部。现场可用自来水水龙头下流水冲洗，冲洗时间要充分，持续半小时左右。如无水龙头，可把头浸入盛有清洁水的盆内，用手把上下眼睑翻开，眼球在水中轻轻左右摆动冲洗，然后再送医院治疗。

2）用生理盐水冲洗，以去除和稀释化学物质。冲洗时，应注意穹隆部结膜是否有固体化学物质残留，并去除坏死组织。若有残留石灰和电石颗粒，应先用蘸有植物油的棉签清除，再用水冲洗。

12.6.2 化学性皮肤烧伤急救

（1）迅速将病人移离现场，脱去被污染的衣物，立即用大量流动清水冲洗 20~30 min。被碱性物质污染的冲洗时间应延长，特别注意眼及其他特殊部位，如头面部、手、会阴部的冲洗。烧伤创面经水冲洗后，必要时进行合理的中和治疗，例如被氢氟酸烧伤，经水冲洗后需及时用钙、镁的制剂局部中和治疗，必要时可进行葡萄糖酸钙溶液动、静脉注射。

（2）化学性烧伤创面应彻底清理、剪去水疱、清除坏死组织。深度创面应立即或早期进行削（切）痂植皮及延迟植皮，例如黄磷烧伤后应及早切痂，防止磷被吸收引起中毒。

（3）对有些化学性皮肤烧伤，如氰化物、酚类、氯化钡、氢氟酸等烧伤时，在冲洗后应进行适当解毒急救处理。

（4）化学性皮肤烧伤并发休克时，冲洗应从速、从简，积极进行抗休克治疗。

（5）积极防治感染、合理使用抗生素：

1）清创后，创面外涂抹 1% 磺胺嘧啶银霜剂（磺胺过敏者忌用）。

2）伤后 3 d 内选用青霉素，预防乙型链球菌感染。

3）大面积深度烧伤、休克期病情不平稳或曾经长途转运或合并爆炸伤或创面严重感染、不易干燥、有出血点、创面边缘明显炎性浸润者，伤后第二天即应调整使用抗生素，选择主要针对革兰氏阴性杆菌的抗生素如氨苄西林、哌拉西林或第二、第三代头孢菌素（头孢哌酮），必要时联合应用一种氨基糖苷类抗生素（链霉素、庆大霉素或阿米卡星等），并兼用抗阳性链球菌的抗生素。若有继续使用抗生素的指征，根据药敏重新调整抗生素。

4）植皮手术前创面培养分离到乙型溶血性链球菌，必须术前和术后全身应用大剂量青霉素。青霉素过敏者可选用红霉素。

5）烧伤后期引起败血症的病原菌主要是金黄色葡萄球菌，故应选择金黄色葡萄球菌较敏感的抗生素，但因其一般对青霉素耐药，故常用耐青霉素酶的青霉素如苯唑西林或头孢菌素（第一代如头孢氨苄、头孢唑啉、头孢噻吩)，但仍不能忽视革兰氏阴性杆菌感染的可能性。

6）关于重症感染中抗生素的应用，一般原则为使用一种β-内酰胺类抗生素（包括青霉素类和头孢菌素类）加一种氨基糖苷类（包括链霉素、庆大霉素、阿米卡星等）较为合适，具体用药方案应取决于致病菌种类和药敏试验。

12.7 常见物质的化学性烧伤急救

12.7.1 酸烧伤急救

酸烧伤大多是由硫酸、硝酸、盐酸引起的，此外还有因铬酸、高氯酸、氯磺酸、磷酸等无机酸和乙酸、冰醋酸等有机酸引起。这些酸类物质在液态时可引起皮肤烧伤，气态时被吸入可造成呼吸道的吸入性损伤。皮肤烧伤的程度与接触酸的浓度、种类以及伤后是否及时用大量流动水冲洗有关。有机酸种类繁多，化学性质差异大，其致烧伤作用一般较无机酸弱。

（1）酸烧伤症状

1）酸烧伤引起的痂皮色泽不同，是因各种酸与皮肤组织的蛋白形成不同的蛋白凝固产物所致，如硝酸烧伤为黄色、黄褐色，硫酸烧伤为深褐色、黑色，盐酸烧伤为淡白色或灰棕色。

2）酸性化学物质与皮肤接触后，因细胞脱水、蛋白凝固而阻止残余酸向深层组织侵犯，故病变常不侵犯深层（氢氟酸例外），形成以Ⅱ度烧伤为主的痂层，其痂皮不易溶解、脱落。

3）缺乏皮下组织的部位如手背、胫骨前、足背、足趾等处，较长时间接触强酸较易造成Ⅲ度烧伤。一般痂皮色浅、柔软者，判断烧伤较浅；痂皮色深、较韧如皮革样，脱水明显而内陷者，判断烧伤较深。

（2）酸烧伤的急救措施

1）迅速脱去或剪去被污染的衣物，创面立即用大量流动清水冲洗，冲洗时间为20~30 min。被硫酸烧伤强调用大量清水快速冲洗，以便既能稀释酸，又能使热量随之消散。

2）中和治疗。冲洗后以5%碳酸氢钠溶液湿敷，中和后再用水冲洗，以防止酸进一步渗入。

3）清创。去除水疱，以防酸液残留而继续作用。

4）创面一般采用暴露疗法或外涂1%磺胺嘧啶银冷霜。

5）头、面部化学性烧伤时要注意眼、呼吸道的情况，如发生眼烧伤，应首先彻底冲洗。如有酸雾吸入，注意化学性肺水肿的发生。

12.7.2 硝酸烧伤急救

硝酸属于酸性腐蚀品，硝酸纯品为无色透明的发烟液体，有酸味，溶于水，在醇中会分解，为强氧化剂，能使有机物氧化或硝化。硝酸用途极广，主要用于有机物合成，生产化肥、染料、炸药、火箭燃料、农药等，还常用于分析试剂、电镀、酸洗等作业。硝酸在工业生产活动中或意外泄漏的情况下，如果不注意防护、处置不当可引起皮肤或黏膜烧伤、腐蚀，同时产生的氮氧化物气体可对呼吸系统造成严重损害。

硝酸经呼吸道吸入、经口食入或经皮肤吸收，均可对人体造成损害。

皮肤组织接触硝酸液体后可对皮肤产生腐蚀作用。硝酸与皮肤组织的蛋白质结合形成黄蛋白酸，使局部组织变为黄色或橙黄色，后转为褐色或暗褐色，严重者形成烧伤、腐蚀、坏死、溃疡。硝酸蒸气中含有多种氮氧化物，其中主要是一氧化氮，人体吸入后，硝酸蒸气会缓慢地溶解于肺泡表面上的液体和肺泡的气体中，并逐渐与水作用，生成硝酸和亚硝酸，对肺组织产生剧烈的刺激和腐蚀作用，使肺泡和毛细血管通透性增加，从而导致肺水肿。

硝酸烧伤急救措施：

（1）皮肤或眼睛接触

硝酸有极强腐蚀性，可引起人体组织快速破坏，如果不迅速、充分地处理，可引起严重刺激和炎症，出现严重的化学性烧伤。稀硝酸可使上皮组织变硬，不产生明显的腐蚀作用。皮肤接触硝酸后应立即脱离现场，去除被污染衣物，创面用大量流动清水冲洗 20~30 min，然后以弱碱如 5% 碳酸氢钠或 3% 氢氧化钙浸泡或湿敷 1 h 左右，也可用 10% 葡萄糖酸钙溶液冲洗，然后用硫酸镁浸泡 1 h，尽快就医。

眼睛接触硝酸后应立即脱离现场，翻开上下眼睑，用流动清水彻底冲洗并尽快就医。

（2）食入

食入硝酸可引起口腔、咽部、胸骨后部和腹部剧烈灼热性疼痛，口唇、口腔和咽部可见烧伤、溃疡，吐出大量褐色物。严重者可发生食道、胃穿孔及腹膜炎、喉头痉挛、水肿、休克。食入硝酸急救时可用牛奶、蛋清口服，禁止催吐、洗胃。

（3）吸入

硝酸蒸气吸入急救时，救援人员必须佩戴空气呼吸器进入现场。如无呼吸器，可用小苏打（碳酸氢钠）稀溶液浸湿的毛巾掩口鼻短时间进入现场，快速将中毒者移至上风向空气清新处。注意保持中毒者呼吸通畅，如有假牙须摘除，必要时可给予吸氧，雾化吸入沙丁胺醇气雾剂或 5% 碳酸氢钠加地塞米松雾化吸入。如果中毒者呼吸、心搏停止，立即进行心肺复苏；如果中毒者呼吸急促、脉搏细弱，应进行人工呼吸，给予吸氧，肌肉注射呼吸兴奋剂尼可刹米 0.5~1.0 g。

12.7.3 硫酸烧伤急救

硫酸有强烈的腐蚀性和吸水性，遇水会发生高热而爆炸，与许多物质特别是木屑、稻草、纸张等接触会有剧烈反应，放出高热，并可引起燃烧。硫酸遇到电石、高氯酸盐、硝酸盐、苦味酸盐、金属粉末及其他可燃物等也能剧烈反应，发生爆炸或燃烧。

硫酸常用于化肥工业，用以制造硫酸铵、硫酸氢铵、硫酸钾等；在石油工业中，硫酸用于汽油、润滑油等产品的精炼；钢铁工业需用硫酸进行酸洗，以除去钢铁表面的氧化物质。所以从事这些行业的从业人员都有机会接触硫酸，鉴于硫酸会对人体造成极大的伤害，这些从业人员上岗前必须具备关于硫酸伤害的急救知识。

（1）吸入硫酸蒸气

应立即将硫酸污染来源移走或者将受害者移到有新鲜空气的地方。如果受害者觉得呼吸困难，最好在受过培训的人员帮助下吸入氧气。

（2）切忌让受害者到处走动

肺水肿的症状可能会在意外发生后 48 h 之内出现，此时应立即将受害者送往急救机构。

（3）皮肤表面接触硫酸

应尽快用温水轻轻冲洗受伤部位至少 20～30 min。如果伤者仍感到灼热刺痛，则要反复冲洗，冲洗过程不能中断，如有必要，让救护车在外等待。在用水冲洗的过程中，应将被硫酸污染过的衣物、鞋子和其他皮制品（如手表带、皮带）脱除。

（4）眼睛接触硫酸

要尽快用温水轻轻冲洗眼睛至少 20～30 min，过程中要保持眼睑被打开。如果条件允许，应尽快用中性生理盐水冲洗。另外要特别注意在冲洗过程中，不要让冲洗眼睛的水溅到未被污染的另一只眼睛或脸上。如果伤者仍感到灼热刺痛，则要反复冲洗，并尽快将伤者送到急救机构。

（5）不小心吞食硫酸。若病人已经失去意识、不省人事或出现抽搐时，切忌往其嘴里送任何东西，应用水彻底地冲洗病人的口腔，但不要诱导其呕吐。让伤者喝下 240～300 mL 水，用以稀释胃部的硫酸。如果有牛奶的话，可以在伤者喝水后让其喝下。如果呕吐自发性地发生，则要反复给伤者喝水，并且尽快将伤者送到急救机构。

12.7.4 氢氟酸烧伤急救

氢氟酸是一种无机酸，具有强腐蚀性，可以引起特殊的生物性损伤，作为一种清洗剂，已被广泛应用于高级辛烷燃烧、制冷剂、半导体制造以及玻璃磨砂和石刻等工业领域。因此，在工业化城市急诊室或职业病治疗中心，经常可见到因应用氢氟酸而引起的损伤。

氢氟酸由氯化氢与高品位氟矿石反应产生的氟化氢气体经冷却液化而成，40%～48%的氢氟酸溶液即可产生烟雾，是一种高溶解性的溶质，其渗透系数与水相近。通过氟化氢分子扩散可实现氟离子的跨膜转运，病人主要出现低钙、高钾和低钠血症。

氢氟酸烧伤急救措施：

（1）早期处理

烧伤后应立即脱去被污染的衣物，并应用大量清水彻底冲洗被烧伤的创面。

（2）钙剂的外用

将钙剂直接涂于创面，或进行创面湿敷等方法，临床应用的结果表明疗效是令人满意的。

（3）糖皮质激素的应用

糖皮质激素可配入外用药应用，对于眼部烧伤或深度烧伤的病人可以口服。

（4）手术治疗

深度氢氟酸烧伤的病人，手术是根本性的治疗措施。

（5）眼部损伤的治疗

眼部损伤应用大量清水冲洗后，可继续使用1%葡萄糖酸钙及可的松眼药水，并口服倍他米松类药物，根据情况进行眼科的专科治疗。

(6) 吸入性损伤的治疗

氢氟酸体积浓度在40%时即可产生烟雾。因此，接触高浓度氢氟酸的人若无安全保护措施，可能导致吸入性损伤。对于有吸入性损伤的患者应立即通过面罩或鼻导管输给纯氧、雾化溶液。另外，需要密切注意因水肿引起的上呼吸道梗阻。

(7) 对重症病人的救治

对重症病人除进行上述治疗外，还应积极地综合治疗。重症病人或伴有吸入性损伤者应重症监护，进行心电图和血钙浓度的连续监测，以积极防治低钙血症。必要时，通过静脉输液补充钙离子，使血钙浓度维持在正常范围。

12.7.5 苯酚烧伤急救

苯酚（石炭酸）是医学、农业和塑料工业中常用的化学试剂，可溶于酒精、甘油、植物油和脂肪，在100 g水中可溶解约9.3 g。

苯酚经皮肤或胃肠道黏膜吸收，局部的吸收率与接触面积和时间成正比。苯酚蒸气可很快经肺部吸收，其吸收率与蒸气的浓度和呼吸的频率有关。苯酚可导致较厚的人体组织凝固坏死层，形成无血管屏障，这可以阻止苯酚的进一步吸收。苯酚进入血液后，会影响中枢神经系统、肝、肾、心、肺和红细胞的功能。

(1) 苯酚烧伤症状

1）局部表现。浓度为10%的苯酚溶液可使皮肤因坏死而呈白色或棕色，浓度越高坏死越严重。经常接触苯酚的人员，由于皮肤的色素细胞受损，往往发生皮肤白斑，停止接触后白斑仍会进行性发展，局部皮肤可失去痛觉。

2）全身表现。中枢神经系统开始兴奋，引起各种反应亢进，出现震颤、抽搐和肌痉挛症状。痉挛发生频繁，最后转入抑制，病人常因呼吸衰竭而死亡。苯酚作用于周围神经系统主要表现为神经纤维末梢的破坏，使痛觉、触觉和温觉丧失。

(2) 急救措施

在苯酚的烧伤现场立即用大量清水冲洗，若备有50%聚乙烯二醇、丙烯乙二醇、甘油、植物油或肥皂，可用水冲洗后选用擦拭创面，阻止伤害面的扩散。

12.7.6 铬酸烧伤急救

铬酸及铬酸盐用途较广，在工业上常用于制革、塑料制品、橡胶制品、纺织、印染和电镀等。铬酸的腐蚀性和毒性大，可以合并铬中毒，大面积烧伤死亡率也很高。金属铬本身无毒，但铬酸、铬酸盐及重铬酸盐1~2 g即可引起皮肤深部腐蚀烧伤，甚至可达骨骼，6 g即为致死量。

铬酸烧伤后皮肤表面为黄色。由于铬酸腐蚀作用，早期症状是创面疼痛难忍，不同于一般深度烧伤。当发现有铬酸烧伤溃疡时，则已很深。溃疡口小、内腔大，可深及肌肉及骨骼，愈合甚慢，口鼻黏膜也可形成溃疡、出血或鼻中隔穿孔。

铬离子可以经创面吸收引起全身中毒，即使中小面积也可造成死亡，常表现有头晕、烦躁不安等精神症状，继而发生神志不清和昏迷，往往同时伴有呼吸困难和发绀。铬离子易损害肾脏，对胃黏膜有强烈的刺激作用，可出现频繁的恶心、呕吐、吞咽困难、溃疡和出血。

铬酸烧伤急救措施：

(1) 局部处理

局部先用大量清水冲洗，口鼻腔可用2%碳酸氢钠溶液漱洗。皮肤烧伤的创面水疱应剪破，然后用5%硫代硫酸钠溶液冲洗或湿敷，亦可用1%磷酸钠或硫酸钠溶液湿敷。

对于小面积的铬酸烧伤，应用上述方法均可奏效。Ⅲ度铬烧伤伴有热烧伤时，可以早期切除焦痂，但对大面积烧伤者，会因中毒而死亡。

（2）中毒的防治

目前尚无特效的全身应用的解毒剂，早期可应用甘露醇、依地酸钙钠、二硫基丙醇和维生素 C 等制剂。

12.7.7 碱烧伤急救

常见碱烧伤为苛性碱（氢氧化钾、氢氧化钠）、生石灰和氨水烧伤。其中，氢氧化钠为白色不透明固体，易溶于水，由于与水化合形成水合物，故产生大量热；氢氧化钾是白色半透明晶体，也易溶于水；生石灰即氧化钙，具有强烈的吸水性，与水化合生成氢氧化钙（熟石灰），并放出大量的热；氨气为无色、有刺激性臭味的气体，易溶于水，形成氢氧化铵即氨水。

（1）碱烧伤症状

1）碱性化学物质与皮肤接触后会使局部组织细胞脱水，皂化脂肪组织并向深层组织侵犯，有时皮肤表现为湿润油腻状，甚至皮纹、毛发均存在而损伤已超过皮肤组织各层，故烧伤初期对深度往往估计不足。碱烧伤造成的损害比酸烧伤严重。

2）苛性碱烧伤深度，通常都在深Ⅱ度以上，刺痛剧烈，溶解性坏死使创面继续加深、焦痂软，感染后易并发创面脓毒症。苛性碱蒸气对眼和上呼吸道刺激强烈，可引起眼和上呼吸道烧伤。

（2）碱烧伤急救措施

1）立即用大量流动清水持续冲洗 20～30 min，甚至更长时间，直至创面无滑腻感。在用流动水冲洗前，避免使用中和剂，以免产生中和热，加重烧伤。冲洗后可用弱酸（3%硼酸）中和液，但使用中和液后，必须再用清水冲洗。

2）碱烧伤后，需要适当进行静脉补液。

3）尽早削痂、切痂植皮。

4）注意全身状况，以及口、鼻、咽喉等呼吸道烧伤情况，明确有无吸入。注意观察病情，及时进行相应处理。

12.7.8 磷烧伤急救

磷在工业上用途广泛，如制造染料、火药、火柴、农药和制药等。因此，在化学性烧伤病例数中，磷烧伤仅次于酸碱烧伤，居第三位。

磷烧伤后可由创面和黏膜吸收，引起肝、肾等主要脏器损害，导致死亡。无机磷的致伤在局部是热和酸的复合作用。也可因磷蒸气经呼吸道黏膜吸收而引起中毒，主要受损的脏器为心、肺、肝和肾，以肝、肾的损害最为严重。

早期经硫酸铜处理的Ⅲ度磷烧伤经过包扎治疗后，刚揭除敷料时创面为白色，暴露后呈蓝黑色，3 d后则完全变为焦黑色。磷烧伤的主要临床表现为头痛、头晕和全身乏力，以及呼吸系统、心率慢或心律不齐和神经系统症状。

五氧化二磷或三氯化磷对呼吸道黏膜有强烈的刺激性，磷化氢中毒时，亦可使气管、支气管、肺、肝和肾脏充血或水肿。

磷烧伤急救措施：

由于磷及其化合物可从创面或黏膜被吸收，引起全身中毒，故不论磷烧伤的面积大小，都应该被足够重视。

（1）现场抢救

应立即脱去被污染的衣物，用大量清水冲洗创面及其周围的正常皮肤。冲洗水的量应足够大，若仅用少量清水冲洗，不仅不能使磷及其化合物被冲掉，反而使之向四周溢散，扩大烧伤面积。

在现场缺水的情况下，应用浸透的湿布包扎或掩覆创面，以隔绝磷与空气接触，防止其燃烧。转送途中切勿让创面暴露于空气中，以免复燃。

（2）创面处理

清创前，将伤部浸入冷水（最好是流动水）中，持续浸浴。

1）可用1%～2%硫酸铜溶液进一步清洗创面。若创面已不再发出白烟，表示硫酸铜的用量与时间已够，应停止使用。因为硫酸铜可以由创面被吸收，大量应用后可发生中毒，尤其是用高浓度溶液更易发生。硫酸铜的作用是与表层的磷结合成为不能继续燃烧的磷化铜，以减少对组织的继续破坏。同时磷化铜为黑色，便于清创时识别。但对已经侵入组织中的磷及其化合物，硫酸铜则作用不大。

2）清除的磷应妥善处理，以免造成工作人员、物品的损伤，甚至引发火灾。

3）磷颗粒被清除后，再用大量生理盐水或清水冲洗创面，清除残余的硫酸铜溶液和磷燃烧的化合物，然后用5%碳酸氢钠溶液湿敷，以中和磷酸，减少其继续对深部组织的损害。

4）创面清洗干净后，一般应用包扎疗法，以免暴露时残余磷与空气接触燃烧。包扎的内层禁用任何油质药物或纱布，避免磷溶解在油质中被吸收。如果必须应用暴露疗法时，可先用浸透5%碳酸氢钠溶液的纱布覆盖创面，24 h后才能暴露。

5）为了减少磷及其化合物的吸收及防止其向组织的深层破坏，对深度磷烧伤，应争取早期切痂。

（3）全身治疗

对无机磷中毒的治疗，目前尚无有效的解毒剂，主要是促进磷的排出和保护各重要脏器的功能。

12.7.9 镁烧伤急救

镁是一种质软的金属，燃烧时温度可高达1 982 ℃，在空气中能自燃，熔点是651 ℃。液态镁在流动过程中可以引起其他物质甚至人体皮肤燃烧。

镁与皮肤接触后形成溃疡，开始较小，而溃疡的深层往往呈不规则形状，发展的快慢和镁的颗粒大小有关，若向四周发展较慢，亦有可能已经向深部发展。镁被吸入或被吸收后，病人除有呼吸道刺激症状外，可能有恶心、呕吐、寒战或高热等症状。

镁烧伤的急救处理与一般化学性烧伤相同。由于镁的损伤作用范围可向皮肤四周扩大，因此对已形成的溃疡，可在局部麻醉下将其表层切除，如此可将大部分的镁移除。若侵蚀已向深部发展，必须将受伤组织全部切除，然后植皮或延期缝合。如有全身中毒症状，可用 10% 葡萄糖酸钙 20~40 mL 静脉注射，每日 3~4 次。

12.7.10 沥青烧伤急救

沥青在常温下为固体，当加温到 232 ℃以上时呈液态，飞溅到人体表面易造成损伤。但它遇到冷空气后，温度可很快下降为 93~104 ℃。

沥青中含有苯、萘、蒽、吡啶、咔唑及苯并芘等毒性物质。煤焦油沥青是目前工业上常用的一种沥青，其毒性最大，是煤炭干馏所产生的煤焦油经提炼后残存的物质，俗称柏油。人吸入沥青蒸气或粉尘可导致上呼吸道炎症或化学性肺炎，甚至引起全身中毒症状。

（1）沥青烧伤症状

1）局部创面。由于沥青黏着性强，高温熔化的沥青黏着皮肤后，不易除去，因其温度高且散热慢，往往形成深Ⅱ度或Ⅲ度烧伤；若温度已较低，则在沥青黏着中心部位为浅Ⅱ度或深Ⅲ度烧伤；部分创面经溶剂清除后，往往只表现为Ⅰ度烧伤。

使用沥青的操作人员由于暴露部位的皮肤和黏膜长时间与沥青烟雾或尘埃接触，可形成急性皮炎或浅Ⅱ度烧伤，有时会有眼睛视物模糊、流泪、胀痛等结膜炎表现。

2）全身中毒。发生大面积沥青烧伤者，可出现头痛、眩晕、耳鸣、乏力、心悸、失眠或嗜睡、胸闷、咳嗽、腹痛、腹泻或便血、尿少、精神异常等症状，重者可致昏迷、死亡，常伴有体温升高。上述许多症状类似苯中毒，急性肾功能衰竭往往是沥青中毒病人死亡的主要原因。

（2）急救措施

1）创面处理。在现场，立即用冷水冲洗降温。烧伤面积较大者，在休克复苏稳定后应及早清除创面沥青，以便阻止毒物吸收并尽快诊断烧伤创面深度，以利于治疗。沥青的清除溶剂有松节油、汽油等，大面积创面可用松节油擦洗等方法。

2）刺激性皮炎和黏膜处理。停止接触沥青和阳光暴晒，避免用对光敏感的药物如磺胺、氯丙嗪、异丙嗪等，皮肤局部禁用红药水和紫药水。眼结膜炎可用生理盐水冲洗，用0.25%金霉素眼药水或金霉素眼膏。

3）全身治疗。有全身中毒症状者，静脉注射葡萄糖酸钙和大剂量维生素C、硫代硫酸钠等，注意维护肝、肾功能。

第 13 讲

机械和冶金生产事故伤害应急处置

机械制造行业是各种工业的基础，涉及范围广泛，从业人员数量庞大。据不完全统计，我国有150万~200万劳动者从事于机械制造产业，其中包括铸造、锻造、热处理、机械加工和装配等工艺，这些工艺在操作中存在着各种职业病危害因素，同时也存在着各种机械设备的危害。

冶金生产的主要特点是企业规模庞大，生产工艺流程长，从金属矿石的开采，到产品的最终加工，需要经过很多工序，其中一些主体工序的资源、能源消耗量很大。我国冶金行业在发展中，由于传统生产工艺技术发展的局限性，以及多年来基本上延续以粗放型生产为特征的经济增长方式，整体工艺技术和装备水平比较落后，人均生产效率较低，并且生产环境的污染问题也较为严重。同时，由于冶金企业生产工序繁多，工艺流程复杂，人员众多，因此安全管理工作任务繁重，保障职工安全健康的难度较大。

13.1 机械设备危险因素与常见事故伤害

13.1.1 机械设备危险因素

机械设备是各行业机械加工的基础设备，主要有金属切削机床、锻压机械、冲剪压机械、起重机械、铸造机械、木工机械等。

机械设备在规定的使用条件下执行其功能的过程中，以及在运输、安装、调整、维修、拆卸和处理时，无论处于哪个阶段、状态，都存在着危险与有害因素，有可能对操作人员造成伤害。

（1）正常工作状态存在的危险

机械设备在完成预定功能的正常工作状态下，存在着不可避免的但却是执行预定功能所必须具备的运动要素，并可能产生危害后果。如零部件的相对运动、刀具的旋转、机械运转的噪声和振动等，使机械设备在正常工作状态下存在碰撞、切割、作业环境恶化等对操作人员安全健康不利的危险因素。

（2）非正常工作状态存在的危险

非正常状态是指在机械设备运转过程中，由于各种原因引起的意外状态，包括故障状态和检修、保养状态。设备的故障不仅可能造成机械局部或整机的停转，还可能对操作人员构成危险，如运转中的砂轮片破损会导致碎片飞出对人体造成打击事故；电气开关故障会产生机械设备不能停机的危险。机械设备的检修、保养一般都是在停机状态下进行的，由于工作需要往往迫使检修、保养人员采用一些特殊的做法，如登高、进入狭小或几乎密闭的空间、将安全装置拆除等，使检维、保养过程容易出现正常操作不存在的危险。

13.1.2 机械设备常见事故伤害

机械设备常见事故伤害主要包括两大类，一类是机械性伤害，一类是非机械性伤害。

（1）机械性伤害

机械性伤害主要包括挤压、碾压、剪切、切割、碰撞或跌落、缠绕或卷入、戳扎、摩擦或磨损、物体打击、高压流体喷射等造成的伤害。

（2）非机械性伤害

非机械性伤害主要包括：电流、高温、高压、噪声、振动、电磁辐射等产生的伤害；因加工、使用各种危险材料和物质（如易燃易爆物质、毒物、腐蚀品、粉尘及微生物、细菌、病毒等）产生的伤害；因忽略安全人机学原理而产生的伤害等。

13.1.3 金属切削机床的危害因素和事故伤害

金属切削机床（简称“机床”）是指用切削的方法将金属毛坯加工成一定的几何形状、尺寸精度和表面质量的机器零件的机器。在机床上装卡被加工工件和切削刀具，带动工件和刀具进行相对运动，在相对运动中，刀具从工件表面切去多余的金属层，使工件成为符合预定技术要求的机器零件。按机床的工作原理，《金属切削机床 型号编制方法》（GB/T 15375—2008）将其分为车床、钻床、镗床、磨床、齿轮加工机床、螺纹加工机床、铣床、刨插床、拉床、锯床和其他机床共11类。

（1）金属切削机床的主要危险因素

金属切削加工是用刀具从金属材料上切除多余的金属层，其工作过程实际就是切屑形成的过程。切屑可能对操作人员造成伤害，或对工件造成损坏，如崩碎的切屑可能迸溅伤人；带状切屑会连绵不断地缠绕在工件上，损坏其中已加工的表面。

金属切削主要的危险因素有：机械传动部件外露时，无可靠有效的防护装置；机床执行部件如装夹工具或卡具脱落、松动；机床本体的旋转部件有突出的销、楔、键；加工超长工件时伸出机床尾端的部分；工件、卡具、刀具放置不当；机床的电气部件设置不规范或出现故障等。

（2）金属切削加工常见机械伤害

金属切削加工常见的机械伤害有：

1）挤压。如压力机的冲头下落时，对手部造成挤压伤害；人手也可能在螺旋输送机、塑料注射成型机中受到挤压伤害。

2）咬入（咬合）。典型的咬入点是啮合的齿轮、传送带与带轮、链与链轮、两个相反方向转动的轧辊。

3）碰撞和撞击。典型例子是人受到运动着的机床部件的碰撞；另一种是飞来物撞击造成的伤害。

4）剪切。这种事故常发生在剪板机、切纸机上。

5）卡住或缠住。运动部件上的凸出物、皮带接头、车床的转轴、加工件等都能将人的手套、衣袖、头发、辫子甚至工作服口袋中擦拭机械用的棉纱缠住而使人造成严重伤害。

值得引起注意的是，一种机械可能同时存在几种危险，即可同时造成几种形式的伤害。

（3）操作机械发生事故的原因

在一般情况下，操作机械而发生事故的原因如下：

1）机械设备安全设施缺损，如机械传动部位无防护罩等。造成这种情况，可能是无专人负责机械设备的保养，也可能是无定期检修、保养制度。

2）生产过程中防护不周到。如车床加工较长的棒料时，未用托架。

3）设备位置布置不当，如设备布置得太挤，造成通道狭窄，原材料乱堆乱放，阻塞通道。

4）未正确使用劳动防护用品。

5）没有严格执行安全操作规程，或者安全操作规程不全面、不完整。

6）作业人员没有进行安全教育，不懂安全基本知识。

要杜绝这些事故隐患，光靠安全管理是不够的，还必须要求操作人员掌握一定的安全技术知识。

（4）金属切削机械的安全技术要求

进行金属切削的机械设备很多，如车床、刨插床、铣床、镗床等，它们一般都具有操纵机构、传动机构、保险装置、照明装置等部位，这些部位都有明确的安全技术要求，如不符合安全技术要求应立即整改。

1）操纵机械的安全技术要求。金属切削机床的操纵盘、开关、手柄等应装在适当的位置，以便于操作。变速箱、换向系统应有明显挡位和标志牌；开关、按钮应用不同的颜色，如停车用红色，开车用绿色，倒车用黑色；须装有性能良好的制动装置。

2）保险装置的安全技术要求。保险装置是指突然发生险情时，能自动消除危险因素的安全装置。如机床超负荷时，能自动断开机床传动部分的离合器；当人员操作时身体或手进入危险部位时，光电自动保护装置自动切断电源，停止机床运转等。在使用机床时，应先检查这些装置的性能是否良好。

3）传动装置的安全技术要求。机床传动部位的防护装置，目前在我国定型的新机床的设计与制造中，都已作为机床的一个整体产品出厂。但一些企业在设备安装过程中，尤其是设备经过修理之后，往往将安全防护装置弃之不用。有些企业自制“土设备”不安装防护装置，造成齿轮、皮带、传动轴等外露伤人。为此，有些企业总结出“有轮必有罩，有轴必有套”的安全生产经验，严格按安全操作规程办，严禁使用安全防护装置缺损的机床设备。

4）照明装置的安全技术要求。照明装置在机床操作中似乎可有可无，其实不然。如果照明不够，操作人员就会弯腰将脸凑近加工件才能观察清楚，这就容易造成工件、刀具在切削时将操作人员面部划伤。因此，机床上必须安装电压为36 V以下的局部照明灯。

5）金属切屑时的防护。机床在高速切削时所形成的金属屑很锋利，经常伤害操作者的眼睛和身体裸露部位；带状切屑有时缠在工件、刀具、手柄等部位，操作人员在清理时往往发生工伤事故。要消除这类事故隐患，可根据不同情况采用不同的方法。目前使用较多的有不重磨硬质合金钢刀片机械夹固法。对于飞溅金属碎屑，除了操作者操作时必须戴好防护镜外，还需安装防护罩，防止金属切屑飞溅。

6）正确使用劳动防护用品。机床在运行时，操作人员不准戴手套操作；女工必须将长发罩入工作帽内；必须戴好防护眼镜；工作服的纽扣要扣上，下摆要紧，袖口要扎牢或戴好袖套。

13.1.4 机械加工的职业危害因素

机械加工是利用各种机床对金属零件进行车、刨、钻、磨、铣等冷加工。在机械制造过程中，通常是通过铸、锻、焊、冲压等方法制造成金属零件的毛坯，然后再通过切削加工制成合格零件，最后装配成机器。

（1）一般机械加工

一般机械加工在生产过程中存在的职业危害因素相对较少，主要是金属切削中使用的乳化液和切削液对从业人员健康的影响。通常所用的乳化液是由矿物油、萘酸或油酸及碱（苛性钠）等所组成的乳剂，因机床高速运转，乳化液四溅，易污染皮肤，可引起毛囊炎等皮肤病。

（2）粗磨和精磨

机械加工的粗磨和精磨过程中，会产生大量金属和矿物性粉尘。人造磨石多以金刚砂（三氧化二铝晶体）为主，其中二氧化硅含量较少，而天然磨石含有大量游离二氧化硅，故可能造成操作人员患铝尘肺和矽肺。

（3）特种机械加工

特种机械加工的职业危害因素与加工工艺有关。如电火花加工存在金属烟尘；激光加工存在高温和紫外线辐射；电子束加工存在射线和金属烟尘；离子束加工存在金属烟尘、紫外线辐射和高频电磁辐射，如果使用钨电极，还有电离辐射危害。电解加工、液体喷射加工和超声波加工相对危害较小。此外，设备运转产生的噪声与振动也可引起操作人员患职业病。

13.2 机械事故伤害的应急处置

机械制造行业最为常见的事故是机械伤害。发生人员伤害后，一定要沉着冷静，不要慌乱，做好以下应急处置：

（1）准备

伤害事故发生后，要立即停止现场活动，将伤员放置于平坦的地方，现场有救护经验的人员应立即对伤员的伤情进行检查，然后有针对性地进行紧急救护。

（2）转运伤员

在进行上述现场处理后，应根据伤员的伤情和现场条件迅速转送伤员。转送伤员的方法非常重要，若搬运方法不当，可能使伤情加重，严重时还能造成神经、血管损伤，甚至引起伤员瘫痪，以后将难以治疗，给伤员带来终身的痛苦。

（3）转送伤员时注意事项

如果伤员的伤势不重，可采用背、抱、扶的方法将其转移。如果伤员的伤情较重，有大腿或脊椎骨骨折、大出血或休克等情况时，就不能用以上方法转送伤员，一定要把伤员小心地放在担架或木板上抬送。把伤员放置在担架上转送时动作要平稳，上、下坡或楼梯时，担架要保持平衡，不能一头高、一头低。伤员应头部在行进方向的后面，这样便于观察他的情况。在事故现场没有担架时，可以用椅子、长凳、衣服、竹子、绳子、被单、门板等制成简易担架使用。对于脊椎骨骨折的伤员，一定要用硬木板做的担架抬送。将伤员放在担架上以后，要让他平卧，腰部垫一个衣服垫，然后使伤员固定在木板上，以免在转送的过程中滚动或跌落，否则极易造成脊椎骨移位或扭转，刺激血管和神经，使其下肢瘫痪。

（4）报告和求助

现场应急指挥人员应立即安排联系专业救护机构，请求紧急支援并向上级汇报，同时保护好事故现场。

13.3　冶金生产常见事故伤害

13.3.1　冶金生产工艺特征

我国钢铁企业按其生产产品和生产工艺流程可分为两大类型，即钢铁联合企业和特殊钢企业。钢铁联合企业的生产流程主要包括烧结（球团）、焦化、炼铁、炼钢、轧钢等生产工序，即长流程生产；特殊钢企业的生产流程主要包括炼钢、轧钢等生产工序，即短流程生产。钢铁联合企业中炼钢生产采用转炉炼钢或电炉炼钢，转炉炼钢以铁水为主要原料，电炉炼钢以废钢为主要原料。特殊钢企业中炼钢生产采用电炉炼钢。

13.3.2　冶金生产事故特点与分析

冶金生产过程中的主要事故类型为煤气中毒，火灾和爆炸，高温液体喷溅、溢出和泄漏，电缆隧道火灾，煤粉爆炸等。

冶金行业与其他行业相比较，由于企业规模大、人员众多，管理幅度和管理难度都较大，易发生人员伤亡重大生产安全事故，因此与其他行业有明显不同的特点。

（1）伤亡事故发生的生产工序分析

冶金企业伤亡事故发生较多的生产工序依次为：其他辅助生产，约占伤亡事故总数的27%；轧钢，约占伤亡事故总数的26%；其他部门，约占伤亡事故总数的19.2%；炼钢，约占伤亡事故总数的10.8%；矿山，约占伤亡事故总数的8%；炼铁，约占伤亡事故总数的7%。发生事故较少的生产工序依次为：供热、氧气、燃气、铁合金、供电，这五类合计约占伤亡事故总数的2%。

（2）伤亡事故发生的类别分析

冶金生产事故较多的类别依次是：机械伤害和其他伤害，约各占事故总数的28%；物体打击，约占事故总数的18%；高处坠落，约占事故总数的16%；起重伤害，约占事故总数的13%；灼烫，约占事故总数的12%；提升、车辆伤害，约占事故总数的6%；触电，约占事故总数的2%；中毒和窒息，约占事故总数的2%；淹溺、火灾、坍塌、放炮、爆炸，合计约占事故总数的3%。

（3）伤亡事故发生的直接原因分析

冶金生产发生死亡和重伤事故的原因，首先主要是违反操作规程或违反劳动纪律，占死亡人数和重伤人数的60%左右。其次是对现场工作缺乏检查或指挥错误，占死亡人数和重伤人数的20%左右。除此之外，还有设备、设施、工具、附件有缺陷，生产场地环境不良，安全设施缺少或有缺陷，劳动组织不合理，教育培训不够、缺乏安全操作知识，技术和设计上有缺陷，劳动防护用品缺少或有缺陷，没有安全操作规程或规程有缺陷等因素。

（4）伤亡事故发生的时间分析

冶金生产死亡事故发生较多的月份在1月和6月，发生死亡事故较少的月份在2月、10月、11月，其他事故发生较多的月份在4月、5月、8月和12月。

13.4 冶金生产事故伤害应急处置

13.4.1 煤气泄漏事故伤害应急处置

钢铁冶炼过程中煤炭占总能耗的70%，副产品煤气占总能耗32.2%，如炼焦副产品焦炉煤气，炼铁副产品高炉煤气，炼钢副产品转炉煤气，生产铁合金副产品铁合金炉煤气。焦炉煤气、高炉煤气、转炉煤气和铁合金炉煤气等回收后可作为焦炉、热风炉、加热炉和发电锅炉的燃料，焦炉煤气还可作为民用燃气。由于煤气中含有大量易燃易爆、有毒有害物质，在生产、运输、储存和使用过程中，存在中毒、火灾和爆炸等危险性。

（1）发生煤气泄漏时的应急处置

1）关闭送气阀。事发单位发现煤气泄漏，应立即报告，操作人员按规程关闭送气阀门，打开紧急放散阀门进行减压。

2）稀释空气。强制向泄漏区排风，将泄漏区煤气疏散。

3）检查抢修。工程抢险人员必须佩戴好防毒面罩，进入现场详细检查，找出原因；抢险抢修人员在安全的前提下，迅速开展对泄漏点的抢修堵漏工作。

4）煤气泄漏较严重时，应迅速划分危险单元，组织治安队在目标单元周围 200 m 范围内设立警戒线，严禁无关人员及车辆通过，查禁所有明暗火源。

5）现场应急指挥人员根据情况及时报告当地政府相关管理部门，请求外部支援，对处在危险区域内的所有人员进行紧急疏散。

（2）发生人员煤气中毒时的应急处置

1）进入泄漏区的人员必须佩戴一氧化碳报警仪、氧气呼吸器。

2）设置隔离区并进行监护，防止其他人员进入煤气泄漏的区域。

3）抢救人员要尽快让中毒人员离开中毒环境，并尽量让中毒人员静躺，避免活动后加重心、肺功能负担及增加氧的消耗量。

4）事故现场杜绝任何火源。

5）搜索后，要对在岗人员及参加抢险的人员进行人数清点，在人数不符的情况下搜救工作不能终止，直到人员全部点清。

6）对泄漏点周围逐个地点进行搜索，特别是死角、夹道等不易引起注意的地方。

7）应对警戒区域内的煤气含量进行检测，超过规定标准时警戒区不能撤销。

（3）煤气泄漏引发火灾、爆炸时的应急处置

1）煤气轻微泄漏引起着火，可用湿泥、湿麻袋堵住着火部位进行扑救和灭火，火焰熄灭后再按有关规定，补好泄漏处。

2）直径小于 100 mm 的煤气管道着火时，可直接关闭阀门，切断气源灭火。

3）直径大于 100 mm 的煤气管道或煤气设备着火时，应向管道或设备内通入大量蒸汽或氮气，同时降低煤气压力，缓慢关小阀门但压力不得小于 100 Pa，以防止回火引起爆炸，使事故扩大，待火焰熄灭后再彻底关闭阀门。

4）煤气管道或设备被烧红，不得用水骤然冷却，以防管道或设备变形断裂。

5）当管道法兰、补偿器、阀门等处着火时，如果火势较小，戴好呼吸器可用就近备用灭火器灭火；如果火势较大，灭火器不能使火熄灭，可用消防车、消防水冷却设备，同时向系统内通入蒸汽或氮气，逐渐关闭阀门，待火焰熄灭后彻底切断气源灭火。

6）当火灾发生时，要将目标单元事发危险区域警戒线扩大至 300~500 m 范围，防止他人误入，事故隐患未彻底消除，安全警戒不得解除。

7）当发生煤气爆炸事故，在未查明事故原因和采取必要安全措施前，不得向煤气设施复送煤气。

13.4.2 高温液体喷溅伤害应急处置

冶金生产过程中的高温液体具有温度高、热辐射很强的特性，如铁水、钢水、钢渣、铁渣的温度往往在 1 250~1 670 ℃。高温液体易喷溅，对危险范围内的作业人员，极易造成灼伤。据有关资料统计，灼伤约占炼钢企业总伤害数的 1/4，居各种伤害数的第二位。

高温液体发生喷溅、溢出或泄漏时，除了可能直接对人员造成灼伤外，还潜藏着发生爆炸的严重危害，甚至有可能诱发其他二次伤害或事故，给企业造成巨大损失。

（1）发生高温液体喷溅时的应急处置

1）人员身上着火，严禁奔跑，相邻人员要帮助灭火。

2）心搏、呼吸停止者，应立即对其进行心肺复苏。

3）面部、颈部深度烧伤及出现呼吸困难者，应迅速送往医院设法作气管切开手术。

4）非化学物质的烧伤创面，不可用水淋，创面水疱不要弄破，以免造成感染。

5）用清洁纱布等盖住创面，以免感染。

6）如伤员口渴，可少量饮用盐开水，不可喝生水及大量白开水，以免引起脑水肿及肺水肿。

7）严重灼伤者，争取在休克出现之前，迅速送医院医治。

8）送伤员就医前，尽可能提前通知医院做好抢救准备事宜。

（2）发生高温液体溢出、爆炸可采取的应急处置

1）凡发生高温液体溢流，应立即停止作业。危险区内严禁有人。

2）发生漏铁水、钢水事故时，要将剩余铁水、钢水倒入备用罐内。

3）高温液体溢流地面遇有乙炔瓶、氧气瓶等易燃易爆物品时，如不能及时搬走，要采取降温措施。

4）溢流、泄漏地面的铁水、钢水在未冷却之前，不能用水扑救，防止水出现分解，引起爆炸。

5）高温液体溢出或泄漏诱发火灾时，不能用水来扑救，一般使用干粉灭火器。

6）一旦诱发了火灾、爆炸等二次事故时，应立即设置警戒区，禁止人员进入。

13.4.3 冶金生产火灾、爆炸事故伤害应急处置

在冶金生产过程中，特别是煤粉制备、输送与喷吹过程中，可能产生火灾、爆炸、中毒、窒息、建筑物坍塌等事故。密闭生产设

备中发生的煤粉爆炸事故可能发展成为系统爆炸，摧毁整个烟煤喷吹系统，甚至危及高炉；抛射到密闭生产设备以外的煤粉可能导致二次粉尘爆炸和次生火灾，扩大事故危害。

（1）火灾、爆炸事故的应急处置

一旦发生火灾、爆炸事故，为防止事故范围进一步扩大，现场可采取以下应急措施：

1）指定专人维护事故现场秩序，阻止无关人员进入事故现场，严防二次伤害，指导救援人员进入事故现场。

2）认真保护事故现场，凡与事故有关的物体、痕迹、状态不得被破坏，为抢救受伤者需要移动某些物体时，必须做好标记。

3）受伤人员根据实际需要，立即实施现场救护，如心肺复苏、外伤包扎等，同时应迅速联系专业救护机构。

4）及时收集现场人员位置、数量信息，准确统计伤亡情况，防止其他人员受困或被遗漏。

5）及时切断与运行设备的联系，同时保障其他设备的安全运行。如果是在有压力容器的部位发生火灾，要及时隔离，严防引发压力容器爆炸事故。

6）确定事故状态对周边相关动力管网的影响程度，采取安全防范措施。

7）转移易燃易爆等危险品，运用隔离设施严防烧、摔、砸、炸、窒息、中毒、高温、辐射等原因导致对救援人员造成伤害。

（2）对烧伤人员的应急处置

当发生热物体灼烫伤害事故时，事发单位应首先了解情况，及时抢修设备，进行堵漏，并使伤者迅速脱离热源，然后对其烫伤部位用自来水冲洗或浸泡。但不要给烫伤创面涂有颜色的药物如紫药水，以免影响对烫伤深度的观察和判断，也不要将牙膏、油膏等物质涂于烫伤创面，以减少创面感染的机会，减少就医时处理的难度。如果出现水疱，不要将疱皮撕去，避免感染。简单救治后应及时送医院救治。

13.4.4 冶金生产高温中暑伤害应急处置

高温作业是指工作地点具有生产性热源，其工作地点的气温等于或高于本地区夏季室外通风设计计算2 ℃以上的作业。高温作业几乎遍布于工业生产的所有行业，常见的高温作业行业有炼钢、炼铁、造纸、塑料生产、水泥生产等。

（1）高温作业对人体的危害

高温作业时，人体可出现一系列生理功能性改变，这些改变在一定限度范围内是适应性反应，但如超过此范围，则产生不良影响，甚至引起病变。

1）对循环系统的影响。高温作业时，皮肤血管扩张，大量出汗使血液浓缩，造成心脏活动增加、心搏加快、血压升高、心血管负担增加。

2）对消化系统的影响。高温对唾液分泌有抑制作用，使胃液分泌减少，胃蠕动减慢，造成食欲不振；大量出汗和氯化物的丧失，使胃液酸度降低，易造成消化不良。此外，高温可使小肠的运动减慢，形成其他胃肠道疾病。

3）对泌尿系统的影响。高温下，人体的大部分体液由汗腺排出，经肾脏排出的水分和大大减少，使尿液浓缩，肾脏负担加重。

4）神经系统。在高温及热辐射作用下，肌肉的工作能力和动作的准确性、协调性减弱，造成反应速度降低及注意力不集中。

（2）中暑症状的程度和应急处置

中暑是在高温、高湿或强辐射气象条件下发生的以体温调节障碍为主要表现的急性疾病。按发病机理，中暑可分为四种类型，即热射病、热痉挛、日射病和热衰竭。

中暑的基本知识和应急处置方法请参阅本书第11讲相关内容的叙述。

第14讲

建筑施工事故伤害与应急处置

工程建设的目的是为人们的社会、经济、政治和文化活动提供理想的场所，是人们最基本的社会生产活动之一。建筑施工是工程建设实施阶段的各类生产活动的最重要方面之一，在现代社会，也可以说是把设计图纸描绘的建筑物、构筑物等，在指定的地点、空间变成实物的过程，包括基础工程施工、主体结构施工、屋面工程施工、设备安装施工、装饰工程施工等。施工作业的场所称为施工现场，俗称工地。从事建筑施工活动的行业统称为建筑业。

建筑施工现场存在的不安全因素复杂多变，其中的高能耗、高劳动强度，施工现场的噪声、热量、有害气体和粉尘等，以及露天作业受天气、环境影响大，这些都是作业人员经常面对的不利工作环境和负荷。建筑业的劳动对象庞大，作业人员围绕对象工作，劳动工具粗笨，工作环境不固定，危险源防不胜防。同时，高温和严寒使得作业人员的体力和注意力下降，雨雪天气还会导致工作面湿滑，夜间照明不够，这些都容易导致生产安全事故。

14.1 建筑施工特点与常见事故伤害

14.1.1 建筑施工的特点

建筑施工（包括市政施工）属于事故发生率较高的行业，每年的事故死亡人数仅次于煤炭开采与交通运输行业。目前，农民工已经成为建筑施工领域的主力军，因此也是各类意外伤害事故的主要受害群体。根据事故统计，在建筑施工伤亡人员中农民工约占60%，并且呈现不断上升的趋势，这给许多农民工家庭带来了难以弥补的伤痛和损失。建筑业之所以成为高危险行业，主要与建筑施工的特点有关。

建筑施工主要有以下几个特点：

（1）建筑产品的多样性

由于各种建筑物或构筑物都有特定的使用功能，因而建筑产品的种类繁多。不同的建筑物建造不仅需要制定一套适应于生产对象的工艺方案，而且还需要针对工程特点编制切实可行并行之有效的施工安全技术措施，才可能确保施工顺利进行和安全生产。

（2）建筑施工的流动性

虽然建筑产品都必须固定在一定的地点，但是建筑施工却具有流动性，主要表现在三个方面：一是各工种的作业人员在某建筑物的部位上流动；二是作业人员在一个工地范围内的各栋建筑物上流动；三是建筑施工队伍在不同地区、不同工地间流动。这些都给安全生产带来了许多可变因素，稍有不慎，易导致伤亡事故的发生。

（3）建筑施工的综合性

建筑物的建造是多工种在不同空间、不同时间劳动并相互协调配合的过程，同一时间的垂直交叉作业也不可避免，由于隔离防护措施不当，容易造成伤亡事故。各工种间的交叉作业由于安排不当，也可能导致伤亡事故的发生。

（4）作业条件的多变性

建筑施工大多是露天作业，日晒雨淋、严寒酷暑以及大风影响等形成的恶劣自然环境，不仅影响施工人员的健康，还易诱发安全事故。此外，建筑施工高处作业多，据统计约占总工程量的90%左右，而且随着各类高楼大厦的兴起，高处作业的等级越来越高。建筑施工伤亡事故中，近60%与高处作业有关，加上不少作业是在未完成安装的结构上或搭设的临时设施（如脚手架等）上进行，使得高处作业的危险程度严重加剧。

（5）作业人员劳动强度的繁重性

建筑施工中不少工种仍以手工操作为主，加上组织管理不善，无限制地加班加点，作业人员在高强度劳动和超长时间作业过程中，体力消耗过大，容易造成过度疲劳，由此引起的注意力不集中，或作业中的力不从心等状态易导致事故的发生。

（6）施工现场设施的临时性

随着经济社会发展，建筑物体量和高度不断增加，工程的施工周期也随之延长，一年以上工期的工程比比皆是。为了保障工程建造正常和顺利地进行，施工中必须使用各种临时设施，如临时建筑、临时供电系统以及现场安全防护设施，这些临时设施经过长时间的风吹、日晒、雨淋、冰冻和种种人为因素，其安全可靠性往往明显降低，特别是由于这些设施的临时性，容易导致施工管理人员忽视这些设施的质量，因而事故隐患和防护漏洞时有出现。

14.1.2 建筑施工中常见事故伤害

建筑施工中常见伤亡事故的类别包括：物体打击、车辆伤害、机械伤害、起重伤害、触电、高处坠落、坍塌、中毒和窒息、火灾和爆炸以及其他伤害。

根据历年来伤亡事故统计分类，建筑施工中最主要、最常见、死亡人数最多的事故有五类，即高处坠落、触电、物体打击、机械伤害、坍塌事故。这五类事故占事故总数的 86% 左右，被人们称为建筑施工五大类伤亡事故。其中，机械伤害涉及电气设备、电气焊切割、施工机械、起重机械等造成的伤害，具体伤害类型及其应急处置措施详见本书其他有关内容。

14.2 建筑施工常见事故伤害应急处置

14.2.1 高处坠落伤害应急处置

由于建筑施工作业人员常需要在高处作业，稍有不慎，容易引发高处坠落事故的发生，所以，高处坠落伤害是建筑业最常见事故之一。为了防范坠落伤害，除高空作业施工现场必须设置应有的防坠落设施外，还应该加强个人安全意识的培养。

（1）建筑施工高处坠落伤害事故常见情况

常见建筑施工高处坠落伤害事故，主要有以下一些情况及其原因：

1）临边、洞口处坠落。主要原因，一是无防护设施或防护不规范，如防护栏杆的高度低于1.2 m，仅有一道横杆等；在无外脚手架及尚未砌筑围护墙的楼面的边缘，防护栏杆柱无预埋件固定或固定不牢固。二是洞口防护不牢靠，洞口虽有盖板，但无防止盖板位移的措施。

2）脚手架上坠落。主要原因是脚手架搭设不规范，如相邻的立杆（或大横杆）的接头在同一平面上，剪刀撑、连墙点任意设置等；架体外侧无防护网、架体内侧与建筑物之间的空隙无防护或防护不严；脚手板未满铺或铺设不严、不稳等。

3）悬空高处作业时坠落。主要原因是在安装或拆除脚手架、井架（龙门架）、塔吊和在吊装屋架、梁板等高处作业时，作业人员没有系安全带，也无其他防护设施或作业时用力过猛，身体失稳而坠落。

4）在轻型房屋里和顶棚上铺设管道、电线或检修作业中坠落。主要原因是作业时没有使用轻便脚手架，在行走时误踩轻型房屋面板、顶棚面而坠落。

5）拆除作业时坠落。主要原因是作业时站在不稳固的部位或作业时用力过猛，身体失稳，脚踩活动构件或绊跌而坠落。

6）登高过程中坠落。主要原因是无登高梯道，随意攀爬脚手架、井架登高；登高斜道面板、梯档破损、断裂；登高斜道无防滑措施。

7）在梯子上作业坠落。主要原因是梯子未放稳，人字梯两片未系好安全绳带；梯子在光滑的楼面上放置时，其梯脚无防滑措施，作业人员站在人字梯上移动位置而坠落。

（2）高处坠落事故伤害的应急处置与救治

高空坠落事故在建筑施工中属于常见且多发事故。从高处坠落的人员受到高速坠地的冲击力，会使人体组织和器官遭到一定程度的破坏而引起损伤，并且通常有多个系统或多个器官合并损伤，严重者当场死亡。高空坠落伤员除有直接或间接受伤器官表现外，还有昏迷、呼吸窘迫、面色苍白和表情淡漠等症状，甚至出现胸、腹腔内脏组织器官发生广泛性损伤。高空坠落人员如果是臂部先着地，外力沿脊椎骨传导到颅脑而致伤；如果由高处仰面跌下时，背或腰部受冲击，可引起腰椎前纵韧带撕裂，椎体裂开或椎弓根骨折，易引起脊髓损伤。人员的脑干损伤时常出现较重的意识障碍、光反射消失等症状，也可有严重并发症的出现。

当发生高处坠落事故后，抢救伤员的重点应放在对休克、骨折和出血的处理上。

1）颌面部伤伤员。首先应保持呼吸道畅通，摘除假牙（若有），清除移位的组织碎片、血凝块、口腔分泌物等，同时解开伤员的颈、胸部纽扣。若舌已后坠或口腔内异物无法清除时，可用12号粗针头穿刺环甲膜以维持呼吸，视情况尽可能早作气管切开手术。

2）脊椎骨伤伤员。创伤处用消毒的纱布或清洁布等覆盖，用绷带或布条包扎。搬运时，将伤员平卧放在帆布担架或硬板上，以免受伤的脊椎骨移位、断裂造成截瘫，甚至死亡。抢救脊椎骨伤伤员时，搬运过程中严禁只抬伤员的两肩、两腿或单肩背运。

3）手足骨折伤员。应在骨折部位用夹板把受伤位置临时固定，使断端不再移位或刺伤肌肉、神经或血管。固定方法：以固定骨折处上下关节为原则，可就地取材，使用木板、竹片等。

4）复合伤伤员。要使伤员采用平仰卧位，保持呼吸道畅通，解开其衣领纽扣。

5）周围血管伤伤员。压迫伤部以上动脉血管至骨骼，然后直接在伤口上放置厚敷料，绷带加压包扎以不出血和不影响肢体血循环为宜。

此外，需要注意的是，在搬运和转送伤员的过程中，其颈部和躯干不能前屈或扭转，而应使其脊椎骨伸直。绝对禁止一个抬肩、一个抬腿的搬运方法，以免导致伤员产生或加重截瘫。

14.2.2 触电伤害应急处置

（1）发生人员触电意外伤害的几种情况

1）外电线路触电事故。主要是指人员在施工中碰触施工现场周边的架空线路而发生的触电事故。主要包括：

①脚手架的外侧边缘与外电架空线之间没有达到规定的最小安全距离，也没有按规范要求增设屏障、遮拦、围栏或保护网，在外电线路难以停电的情况下，进行违章冒险施工。特别是在搭、拆钢管脚手架，或在高处绑扎钢筋、支搭模板等作业时发生此类事故较多。

②起重机械在架空高压线下方作业时，塔吊大臂的最远端与架空高压电线间的距离小于规定的安全距离，作业时触碰裸线或集聚的静电荷而造成触电事故。

2）施工机械漏电造成事故。主要有：

①建筑施工机械要在多个施工现场使用，不停地被移动，环境条件较差（泥浆、锯屑污染物较多等），带水作业多，如果保养不

好，机械往往会出现漏电。

②施工现场的临时用电工程没有按照规范要求做到“三级配电，两级保护”，有的工地虽然安装了漏电保护器，但选用的保护器规格不当，关键时刻起不到保护作用。

3）手持电动工具漏电。主要是没有按照《施工现场临时用电安全技术规范》（JGJ 46—2005）要求进行有效的漏电保护，使用者(特别是带水作业）没有戴绝缘手套、穿绝缘鞋。

4）电线电缆的绝缘皮老化、破损及接线混乱造成漏电。有些施工现场的电线、电缆“随地拖、一把抓、到处挂”，乱拉、乱接线路，接线头不用绝缘胶布包扎；露天作业电气开关放在木板上而不用电箱，特别是移动电箱无门，任意随地放置；电箱的进、出线任意走向，接线处带电体裸露，不用接线端子板，“一闸多机”，多根导线接头任意绞、挂在漏电开关或熔断体上；移动机具在插座接线时不用插头，使用小木条将电线头插入插座内等。这些现象造成的触电事故是较普遍的。

5）照明及违章用电。特别是在潮湿环境中作业的移动照明，若不使用安全电压，甚至使用灯泡烘衣、袜等违章用电均容易造成事故。

（2）发生人员意外触电伤害后的应急处置

触电急救的基本原则是动作迅速、方法正确。当通过人体的电流较小时，仅使人产生麻木感，对机体影响不大。当通过人体的电流增大，但小于摆脱电流时，虽可能受到强烈电击，但尚能自己摆脱电源，伤害可能不严重。当通过人体的电流进一步增大，至接近或达到致命电流时，触电者会出现神经麻痹、呼吸中断、心脏搏动停止等现象，呈现昏迷不醒的状态。这时，不应该认为伤者已经死亡，而应该看作是“假死”，应迅速而持久地进行抢救。有资料显示，从触电后 1 min 开始救治，90%的触电者有良好效果；从触电后 6 min 开始救治，10%的触电者有良好效果；而从触电后 12 min 开始救治，触电者被救活的可能性很小。由此可见，应急处置的动作迅速是非常重要的。

发生人员触电，主要运用以下急救方法：

1）脱离电源。人员触电后，可能由于痉挛或失去知觉等原因，抓紧带电体，不能自行摆脱电源。这时，使触电者尽快脱离电源是抢救触电者的首要因素。但要注意，救援人员不可直接用手或其他金属及潮湿的物件作为救护工具，而必须使用适当的绝缘工具。救援人员最好用一只手操作以防触电。需防止触电者脱离电源后可能的摔伤，特别是当触电者在高处的情况下，应考虑防摔措施。即使触电者在平地，也要注意触电者倒下的方向。如事故发生在夜间，应迅速解决临时照明问题，以利于抢救，并避免扩大事故。

2）现场急救方法。当触电者脱离电源后，应根据触电者的具体情况迅速对症救护。现场应用的主要救护方法是人工呼吸法和胸外心脏按压法（具体的急救方法详见本书第10讲心肺复苏技术内容）。应当注意，急救要尽快进行，不能因等候医务人员的到来而延误时间，在送往医院的途中，也不能终止急救。

此外，要注意慎用肾上腺素等强心剂，只有经过心电图仪测定心脏确已停搏时，才可使用，否则将会使触电者的心室纤维性颤动更加恶化。

14.2.3 物体打击伤害应急处置

物体打击是指失控物体的惯性力对人体造成的伤害，失控物体包括高处落物、飞崩物、滚击物及掉物、倒物等。在建筑施工作业中，物体打击伤害事故范围较广，在高位的物体若处置不当，很容易出现物落伤人的情况。这类事故，往往问题发生在上方，而受害的人则在下方，多数都属于作业中引发的伤害他人事故。

(1) 建筑施工中发生物体打击的主要情况

1) 高处落物伤害。在高处堆放材料超高、不稳定造成散落，作业人员在作业时将断砖、废料等随手往地面扔掷；拆脚手架、井架时，拆下的构件、扣件不通过垂直运输设备运往地面，而是随拆随往下扔；在同一垂直面、立体交叉作业时，上、下层间没有设置安全隔离层；起重吊装时材料散落（如吊运砖石时未用砖笼，吊运钢筋、钢管时，吊点不正确，捆绑松弛等）造成落物伤害事故。

2）飞蹦物打击伤害。爆破作业时安全覆盖、防护等措施不完善；工地调直钢筋时没有可靠防护措施，如使用卷扬机拉直钢筋时，夹具脱落或钢筋拉断，造成钢筋反弹打击伤人；使用有柄工具时没有认真检查，作业时手柄断裂，工具头飞出打击伤人等。

3）滚物伤害。主要是在基坑边堆物不符合要求，如砖、石、钢管等滚落到基坑、桩洞内造成基坑、桩洞内作业人员受到伤害。

4）从物料堆上取物料时，物料散落、倒塌造成伤害。物料堆放不符合安全要求，取料者图方便不注意安全；长杆件材料竖直堆放，受震动不稳倒下砸伤人；抬放物品时抬杆断裂等造成击、砸伤害事故。

（2）物体打击伤害的应急处置

建筑施工中，为了做好物体打击事故发生后的应急处置工作，应在事前制定应急预案，建立健全应急预案组织机构，确定人员分工，以便在事故发生的时候按程序应急抢救，如现场包扎、止血等措施，防止伤者流血过多造成死亡。还需要注意的是，日常应备有应急物资，如简易担架、跌打损伤药品、纱布等。

发生物体打击事故后，在应急处置中要注意：

1）一旦有事故发生，首先要高声呼喊，通知现场安全员，马上拨打急救电话，并向上级领导及有关部门汇报。

2）当发生物体打击事故后，尽可能不要移动患者，尽量当场施救。抢救的重点放在颅脑损伤、胸部骨折和大量出血的伤员处置上。

3）发生物体打击事故后，应马上组织抢救伤者，首先观察伤者的受伤情况、部位、伤害性质，如伤员发生休克症状，应首先处理。

遇呼吸、心搏停止者，应立即进行人工呼吸、胸外心脏按压。处于休克状态的伤员要使其保暖、平卧、少移动，并将下肢抬高约20度，尽快送医院进行抢救治疗。

4）如果出现颅脑损伤，必须维持呼吸道通畅，昏迷者应平卧，面部转向一侧，以防舌根下坠或分泌物、呕吐物吸入，发生喉阻塞。有骨折者，应初步固定后再搬运。遇有头部凹陷骨折、严重的颅底骨折及严重的脑损伤症状出现，创伤处用消毒的纱布或清洁布等覆盖，再用绷带或布条包扎后，及时就近送有条件的医院治疗。

5）重伤人员应马上送往医院救治，一般伤员在等待救护车的过程中，要安排专人在大门口迎接救护车，有程序地处理事故，最大限度地减少人员伤亡和经济损失。

6）如果伤员处在不宜施救的场所时，必须将其搬运到能够安全施救的地方，搬运时应尽量多人来操作，同时观察患者呼吸和脸色的变化。如果伤员是脊椎骨骨折，不要弯曲、扭动其颈部和身体，不要接触伤员的伤口，要使伤员身体放松，尽量将其放到担架或平板上进行搬运。

14.2.4 坍塌事故伤害应急处置

坍塌是指建筑物、构筑物、堆置物倒塌以及土石塌方引起的事故。在建筑施工中经常出现坍塌伤害，例如接层工程坍塌、纠偏工程坍塌、交付使用工程坍塌、在建整体工程坍塌、改建工程坍塌、在建工程局部坍塌、脚手架坍塌、平台坍塌、墙体坍塌、土石方坍塌、拆除工程坍塌等。

由于坍塌的过程产生于一瞬间，来势凶猛，现场人员往往难以及时、迅速地撤离，不能撤离的人员，会随着坍塌物体的变动而引发坠落、物体打击、挤压、掩埋、窒息等严重后果。如果现场有危险物品存在时，还可能引发着火、爆炸、中毒、环境污染等灾害。还有因抢救过程中，缺乏应有的防护措施，因而出现再次、多次坍塌，扩大了人员伤亡，容易发生群死群伤事故。近年来，随着高层、超高层建筑物的增多，基坑的深度越来越深，坍塌事故数量也呈现出增多趋势。

（1）造成坍塌伤害事故的主要原因

1）基坑、基槽开挖及人工扩孔桩施工过程中的土方坍塌。主要原因是：基坑、基槽开挖没有按规定放坡，基坑支护没有经过设计或施工时没有按设计要求支护；支护材料质量差而造成支护变形、断裂；边坡顶部荷载大（如在基坑边沿堆土或砖石等，土方机械在边沿处停靠）；排水措施不通畅，造成坡面受水浸泡产生滑动而塌方；冬春之交破土时，没有针对土体胀缩因素采取护坡措施。

2）楼板、梁等结构和雨篷等坍塌。主要原因是：工程结构施工时，在楼板上面堆放物料过多，使荷载超过楼板的设计承载力而断裂；刚浇筑不久的钢筋混凝土楼板未达到应有的强度，为赶进度即在该楼板上面支搭模板浇筑造成坍塌；过早拆除钢筋混凝土楼板、梁构件和雨篷等的模板或支撑，因混凝土强度不够而造成坍塌。

3）房屋拆除坍塌。随着城市建设的迅速发展，拆除工程增多，然而，专业队伍力量薄弱，管理尚不到位，拆除作业人员素质低，拆除工程不编制施工方案和技术措施，盲目蛮干，野蛮施工，造成墙体、楼板等坍塌。

4）模板坍塌。模板坍塌是指用扣件式钢管脚手架、各种木杆件或竹材搭设的高层建筑的楼板的模板，因支撑杆件刚性不够、强度低，在浇筑混凝土时失稳造成模板上的钢筋和混凝土的塌落事故。模板支撑失稳的主要原因是没有进行设计计算，不编制施工方案，施工前未进行安全交底。特别是混凝土输送管路，往往附着在模板上，输送混凝土时产生的冲击和振动更加速了支撑的失稳。

5）脚手架倒塌。主要原因是没有认真按规定编制施工方案，没有执行安全技术措施和验收制度。架子工属特种作业人员，必须持证上岗。但目前，架子工普遍文化水平低，安全技术素质不高，专业性施工队伍少。另外，竹脚手架所用的竹材有效直径达不到要求，搭设不规范，特别是相邻杆件接头、剪刀撑、连墙点的设置不符合安全要求，均会造成脚手架失稳倒塌。

6）塔吊倾翻、井字架（龙门架）倒塌。主要原因是：塔吊起重钢丝或平衡臂钢丝绳断裂致使塔吊倾翻；因轨道沉陷及下班时夹轨钳未夹紧轨道，夜间突起大风造成塔吊出轨倾翻等。塔吊倒塌的另一个原因是，在安装、拆除时，没有编制施工方案，不向作业人员交底。龙门架倒塌的主要原因是：基础不稳固，稳定架体的缆风绳或搭、拆架体时的临时缆风绳不使用钢丝绳，用直径 6 mm 的钢筋，甚至使用尼龙绳代替；附墙架使用竹、木杆并采用铅丝等绑扎，龙门架与脚手架连在一起等。

（2）建筑施工坍塌事故的应急处置

建筑施工中发生坍塌事故后，人们一时难以从事故的惊吓中恢复过来，被埋压的人众多、现场混乱失去控制、火灾和二次坍塌危险处处存在，容易给现场的抢险救援工作带来极大的困难。同时，由于事故的发生，可能造成建筑内部燃气、供电等设施毁坏，导致火灾的发生，尤其是化工装置等构筑物倒塌事故，极易形成连锁反应，引发有毒气（液）体泄漏和爆炸燃烧事故的发生。并且建筑物整体坍塌的现场，废墟堆内建筑构件纵横交错，将遇难人员深深地埋压在废墟里面，给人员救助和现场清理带来极大的困难；建筑物局部坍塌的现场，虽然遇难人员数量较少，但由于楼内通道的破损和建筑结构的松垮，对灭火救援工作的顺利进行也造成一定的困难。

建筑施工发生坍塌事故之后，在应急处置上需要注意以下几个方面：

1）坍塌事故发生后，应及时了解和掌握现场的整体情况，并向上级领导报告，同时，根据现场实际情况，拟定坍塌事故救援实施方案，应执行现场的统一指挥和管理。

2）设立警戒，疏散人员。坍塌事故发生后，应及时划定警戒区域，设置警戒线，封锁事故路段的交通，隔离围观群众，严禁无关车辆及人员进入事故现场。

3）派遣搜救小组进行搜救，对如下几个重要问题进行询问和侦查：

①坍塌部位和范围，可能涉及的受害人数。

②可能受害人或现场失踪人所处位置。

③受害人存活的可能性。

④展开现场施救需要的人力和物力方面的帮助。

⑤坍塌现场的火情状况。

⑥现场二次坍塌的危险性。

⑦现场可能存在的爆炸危险性。

⑧现场施救过程中其他方面潜在的危险性。

4）切断燃气、电和自来水水源，并控制火灾或爆炸。建筑物坍塌现场到处可能缠绕着带电的拉断的电线电缆，随时威胁着被埋压人员和施救人员；断裂的燃气管道泄漏的气体既能形成爆炸性混合气体，又能增强现场火灾的火势；从断裂的供水管道流出的水能很快将地下室或现场低洼的坍塌空间淹没。因此，要及时通知当地的供电、供气、供水部门的检修人员立即赶赴现场，通过关断现场附近的局部总阀或开关消除这类危险。

5）现场清障。迅速清理进入现场的通道，在现场附近开辟救援人员和车辆集聚空地，确保现场拥有一个急救场所和一条供救援车辆进出的通道。

6）搜寻坍塌废墟内部空隙存活者。在坍塌废墟表面受害人被救出后，就应该立即实施废墟内部受害人的搜寻，因为有火灾的坍塌现场，烟火同样会很快蔓延到各个生存空间。搜寻人员最好要携带灭火水枪，以便及时驱烟和灭火。

7）清除局部坍塌物，实施局部挖掘救人。现场废墟上的坍塌物清除可能触动那些承重的不稳构件引起现场的二次坍塌，使被压埋人再次受伤。因此，清理局部坍塌物之前，要制定初步的方案，行动要极其细致谨慎，要尽可能地选派有经验或受过专门训练的人员承担此项工作。

8）坍塌废墟的全面清理。在确定坍塌现场再无被埋压的生存者后，才允许进行坍塌废墟的全面清理工作。

14.2.5　建筑施工人员中暑伤害应急处置

建筑施工主要是在室外作业，在夏季高温的情况下，特别容易发生人员中暑现象。中暑是高温影响下的人体体温调节功能紊乱症状，常因烈日暴晒或在高温环境下重体力劳动所致。

有关中暑的基本知识与急救技术详见本书第11讲有关内容。

第15讲

起重和交通事故伤害与应急处置

起重机械是一种垂直升降或垂直升降并可水平移动重物的机电设备。较为常用的施工起重机械主要有塔式起重机、施工升降机、物料提升机等。塔式起重机、施工升降机、物料提升机等施工起重机械的操作、司索、指挥、装拆等属特种设备作业，从业人员必须按国家有关规定经专门安全作业培训，取得特种设备作业操作资格证书，方可上岗作业。

交通事故俗称“车祸”，是指车辆在道路上因过错或者意外造成人身伤亡或者财产损失的事件。交通事故对人体造成的伤害称为交通事故伤害。道路交通事故包括火车、汽车、摩托车、自行车、地铁等交通工具造成的意外事故。

随着机动车辆的普及与道路交通生产规模的扩大，道路交通事故已经开始成为伤亡人数最多的意外事故。发生道路交通事故主要原因有超员、超载、酒后驾驶、恶劣天气等。

15.1 起重作业常见事故伤害应急处置

15.1.1 起重作业伤害事故的原因

（1）起重司索工未严格遵守起重作业安全规程，违章作业、冒险作业。

（2）安全装置不完善，行车机械、电气故障频繁。

（3）起重机操作工（也称为司机）操作技能欠佳，责任心不强，精力不集中。

（4）指挥信号不标准，上下配合不协调。

（5）工作前未对设备及吊具进行安全检查。

（6）料场库存量严重超量，堆码不齐，堆码超高。

（7）包装不牢固。

除此之外，还有误操作事故、起重机之间的相互碰撞事故、安全装置失效事故以及野蛮操作等原因导致的事故。

15.1.2 起重作业常见事故伤害类型

（1）吊重、吊具等重物从空中坠落所造成的人身伤亡和设备毁坏的事故。

（2）作业人员被挤压在两个物体之间所造成的挤伤、压伤、击伤等人身伤害事故。

（3）从事起重机检修、维护的作业人员不慎从机体摔下或被正在运转的起重机机体撞击，摔落至地面的坠落事故。

（4）从事起重机械操作人员或检修、维护人员因触电而造成的电击伤亡事故。

（5）起重机机体因失去整体稳定性而发生倾翻事故，造成起重机机体严重损坏以及人员伤亡的事故。

15.1.3 起重作业事故伤害应急处置

（1）发现有人受伤后，必须立即停止起重作业，向周围人员呼救，同时通知急救中心，以及拨打“120”等急救电话。电话求救时，应注意说明受伤者的受伤部位和受伤情况，发生事故的区域或场所，以便让救护人员事先做好急救的准备。

（2）组织进行急救的同时，应立即上报本企业（项目）安全生产应急领导小组，启动应急预案和现场处置方案，最大限度地减少人员伤害和财产损失。

(3) 现场救护人员对伤员进行必要的包扎、止血等措施，防止伤员因流血过多造成死亡。应尽快将伤员送往医院救治。

(4) 发生断手、断指（趾）等严重情况时，对伤者伤口要进行包扎、止血、止痛、进行半握拳状的功能固定。对断手、断指（趾）应用消毒或清洁敷料保护，忌将断指（趾）浸入酒精等消毒液中，以防组织细胞变质。将包好的断手、断指（趾）放在无泄漏的塑料袋内，扎紧袋口，在袋周围放置冰块，或用冰棍代替，速随伤者送医院抢救。

(5) 受伤人员出现肢体骨折时，应尽量保持受伤的体位，由现场急救人员对伤肢进行固定，并在其指导下采用正确的方式进行抬运，防止因救助方法不当导致伤情进一步加重。

(6) 受伤人员出现呼吸、心搏停止时，必须立即进行心肺复苏。

(7) 在做好事故应急救援的同时，应注意保护事故现场，对相关信息和证据进行收集和整理，配合上级和当地政府部门做好事故调查工作。

15.2 交通事故常见伤害应急处置

15.2.1 交通事故伤害的类型

交通事故的发生过程及其造成人员损伤的类型非常复杂，危重伤发生率高、死亡率高，同时车祸发生的地理环境、气象条件、受伤人数等客观因素给现场评估和现场救护带来很多困难。因此，了解交通事故伤害的类型与特点，对现场伤员开展急救，降低其伤残和死亡起着至关重要的作用。

交通事故伤害的主要类型有：

(1) 撞击伤

由于车辆或其他钝性物体与人体相撞导致的损伤，多为钝性损伤和闭合性损伤。

（2）跌落伤

因交通事故导致人体从高处坠落造成的损伤，可造成多处骨折和脊椎骨损伤。

（3）碾压伤

由于车轮碾压、挤压人体造成的伤害，轻者有软组织损伤，重者则可导致严重的组织撕脱、骨折、肢体离断等损伤。

（4）切割、刺入伤

在交通事故中，锐利的物体会对人体组织因切割或刺入造成损伤，可能造成内脏、血管、神经的直接损伤。

（5）挤压伤

人体肌肉丰富的部位，在受到重物挤压一段时间后，会造成筋膜间隙内肌肉缺血、变性、坏死，组织间隙出血、水肿，筋膜腔内压力升高，导致以肌肉坏死为主的软组织损伤。

（6）挥鞭伤

这类伤害是指车内人员在撞车或者紧急刹车时，因颈部过度后伸或过度前曲而产生的损伤，易造成脊椎骨的脱位尤其是颈椎骨和脊髓的损伤。

（7）烧伤

在交通事故中，由于热、电、化学等因素对人体会造成烧伤。车辆燃烧产生的有毒烟雾还可造成人员中毒。

（8）爆炸伤

车辆因起火爆炸会引发对人体的损伤，主要是冲击波和继发投射物造成的损伤。

（9）溺水

车辆翻坠至河里、池塘、湖里时，车内人员落水易造成溺水。

15.2.2 交通事故伤害的特点

交通事故伤害一般涉及人体的各部位，易发生大出血、窒息、休克等危及生命的严重状态。由于受力大、受伤突然，伤情变化快，早期易出现休克、昏迷等危重症状。

首先骨折是交通事故伤害中最常见的损伤，特点是：各个部位骨折均可发生；可同时发生多处骨折；易发生颈椎、腰椎、胸椎骨折。其次一些人体的重要部位也易受到伤害，如颅脑外伤、胸腹部外伤、腹部脏器伤等。另外，还容易发生人体的穿通伤、致命伤，严重的皮肤擦伤、软组织挫裂伤，肢体毁损伤、离断伤，烧伤。

15.2.3 交通事故伤害应急处置

车祸发生后，除了确保伤者安全外，还要及时拨打“122”或“110”电话，以防引发其他车祸，同时拨打“120”急救电话。车祸时无论伤者受伤程度如何，均需送医院就诊。

（1）求救

无法自行处理时，一定要向旁人求救，及时联络救护车。发生人员伤亡的车祸都必须报警。确保伤者安全，原则上尽量不要移动伤者。但若出事地点太危险，则找人帮忙，小心地将伤者搬移至安全场所。

（2）自救互救

车祸现场要抓紧时间进行自检、自救与互救。一般来说，头部、胸部受伤或多处受伤者，出血多者及昏迷者，均列为重伤。对生命垂危伤员及心搏、呼吸停止者，需立即进行心肺复苏。对意识丧失者，用手帕、手指清除伤员口鼻中的泥土、杂物、呕吐物及分泌物等，紧急时可用口吸出，以使呼吸道畅通，随后将伤员放置在侧卧位或俯卧位，以防窒息。对出血多者立即进行加压止血包扎，紧急时可用干净手帕、衬衣等将伤口紧紧压住、包扎。动脉出血不止时，如在四肢，可在伤口上方 10 cm 处扎止血带。如发现开放性气胸，对吮吸性伤口应进行严密封闭包扎。伴有呼吸困难的张力性气胸，有条件时可在第二肋骨与锁骨中线的交叉点进行穿刺排气或放置引流管。对呼吸困难、缺氧并伴有胸廓损伤，胸壁浮动（呼吸反常运动者）应立即用衣物、棉垫等充填，并适当加压包扎，以限制其浮动。对骨折、脱臼者要就地取材，用木棍、木板、竹片、布条等固定骨折肢体。

（3）现场急救

车祸时可能引起各类不同程度的伤害，最重要的是要沉着应对。首先要检查的是伤员的意识及呼吸、脉搏情况。千万不要扭曲伤者身体，因为车祸时常伤及颈部骨头及神经，扭曲伤者身体是致命的动作。除了检查伤员的意识、呼吸、脉搏外，更重要的是检查有没有大出血。血液自伤口大量喷出的动脉性出血或大量流出的静脉性出血，都可能造成伤员生命危险，此时需尽快进行止血。要用干净的手帕压住伤口，利用直接压迫法来防止大出血。大出血时很容易引起休克，所以必须施行休克救护。若意识清醒、未有大出血的轻伤伤员，在救护车抵达前，依伤情进行救护。

（4）医疗检查

车祸时，无论伤情多么轻微，即使看来毫发无伤，也一定要接受医学诊治，以免引起令人意想不到的内伤或后遗症。

第 *16* 讲

化工生产事故伤害与应急处置

化工企业生产系统具有易燃易爆、易腐蚀、有毒、高温、高压等特点，与其他行业相比，生产过程中潜在的不安全因素较多，危险性和危害性较大，因此对安全生产工作的要求也更加严格。目前，随着化工生产技术的发展和生产规模的扩大，安全已经不再局限于企业自身，一旦发生有毒有害物质泄漏，不但会造成生产人员中毒伤害事故，导致生产停顿、设备损坏，并且还有可能波及社会，造成企业外的其他人中毒伤亡，产生无法估量的损失和难以挽回的不良影响。

16.1 化工生产及其事故的特点

16.1.1 化工生产的特点

化工企业运用化学方法从事产品的生产，生产过程中的原材料、中间产品和成品大多数都具有易燃易爆的特性，且对人体存在着不同程度的危害。化工生产与其他行业生产还有所不同，具有高温、高压、毒害性、腐蚀性、生产连续性等特点，比较容易发生泄漏、火灾、爆炸等事故，而且事故一旦发生，比其他生产行业事故具有更大的危险性，常常造成群死群伤的严重事故。

化工企业在生产经营以及储存、运输、使用等环节，由于自身的特性所决定，具有以下四个方面的特点：

（1）生产原材料具有特殊性

化工生产使用的原材料和燃料种类繁多，并且绝大部分是易燃、易爆、有毒有害、有腐蚀性的危险化学品，这不仅在生产过程中对这些原材料、燃料，而且对中间产品和成品的使用、储存和运输都提出了较高的要求。

（2）生产过程具有危险性

在化工生产过程中，所要求的工艺条件严格甚至苛刻，有些化学反应需要在高温、高压条件下进行，有的需要在低温、高真空度条件下进行。在化工生产过程中稍有不慎，就容易发生有毒有害气体泄漏、爆炸、火灾等事故，酿成巨大的灾难。

（3）生产设备、设施具有复杂性

化工企业的一个显著特点，就是各种各样的管道纵横交错，大大小小的压力容器遍布全厂，各类化学物质需要经过各种装置、设备的化合、聚合、高温、高压等程序，生产过程复杂，生产设备、设施也复杂。大量设备、设施的应用，虽然减轻了操作人员劳动强度，提高了生产效率，但是一旦失控，就会产生各种事故。

（4）生产方式具有严密性

目前的化工生产方式，已经从过去落后的坛坛罐罐的手工操作、间断生产，转变为高度自动化、连续化生产；生产设备由敞开式变为密闭式；生产装置从室内走向露天；生产操作由分散控制变为集中控制。同时，生产过程由人工手动操作变为仪表远程操作，进而发展为计算机控制，从而进一步要求严格周密。

16.1.2 化工生产事故的特点

化工生产事故具有以下突出特点：一是化学物质大量意外排放或泄漏造成的事故，导致人员的伤亡极其惨重，损失巨大。二是化工生产事故不仅有化学性损害且具有损害多样性，即事故不仅能够造成人员的死亡，还能够对受伤害者造成人体各器官系统暂时性或永久性的功能性或器质性损害；可以是急性中毒，也可以是慢性中毒；不但影响本人，也有可能影响后代；可以致畸，也可以致癌。

三是化工生产事故由于各种毒物分布广、事故多，因而污染严重，且环境被污染后，彻底消除十分困难。四是化工生产事故不受地形、气象和季节影响。无论企业规模大小、气象条件如何，也无论春夏秋冬，化工生产事故随时随地都有可能发生。五是化学物质种类多，目前统计有 5 000~10 000 种，因而当事故发生后，迅速确定是由哪种物质引起的伤害十分困难，这对事故发生后的应急救援工作不利。

在化工生产中，由于各种原因，在危险化学品生产、运输、储存、销售、使用和废弃物处置等各个环节都出现过许多重特大事故，给人民的生命、财产造成严重的损失。

16.2 化工生产事故应急处置

16.2.1 火灾、爆炸事故应急处置

（1）扑救危险化学品火灾的一般对策

1）扑救初期火灾。在火灾尚未扩大到不可控制之前，应尽快用灭火器来控制火灾。迅速关闭火灾部位的上下游阀门，切断进入火灾事故地点的一切物料，然后立即启用现有各种消防装备扑灭初期火灾并控制火源。

2）对周围设施采取保护措施。为防止火灾危及相邻设施，必须及时采取冷却保护措施，并迅速疏散受火势威胁的人员和物资。有的火灾可能造成易燃液体外流，这时可用沙袋或其他材料筑堤拦截流淌的液体或挖沟导流，将物料导向安全地点。必要时用毛毡、湿草帘堵住下水井、窨井口等处，防止火焰蔓延。

3）火灾扑救。扑救危险化学品火灾决不可盲目行动，应针对每一类化学品，选择正确的灭火剂和灭火方法。必要时采取堵漏或隔离措施，预防次生灾害的发生。当火势被控制住以后，仍然要派人监护、清理现场、消灭余火。

（2）几种特殊物品火灾的扑救注意事项

1）扑救液化气体类火灾时，切忌盲目扑灭火势，在没有采取堵漏措施的情况下，必须保持稳定燃烧。否则，大量可燃气体泄漏出来与空气混合，遇着火源就会发生爆炸，后果将不堪设想。

2）对于爆炸性物品火灾，切忌用沙土盖压，以免增强爆炸性物品爆炸时的威力；扑救爆炸物品堆垛火灾时，水流应采用吊射，避免强力水流直接冲击堆垛，以免造成堆垛倒塌引起再次爆炸。

3）对于遇湿易燃物品火灾，绝对禁止用水、泡沫、酸碱等湿性灭火剂扑救。

4）氧化剂和有机过氧化物火灾的扑救比较复杂，应针对具体物质具体分析。

5）扑救毒害品和腐蚀品的火灾时，应尽量使用低压水流或雾状水，避免腐蚀品、毒害品溅出；遇酸类或碱类腐蚀品，最好调制相应的中和剂稀释中和。

6）易燃固体、自燃物品一般都可用水和泡沫扑救，只要控制住燃烧范围，逐步扑灭即可。但有少数易燃固体、自燃物品火灾的扑救方法比较特殊，如2，4-二硝基苯甲醚、二硝基萘、萘等是易升华的易燃固体，受热放出易燃蒸气，能与空气形成爆炸性混合物，尤其在室内易发生爆燃，在扑救过程中应不时向燃烧区域上空及周围喷射雾状水，并消除周围一切火源。

注意：发生危险化学品火灾时，灭火人员不应单独灭火，应该2~3人一组，相互照应。灭火时出口应始终保持畅通，发生意外要保证能够及时撤出。

（3）爆炸事故的应急处置要领

1）迅速判断和查明再次发生爆炸的可能性和危险性，紧紧抓住爆炸后和再次发生爆炸之前的有利时机，采取一切可能的措施，全力制止再次爆炸的发生。

2）如果有疏散可能，人身安全确有可靠保障，应迅速组织力量及时疏散着火区域周围的爆炸物品，使着火区周围形成一个隔离带。

3）灭火人员应尽量利用现场现成的掩蔽体或尽量采用卧姿等低姿射水，尽可能地采取自我保护措施。消防车辆不要停靠在离爆炸物品太近的水源附近。

4）灭火人员发现有发生再次爆炸的危险时，应立即向现场指挥人员报告，现场指挥人员应迅速做出准确判断，确有发生再次爆炸征兆或危险时，应立即下达撤退命令。灭火人员看到或听到撤退信号后，应迅速撤至安全地带，来不及撤退时，应就地卧倒。

16.2.2 危险化学品泄漏事故应急处置

危险化学品泄漏事故具有突发性、复杂性和高度致命性的特点，事故作用时间长，所造成的危害极大，给民众带来的心理恐慌大，远期效应明显。在进行危险化学品泄漏事故应急处置过程中，一定要首先做好自身的安全防护。个人防护装备是危险化学品事故抢险救援人员必备的防护装备，救援中应当正确选用。

（1）呼吸防护装备的种类和正确选用

呼吸防护用品主要分为过滤式和隔绝式两种。过滤式呼吸器只能在不缺氧的环境（即环境空气中氧含量不低于18%）和低浓度毒污染下使用，一般不能用于罐、槽等密闭狭小容器中作业人员的防护。过滤式呼吸器主要有防尘呼吸器和防毒呼吸器。隔绝式呼吸器能使呼吸器官与污染环境隔离，由呼吸器自身供气（空气或氧气），或从清洁环境中引入空气维持人体的正常呼吸，可在缺氧、尘毒严重、情况不明的危险化学品事故处置场所使用，一般不受环境条件限制。隔绝式呼吸器按供气形式分为自给式和长管式两种类型。危险化学品事故抢险救援场所人员主要佩戴隔绝式呼吸器。

1）应根据作业场所粉尘的浓度、性质、分散度，作业条件及劳动强度等因素，合理选择不同防护级别的防尘或防微粒防尘呼吸器。

2）防毒呼吸器应根据作业场所毒物的浓度、种类、作业条件选择使用，使用者应选择适合自己面型的面罩型号，选定好滤毒罐的种类和品种。

（2）救援防护装备与器材的选用

1）防护服。防护服的种类很多，供危险化学品事故应急处置现场人员使用的主要有防毒服和防火服。

防毒服分为密闭型和透气型两大类。密闭型防护服又可分为送气型防护服、胶布防毒衣等，一般在污染较严重的场所使用。其中，送气型防护服整体为密闭式结构，在腋下、袖口、裤口处设置排气阀门，清洁空气从头部送入，由排气阀排出；胶布防毒衣采用特制的防毒胶布缝制拼接而成，可防止强烈刺激性毒气和烧伤性、脂溶性液体化学物质对皮肤造成伤害。透气型防护服可分为透气型防毒衣，防酸、碱工作服等。其中，透气型防毒衣使用特殊透气性材料缝制，其袖口、裤口设置纽扣或扎带，能防护一定量毒气、毒烟雾对人体造成的危害；防酸碱工作服采用耐酸碱材料制成，保护人体不受酸碱液体及其气雾伤害。

防火服主要用于消防、火灾场所人员的防护，选用耐高温、不易燃、隔热、遮挡辐射热效率高的材料制成。

2）眼部防护用品。防酸碱眼罩呈全封闭状，眼面呈斜方形，形状呈弦弧形。软体眼罩左右侧及底部均有透气孔，耳部附有一根强拉力松紧带，可自由调节，在罩体上部有一沟槽，可以防止酸碱液喷溅时，渗入皮肤与罩体的缝隙间。

3）手、脚部防护用品。在危险化学品作业场所主要使用耐腐蚀的手套和防酸碱靴。常用的耐腐蚀手套有橡胶耐酸碱手套，乳胶耐酸碱手套和塑料耐酸碱手套，应具有耐酸碱腐蚀，防酸碱渗透，耐老化，具有一定的强力性能，用于手接触酸碱液的防护。防酸碱靴，主要用于地面有酸碱及其他腐蚀性液体或有腐蚀性液体飞溅的场所。防酸碱靴的底和皮应具有良好的耐酸碱性能和抗渗透性能。

(3) 进入泄漏现场的注意事项

进入泄漏现场进行应急处置时，一定要注意安全防护：

1) 进入现场的救援人员必须佩戴必要的个人防护装备。

2) 如果泄漏物是易燃易爆的，事故中心区应严禁火种，切断电源，禁止车辆进入，立即在边界设置警戒线。

3) 如果泄漏物是有毒的，应使用专用防护服、隔绝式呼吸器，并立即在事故中心区边界设置警戒线。

4) 应急处理时严禁单独行动，要有监护人，必要时用水枪、水炮掩护。

在确保人员安全的前提下，尽快关阀堵漏。根据实际情况，可以采取关闭阀门、停止作业或改变工艺流程、物料走副线、局部停车、打循环、减负荷运行等，采用合适的材料和技术手段堵住泄漏处。

(4) 对泄漏物的处理

处理泄漏物，通常有以下几种办法：

1) 围堤堵截。筑堤堵截泄漏液体或者将其引流到安全地点。储罐区发生液体泄漏时，要及时关闭雨水阀，防止物料沿明沟外流。

2) 稀释与覆盖。向有害物蒸气云喷射雾状水，加速气体向高空扩散。对于可燃物，也可以在现场施放大量水蒸气或氮气，破坏燃烧条件。对于液体泄漏，为降低物料向大气中的蒸发速度，可用泡沫或其他覆盖物品覆盖外泄的物料，在其表面形成覆盖层，抑制其蒸发。

3) 收集。对于大规模泄漏事故，可选择用隔膜泵将泄漏出的物料抽入容器内或槽车内；当泄漏量小时，可用沙子、吸附材料、中和材料等吸收中和。

4) 废弃。将收集的泄漏物运至废物处理场所处置。用消防水冲洗剩下的少量物料，冲洗水排入污水系统处理。

(5) 努力减轻泄漏危险化学品的毒害

参加危险化学品泄漏事故处置的车辆应停于上风方向，消防车、洗消车、洒水车应在保障供水的前提下，从上风方向喷射开花或喷雾水流对泄漏出的有毒有害气体进行稀释、驱散；对泄漏的液体有害物质可用沙袋或泥土筑堤拦截，或开挖沟坑导流、蓄积，还可向沟、坑内投入中和（消毒）剂，使其与有毒物直接起氧化、氯化作用，从而使有毒物改变性质，成为低毒或无毒的物质。对于某些毒性很大的物质，还可以在消防车、洗消车、洒水车水罐中加入中和剂（浓度比为5%左右），则驱散、稀释、中和的效果更好。

1）搞好现场检测。应不间断地对泄漏区域进行定点与不定点的检测，以及时掌握泄漏物质的种类、浓度和扩散范围，恰当地划定警戒区。

2）把握好灭火时机。当危险化学品大量泄漏，并在泄漏处稳定燃烧，在没有绝对把握制止泄漏的情况下，不能盲目灭火，一般应在制止泄漏成功后再灭火。否则，极易引起再次爆炸、起火，将造成更加严重的后果。

16.2.3 人员中毒事故伤害应急处置

发生有毒物质泄漏事故后，现场人员应立即向有关部门报告；通知停止周围一切可能危及安全的动火、产生火花的作业，消除一切火源；通知附近无关人员迅速离开现场，严禁无关人员进入毒区等。

（1）中毒事故现场应急处置注意事项

进行现场急救的人员，应按照事故预案进行处置，遵守相关规定，不要盲目采取行动。需要注意的事项有：

1）参加抢救人员必须听从指挥，抢救时必须分组有序进行，不能慌乱。

2）救护者应戴好防毒面具或氧气呼吸器，穿好防毒服后，从上风向快速进入事故现场。

3）迅速将伤员从上风向转移到空气新鲜的安全地方。

4）救护人员在工作时，应注意检查个人危险化学品应急救援防护装备的使用情况，如发现异常或感到身体不适时要迅速离开染毒区。

5）假如有多个中毒或受伤的人员被送到救护点，应按照“先救命、后治病，先重后轻、先急后缓”的原则分类对伤员进行救护。

（2）窒息性气体中毒应急处置

一氧化碳、硫化氢、氮气、光气、双光气、二氧化碳及氰化物气体等统称窒息性气体，它们引起急性中毒事故的共同特点是突发性、快速性和高度致命性，常来不及抢救。因此，一旦发现此类窒息性气体的现场有人中毒昏迷，单凭勇敢精神和搭救愿望贸然进入毒源区，非但救不了他人，反而会危害自已。应当采取“一戴二隔三救出”的急救措施。

1）“一戴”。施救者应立即佩戴好输氧或送风式防毒面具，无条件时可佩戴防毒口罩，但需注意口罩型号要与毒物防护种类相符，腰间系好安全带（或绳索），方可进入高浓度毒源区域施救。由于防毒口罩对毒气滤过率有限，故佩戴者不宜在毒源处活动时间过久，必要时可轮流或重复进入。毒源区外人员应严密观察、监护，并拉好安全带（或绳索）的另一端，一旦发现危情迅速令其撤出或将其牵拉出。

2）“二隔”。由施救人员携带送风式防毒面具或防毒口罩，并尽快将其戴在中毒者口鼻上，紧急情况下也可用便携式供氧装置（如氧气袋、瓶等）供其吸氧。此外，毒源区域迅速通风或用鼓风机向中毒者方向送风也有明显效果。

3）“三救出”。抢救人员在“一戴、二隔”的基础上，争分夺秒地将中毒者移离出毒源区，进一步做医疗急救。一般以两名施救人员抢救一名中毒者为宜，可缩短急救时间。

16. 2. 4　有限空间作业事故伤害应急处置

在化工企业，由于生产的需要，塔、槽、炉、罐、井等设备不但随处可见，而且数量繁多，它们承担着重要的生产任务，起着重要生产作用。因多数设备内存介质都与易燃易爆、有毒、易腐蚀的气体、液体有关，所以进入有限空间或者密闭空间作业，特别需要注意安全。如果发现有对作业人员不利的异常情况，应及时通知作业人员快速退出危险作业场所。如果有限空间内作业人员发生了身体不适、晕眩、昏迷等异常病状，应及时组织抢救。

（1）有限空间作业事故伤害应急处置注意事项

1）现场应急指挥负责人和应急人员首先对事故情况进行初始评估。根据观察到的情况，初步分析事故的范围和扩展的潜在可能性。

2）使用检测仪器对有限空间有毒有害气体的浓度和氧气的含量进行检测，也可采用动物（如白鸽、白鼠、兔子等）试验方法或其他简易快速检测方法作辅助检测。

3）根据测定结果采取加强通风换气等相应的措施，只有在有限空间的空气质量符合安全要求后方可作业。

4）抢险人员要穿戴好必要的个体防护装备（呼吸器、工作服、工作帽、手套、工作鞋、安全绳等），系好安全带，以防受到伤害。

5）在有限空间内作业用的照明灯应使用 12 V 以下安全行灯，照明电源的导线要使用绝缘性能好的软导线。

6）发现有限空间有受伤人员，用安全带系好被抢救者两腿根部及上体妥善提升，使受伤者脱离危险区域，避免影响其呼吸或触及受伤部位。

7）抢险过程中，有限空间内抢险人员与外面监护人员应保持通信联络的畅通，并确定好联络信号。在抢险人员撤离前，监护人员不得离开监护岗位。

8）救出伤员，对其进行现场急救，并及时将伤员转送医院。

（2）中毒伤员急救的注意事项

1）由呼吸道中毒者，应迅速使其离开现场，到新鲜空气流通的地方。

2）经口服中毒者，应立即洗胃，并用催吐剂促其将毒物排出。

3）经皮肤中毒者，必须用大量清洁自来水冲洗皮肤。

4）眼、耳、鼻、咽喉黏膜损坏，引起各种刺激症状者，需分轻重，先用清水冲洗，然后由专科医护人员处理。

（3）缺氧窒息伤员急救的注意事项

1）迅速撤离现场，将窒息者移到有新鲜空气的通风处。

2）视情况对窒息者输氧或进行人工呼吸等，严重者迅速送往医院处理。

3）佩戴呼吸器者，一旦感到呼吸不适，应迅速撤离现场，呼吸新鲜空气，同时检查呼吸器的问题，及时更换合格的呼吸器。

第 17 讲

煤矿生产事故伤害应急处置

由于煤矿企业危险、有害因素复杂，在进行事故预防或事故伤害分类时，一般以危险物质为主线来进行，并结合工艺流程及具体的作业条件、作业方式、使用的设备设施及周围环境、水文地质等情况进行综合考虑。但是，应该明确的是，煤矿特别是其井下生产环节事故多发，而且很多是各类事故综合致害。因此，在事故伤害应急处置与救援中，不但要熟悉专项救援预案的基本知识，还要了解综合救援预案的综合应用。

一般来说，煤矿主要危险、有害因素导致的事故危害有：开拓开采系统危害、顶板事故危害、瓦斯危害、煤尘爆炸危害、火灾危害、水灾危害、电气伤害、机械伤害、爆破作业危害、运输提升危害、中毒窒息以及其他伤害。本讲列选了常见的煤矿危险、有害因素导致的事故伤害及其应急处置知识。

17.1　煤矿瓦斯爆炸事故伤害应急处置

瓦斯主要成分是甲烷，矿井瓦斯是伴随煤炭生成的一种气体。在煤层内，吸附的瓦斯量约占煤层瓦斯含量的 80%~90%，但是在断层、孔洞和砂岩内，主要为游离瓦斯。如果瓦斯的压力较高，采掘工作接近这些地点时，在压力的作用下就能突然大量涌出，造成事故。

17.1.1 煤矿瓦斯及其事故预防的技术措施

(1) 瓦斯的性质及特点

1) 瓦斯是一种无色、无味的气体,利用人体感官很难鉴别,所以检测瓦斯时必须使用专门的检测仪器。此外,瓦斯比空气轻,易在高处积存。

2) 瓦斯难溶于水,但是如果煤层中有较大的含水裂隙或流通的地下水通过时,经过漫长的地质年代,也能从煤层中带走大量瓦斯,降低煤层中的瓦斯含量。

3) 瓦斯的扩散能力很强。生产中若有瓦斯从某一地点向外涌出,它就能很快在巷道中扩散。又由于瓦斯分子直径很小,渗透能力很强,因此,已封闭的采空区内的瓦斯仍能不断地渗透到其他巷道的空气中。

4) 瓦斯无毒,但不能供人呼吸,当空气中的瓦斯浓度较高时会相对降低空气中的氧含量,从而造成人的窒息。同时,矿井瓦斯中含有的乙烷和丙烷还有轻微的麻醉性。在矿井通风不良或不通风的煤巷中,往往积存大量的瓦斯,人如果进入这些地点,能很快造成昏迷、窒息,甚至死亡。

5) 瓦斯具有燃烧性和爆炸性。瓦斯与空气混合达到一定浓度后遇火能燃烧或爆炸。

6) 瓦斯引燃有延迟性。因瓦斯的热容量较大,当瓦斯与高温火源接触时并不会立刻发生燃烧,而是要经过一定的时间才能发生燃烧,这种现象被称为瓦斯点燃的延迟性,间隔的这段时间被称为瓦斯爆炸感应期。感应期的长短与瓦斯浓度、火源温度和火源性质等有关。

(2) 瓦斯事故预防的技术措施

防治瓦斯爆炸的技术措施很多,主要有以下三个方面:

1) 防治瓦斯积聚。防治瓦斯被引燃,防治瓦斯爆炸事故的扩大，根本措施还是防治瓦斯积聚和防治瓦斯被引燃。

2）防治瓦斯积聚的措施。加强通风是防治瓦斯积聚的根本措施；及时处理局部积存瓦斯；抽放瓦斯的方法一般是用在矿井瓦斯涌出量很大、用一般的技术措施效果不佳的情况下使用；对于井下易于积聚瓦斯的地方，要经常检查其浓度，若发现瓦斯超限应及时处理。

3）防治瓦斯燃烧的措施。禁止携带香烟及点火工具下井。井下禁止使用电炉，井下和井口房内不准从事电焊、气焊和使用喷灯焊接等工作。如果必须使用，则须制定安全措施，并报上级批准。在瓦斯矿井应选用矿用安全型、矿用防爆型或矿用安全火花型电气设备，在使用中应保持良好的防爆、防火花性能。电缆接头不准有“羊尾巴、鸡爪子、明接头”。停电停风时，要通知瓦斯检查人员检查瓦斯。恢复送电时，要经过瓦斯检查人员检查后，才准许恢复送电工作。严格执行“一炮三检”制度。

17.1.2　煤矿瓦斯爆炸应急处置

（1）煤矿井下一旦发生瓦斯爆炸事故，现场班组长、跟班干部要立即组织人员正确佩戴好自救器，引领人员按避灾路线到达最近新鲜风流中，第一时间向矿调度室报告事故地点、现场灾难情况，同时向所在单位值班人员报告。

（2）撤离时要正确佩戴好自救器，快速撤离，但不能慌乱，尽量低姿势或匍匐前行。

（3）如因灾难破坏了巷道中的避灾路线指示牌、迷失了行进的方向时，撤退人员应朝着有风流通过的巷道方向撤退。在撤退沿途和所经过的巷道交叉口，应留设指示行进方向的明显标志，以提示救援人员的注意。

（4）在撤退途中听到或感觉到爆炸声或有空气震动冲击波时，应立即背向声音和气浪传来的方向，脸向下，双手置于身体下面，闭上眼睛，迅速卧倒，头部要尽量放低，有水沟的地方最好躲在水沟边上或坚固的掩体后面，用衣物遮盖身体的裸露部分，以防火焰和高温气体灼伤皮肤。

(5) 在唯一的出口被封堵而无法撤退时，应有组织地进行灾区内避灾，以等待救援。

在瓦斯爆炸事故中，永久避难硐室是遇险人员无法撤出或一时难以撤出灾区时，供遇险人员暂时避难待救的场所。永久避难硐室在瓦斯爆炸时能够起到较好的避灾作用，但由于硐室内空间比较狭小，容纳人员有限，且随着工作面的不断向前推进，永久避难硐室距离工作面也越来越远，因此，遇险人员很难及时到达。为了解决这一问题，煤矿井下都视情况设置有临时避难硐室。

在发生瓦斯爆炸事故后，遇险人员一时难以沿着避灾路线撤出灾区或难以迅速到达永久避难硐室时，应立即佩戴自救器，到附近的、掘进长度较长的、有压风管路且瓦斯爆炸前正常通风但事故时断电停风的掘进独头巷道内，将其作为临时避灾场所（即临时避难硐室）等待救援。临时避难硐室避灾法同样具有较好的井下避灾作用，能够给众多遇险人员提供避难场所，有利于瓦斯爆炸事故应急救援工作的展开。

进入避难硐室前，应在硐室外留设文字、衣物、矿灯等明显标志，以便于救援人员发现。进入硐室后，开启压风自救系统，可采取有规律地、间断地敲击金属物、顶帮岩石等方法，发出呼救联络信号，以引起救援人员的注意，指示遇险人员所处的位置。

17.1.3 处置瓦斯爆炸事故的注意事项

(1) 佩戴自救器呼吸时会感到稍有烫嘴，这是正常现象，此时不得取下口具和鼻夹，以防中毒。

(2) 救援队员救援时必须佩戴呼吸器，必须侦查灾区有无火源，避免再次引发爆炸。

（3）救援队员进入灾区探险或救人时，要时刻检查氧气消耗量，保证有足够的氧气返回。

（4）抢险救援期间不得停止井下通风，以供灾区人员呼吸。

（5）掘进工作面发生爆炸或火灾时，正在运转的局部通风机不可随意停止，对已停止运行的局部通风机不得随意启动。

17.2 煤矿火灾伤害应急处置

煤矿井下为封闭空间，矿井火灾中产生的有毒有害气体会随风流扩散，使灾害范围扩大。又由于井下空间狭窄，给灭火带来极大困难，因此，矿井火灾被列为煤矿重大灾害之一。

17.2.1 矿井火灾的不同类型

矿井火灾按照发火原因的不同可分为内因火灾和外因火灾。

（1）内因火灾

内因火灾是由于煤炭自燃引起的火灾。煤炭之所以能发生自燃，是因为煤炭具有吸收氧气的能力。当煤炭被破碎后或煤层本身裂隙发育时，煤体表面积大大增加，在此情况下，空气中的氧会与之发生氧化反应并生成一定的热量。如果氧化生成的热量不能及时被冷却，它又会加速煤炭的氧化，氧化又将有大量的热量生成。这样恶性循环下去，一旦煤体温度达到其燃烧点，煤炭就会发生自燃。

内因火灾一般发火地点比较隐蔽，不易发现，灭火困难。从以往经验看，煤炭自燃一般经常发生在有大量遗留煤而未及时封闭或封闭不严的采空区内，废弃的联络巷和停采线处，巷道两侧和遗留在采空区内受压破坏的煤柱上，以及巷道内堆积的浮煤或煤巷的冒顶、片帮等处。

（2）外因火灾

外因火灾是由外来火源引起的火灾。造成外因火灾的主要原因：

1）由明火引起的矿井火灾，如井下吸烟、井下使用电（气）焊、井下使用电炉和大灯泡取暖等引起易燃物着火。

2）电气故障引起矿井火灾，如电流短路产生的弧光、电火花、电缆放炮、设备过载运行导致设备发热等引起的火灾。

3）井下违章爆破引起矿井火灾，如使用变质炸药，井下放糊炮、放明炮和明火放炮，以及井下爆破不使用水炮泥、炮眼封泥量不足等都会引起火灾。

4）瓦斯、煤尘爆炸产生的高温引起的矿井火灾。

5）撞击火花、摩擦生热等也会引起矿井火灾。

外因火灾的特点是发生突然、来势凶猛，且发生的时间与地点往往出乎人们的意料，由于没有思想准备，因而会造成人们因惊慌失措而酿成恶性事故。同时，火灾能产生大量的有毒有害气体，煤炭燃烧会产生一氧化碳、二氧化碳、二氧化硫、烟尘等，造成人员中毒。另外，井下坑木、橡胶类物品、聚氯乙烯制品等燃烧时，不仅会产生一氧化碳气体，同时还会产生醇类、醛类以及其他一些复杂的有机化合物等有毒有害气体，这些气体会随着风流在井下扩散，有时会波及很大的范围甚至全矿井，从而造成大量人员中毒伤亡。据国内外有关资料统计，在矿井火灾事故中95%以上的遇难人员是死于有毒气体中毒。

火灾易引起瓦斯、煤尘的爆炸。火灾引起瓦斯、煤尘的爆炸的原因，一是火灾为瓦斯、煤尘爆炸提供了引爆火源；二是由于火灾的作用，一些燃烧物在干馏的作用下，会释放出一些可燃性和可爆性气体，增加了爆炸的危险性。所以，矿井火灾与瓦斯、煤尘爆炸，相互作用，相互转化。

17.2.2 煤矿井下火灾应急避险

在煤矿井下，无论任何人发现了烟雾或明火，确认发生了火灾，要立即报告调度室。火灾初期是灭火的最佳时机，如果火势不大，应立即进行直接灭火，切不可惊慌失措、四处奔跑。

灭火应注意，要有充足的水量，应先从火源外围逐渐向火源中心喷射水流；要保持正常通风，并要有畅通的回风通道，以便及时将高温气体和蒸汽排出；用水扑救电气设备火灾时，首先要切断电源；不宜用水扑灭油类火灾；灭火人员不准处于火源的回风侧，以免烟气伤人。

如果火势强大已无法扑灭，或者其他地区发生火灾接到撤退命令时，要组织避灾和自救。此时要迅速戴好自救器，有组织地撤退。处在火源上风侧的人员，应逆着风流撤退。处在火源下风侧的人员，如果火势小，越过火源没有危险时，可迅速穿过火区到火源上风侧；或顺风撤退，但必须找到捷径，尽快进入新鲜风流中撤退。撤退时应迅速果断、忙而不乱，同时要随时注意观察巷道和风流的变化情况，谨防火风压可能造成的风流逆转。

如果巷道内已有烟雾但不大时，戴好自救器（无自救器或自救器已超过有效使用时间时，应用湿毛巾捂住口、鼻），尽量躬身弯腰，低头快速前进；烟雾大时，应贴着巷道底和巷道壁，摸着铁道或管道快速爬出，迅速撤离。一般情况下，不要逆着烟流方向撤退。当有烟且视线不清的情况下，应摸着巷道壁、支架、管道或铁道前进，以免错过通往新鲜风流的连通出口。

在高温浓烟巷道中撤退时，应将衣服、毛巾打湿或向身上淋水进行降温，利用随身物品遮挡头面部，防止高温烟气刺激等。万一无法撤离灾区时，应迅速进入避难硐室，或者就近找一个硐室或其他较安全地点进行避灾、自救，等待救援。

如因灾害破坏了巷道中的避灾路线指示牌、迷失了行进的方向时，撤退人员应朝着有风流通过的巷道方向撤退。在撤退沿途和所经过的巷道交叉口，应留设指示行进方向的明显标志，以引起救援人员的注意。

在唯一的出口被封堵而无法撤退时，应在现场管理人员或有经验的老工人的带领下进行灾区避灾，以等待救援人员前来营救。

17.2.3 煤矿井下火灾应急处置

煤矿进风井口、井筒、井底车场、主要进风道和硐室发生火灾时，为抢救井下人员，应进行反风或风流短路。反风前，必须将原进风侧的人员撤出，并采取阻止火灾蔓延的措施。采取风流短路措施时，必须将受影响区域内的人员全部撤离。多台主要通风机联合通风的矿井反风时，抽出式矿井要保证非事故区域的主要通风机先反风，事故区域的主要通风机后反风。压入式矿井正好相反。瓦斯矿井应采取正常通风，如必须进行反风或风流短路时，指挥部应分析反风或风流短路后风流中瓦斯变化情况，防止引起瓦斯爆炸。

进风的下山巷道着火时，必须采取防止火风压造成风流紊乱和风流逆转的措施。改变通风系统和通风方式时，必须有利于控制火风压。灭火中只有在不致使瓦斯很快积聚到爆炸危险浓度，且能使人员迅速退出危险区时，才能采取停止通风的方法。

用水或注浆的方法灭火时，应将回风侧人员撤出。向火源大量灌水或从上部灌浆时，严禁靠近火源地点作业。用水快速淹没火区时，密闭墙附近不得有人。

为使遇险人员能够在火灾紧急情况下迅速脱离危险，煤矿企业都须做好以下准备：编制井下各工作点火灾逃生路线图和方案，并组织井下职工学习掌握；井下工作人员必须携带自救器，并掌握其佩戴方法；井下每隔一定距离配备一定数量的突发性火灾灭火设备、通风和通信联络装备；调度室工作人员应掌握火灾应急逃生、救灾知识，以便接到火灾求助电话时能在第一时间向遇险人员提供正确的逃生方案指导。

17.3 煤矿透水事故伤害应急处置

透水是煤矿生产中发生较为频繁的重大灾害事故。特别是近几年来，我国煤矿透水事故有增无减，严重威胁着广大矿工的生命安全。

17.3.1 煤矿透水事故的主要原因

造成矿井透水的主要水源有地表水、地下含水层、老空水、断层导水、岩溶陷落柱水等。矿井发生水灾的原因，归纳起来主要有三个方面：一是自然因素；二是技术原因；三是人的行为。

(1) 自然因素

我国大多数煤矿水文地质条件极为复杂，可预见的与不可预见的水文地质构造较多。特别是我国石炭纪地质年代生成的煤田，其煤系地层的底部是奥陶纪充水石灰岩，厚度大（800 m 左右）、含水丰富、压力高，一旦发生透水，必造成恶性事故。另外，我国煤炭开采历史悠久，煤田中的古窑、小井星罗棋布，且又无史料记载，现代勘察难以掌握其准确位置，在生产过程中一旦揭露它们，很可能会造成事故。

(2) 技术原因

我国煤矿起源较早，但真正的发展还是中华人民共和国成立以后，特别是改革开放以后，我国煤矿得到了迅速发展。时至今日，无论是煤炭产量，还是煤矿数量均居世界第一。经过多年的发展，我国煤矿生产技术有了很大进步，国有煤矿近 80% 实现了机械化，同时煤矿防灾抗灾能力也逐渐增强。但是，不能不看到，我国煤矿整体技术水平并不高，特别是一些乡镇煤矿现仍在使用原始落后的开采方法生产，不仅生产落后，安全也无保证，在矿井防治水上无技术可言，甚至连基本的水害防治手段都不具备，不懂什么叫超前预防。

（3）人的行为

人的行为是导致矿井发生水害的原因是：人们对水害的认识程度不够；业务人员技术水平不高；经营者只顾眼前利益，乱采乱掘、忽视安全，防治水投资不足；从业人员以及管理人员不懂水害规律，不知透水预兆，有的即便发现了透水预兆，但存有侥幸心理，冒险作业等。

17.3.2 煤矿透水事故应急处置

井下一旦发生透水事故，应以最快的速度通知附近地区工作人员一起按照规定的避灾路线撤出。现场班组长、跟班干部要立即组织人员按避水路线安全撤离到新鲜风流中。撤离前，应设法将撤退的行动路线和目的地告知调度室，到达目的地后再报调度室。

要特别注意“人往高处走”，切不可进入低于透水点附近下方的独头巷道。由于透水时，水势很猛、冲力很大，现场人员应立即避开出水口和泄水流，躲避到硐室内、巷道拐弯处或其他安全地点。如果情况紧急来不及躲避时，可抓牢棚梁、棚腿或其他固定物，防止被水打倒或冲走。在存在有毒有害气体危害的情况下，一定要佩戴自救器。

人员撤出透水区域后，应立即将防水闸门紧紧关死，以隔断水流。在撤退行进中，应靠巷道一侧，抓牢支架或其他固定物，尽量避开压力水头和泄水主流，要防止被流动的矸石、木料撞伤。如巷道中照明和路标被破坏，迷失了前进方向，应朝有风流的上山方向撤退，在撤退沿途和所经过的巷道交叉口，应留设指示行进方向的明显标志。从立井梯子向上爬时，应有序进行，手要抓牢，脚要蹬稳。

撤退中，如因冒顶或积水造成巷道堵塞，可寻找其他安全通道撤出。在唯一的出口被封堵无法撤退时，应在现场管理人员或有经验的老职工的带领下进行避灾，等待救援人员的营救，严禁盲目潜水等冒险行为。

当避灾处低于外部水位时，不得打开水管、压风管供风，以免水位上升。必要时，可设置挡墙或防护板，阻止涌水、煤矸和有害气体的侵入。避灾处外口应留衣物、矿灯等作标志，以便营救人员发现。

重大水灾的避难时间一般较长，应节约使用矿灯，合理安排随身携带的食物，保持安静，尽量避免不必要的体力消耗和氧气消耗，采用各种方法与外部联系。长时间避难时，避难人员要轮流担任岗哨，注意观察外部情况，定期测量气体浓度，其余人员均静卧保持精力。避难人员较多时，硐室内可留一盏矿灯照明，其余矿灯应关闭备用。在硐室内，可有规律地、间断地敲击金属物、顶帮岩石等，发出呼救联络信号，以引起救援人员的注意，指示避难人员所在的位置。在任何情况下，所有避难人员都要坚定信心、互相鼓励，保持镇定的情绪。被困期间断绝食物后，即使在饥渴难忍的情况下，也应努力克制自己，不嚼食杂物充饥，尽量少饮或不饮不洁净的水。需要饮用井下水时，应选择适宜的水源，并用纱布或衣服过滤，以免造成身体损伤。

长时间避难后得救时，不可吃硬质和过量的食物，要避开强烈的光线，以免刺伤眼睛。

17.4 煤矿冒顶事故伤害应急处置

矿山冒顶事故是指由地压引起巷道和采场的顶板垮落引发的事故。在煤矿井下生产过程中的五大自然灾害数量中，冒顶事故所占的比重最大。世界主要产煤国家的统计资料表明，冒顶事故占井下事故总数的50%以上。煤矿井下冒顶事故频繁，危害十分严重，首先是威胁井下人员生命安全，其次是冒顶能压垮工作面，造成全工作面停产。

17.4.1 煤矿冒顶事故的意外伤害

在井下冒顶事故中，回采工作面冒顶事故最多（占冒顶事故总数的75%以上），其次是掘进工作面。然而，有针对性地采取措施，加强顶板的科学管理，绝大多数冒顶事故是可以预防的。按照顶板一次冒落的范围及造成伤亡的严重程度，常见顶板事故可分为两大类，即大冒顶和局部冒顶事故。

每年我国煤矿因冒顶事故造成的伤亡人数十分惊人。因此，矿工在煤矿生产中，一定要坚持执行必要的制度，如敲帮问顶制度、验收支架制度、岗位责任制度、金属支架检查制度、交接班制度、顶板分析制度等，注意做好顶板管理工作，以防止和减少冒顶事故的发生。

17.4.2 冒顶事故应急处置

冒顶事故的发生一般是有预兆的，井下人员发现冒顶预兆，应立即进入安全地点避灾。如来不及进入安全地点，要靠煤壁贴身站立（但应防止片帮），或到木垛处躲避。

发生冒顶事故后，现场班组长、跟班干部要根据现场情况，判断冒顶事故发生地点、灾情、原因、影响区域，进行现场处置。如无第二次大面积顶板动力现象时，立即组织对受困人员进行施救，防止事故扩大。

现场救援人员必须在首先保证巷道通风、后路畅通、现场顶帮维护好的情况下方可施救，施救过程中必须安排专人进行顶板观察、监护。当出现大面积顶板来压等异常情况或通风不良、瓦斯浓度急剧上升有瓦斯爆炸危险时，必须立即撤离到安全地点，等待救援。

在巷道掘进施工时，应经常检查巷道支架、顶板情况，做好维护工作，防止前面施工，后边“关门”的堵人事故。一旦被堵，则应沉着冷静，同时维护好冒落处和避灾处的支护，防止冒顶范围进一步扩大，并有规律地向外发出呼救信号，但不能敲打威胁自身安全的物料和岩石，更不能在条件不允许的情况下强行挣扎脱险。若被困时间较长，则应减少体力消耗，节水、节食和节约矿灯用电。若有压风管，应用压风管供风，做好长时间避灾的准备。

抢救被煤或矸石埋压的人员时，要首先加固冒顶地点周围的支架，确保抢救中不再次冒落，并预留好安全退路，保证救援人员自身安全，然后采取措施，对冒顶处进行支护，在确保煤、矸石不再垮塌的安全条件下，将遇险人员救出。救援埋压人员时，要首先清理遇险人员的口鼻堵塞物，畅通呼吸系统。禁止用镐刨煤、矸石，小块用手搬，大块应采用千斤顶、液压起重气垫等工具，决不允许用锤砸。

对现场受伤人员应根据实际情况开展救护工作，对于轻伤者应现场对其进行包扎，并抬放到安全地带；对于骨折人员不要轻易挪动，要先采取固定措施；对出血伤员要先止血，等待救援人员的到来。

除救人和处置险情紧急需要外，一般不得破坏现场。

发生冒顶事故后，抢救人员时，可使用呼喊、敲击或采用生命探测仪探测等方法，判断遇险人员位置，与遇险人员保持联系，鼓励他们配合抢救工作。在支护好顶板的情况下，用掘小巷、绕道通过垮落区或使用矿山救护轻便支架穿越垮落区的方法接近被埋、被堵人员。一时无法接近时，应设法利用压风管路等提供新鲜空气、饮料和食物。

处理冒顶事故时，应指定专人检查瓦斯和观察顶板情况，发现异常，立即撤出人员。

第 18 讲

火灾、爆炸事故应急处置与避险

火灾和爆炸是常见的事故类型，涉及范围非常广泛，不但出现在各行各业的生产过程中，也可能出现在人们的日常生活中。火灾和爆炸事故的发生不仅造成直接的人员伤亡和财产损失，往往还会造成继发灾害，引起触电、坍塌等事故。与其他事故类型相比，火灾和爆炸事故的特征可以归纳为事故后果严重性、事发突然性、原因多样性、灾害状况复杂性、灾害连锁性以及事故人为性等。

一旦发生火灾时，现场每一个人都应清楚知道他们的职责，掌握有关报警、消防设施使用、人员疏散程序等的知识。火灾是人们日常生产生活中可能会遇到的时刻威胁生命财产安全的意外事故，如果身处火场，一定要审时度势，根据火情迅速做出判断，实施扑救和自救工作。

18.1 火灾、爆炸事故及其危害

18.1.1 火灾的引发原因及其危害

（1）火灾的判定条件

火灾应当包括三个判定条件：一是必须造成灾害，包括人员伤亡或财物损失等；二是该灾害必须是由燃烧造成的；三是该燃烧必须是失去控制的燃烧。

要确定一种燃烧现象是否为火灾，应当根据以上三个条件去判定，否则就不能确定为火灾。例如，人们在家里用煤气做饭的燃烧就不能算是火灾，因为它是有控制的燃烧；垃圾堆里的燃烧，虽然是失去控制的燃烧，但该燃烧没有造成灾害，所以也不能算火灾。

（2）火灾的引发原因

从众多火灾原因的统计来看，除了雷击、物质自燃、地震等自然原因引发的火灾外，主要是由于用火不慎、用电不当、吸烟不慎、儿童玩火、违反安全操作规定等人为因素引起的。

1）用火不慎。人们在日常生活中经常要用火，然而，由于人们消防安全知识的缺乏，又常因用火不慎引发火灾。据近几年的火灾统计数据，因用火不慎引发的火灾占总数的31%左右。

2）用电不当。在发生的各种火灾中，因用电不当而引发的火灾占相当大比例，全国已调查的火灾分析表明，因用电不当引发的火灾已达总数的26.6%。

3）吸烟不慎。吸烟不慎常常是引发火灾的原因。据统计，因吸烟不慎引发的火灾约占总数的10.2%，这方面的教训非常深刻。

4）儿童玩火。儿童几乎对所有的社会活动都感兴趣，表现出强烈的好奇心和模仿力，尤其对各种声、光、色更感兴趣，如燃放鞭炮、玩火做游戏等。但是，由于儿童缺乏生活经验，不知玩火时应注意些什么，更不了解火还有危险的一面，为了躲避责备玩火时又带有一种隐蔽性，当火焰蔓延扩大到控制不住时，就会惊慌失措，不知如何是好。所以，儿童玩火不仅常常无意识地导致火灾，而且往往威胁自身的生命安全。据统计，全国约有7%的火灾是由于儿童玩火引起的。

5）违反安全操作规定。从全国多年火灾统计情况看，因违反安全操作规定而引起的火灾占总数的7.2%～16%，究其原因，都是由于人们消防安全意识淡薄、工作责任心不强所致。

（3）火灾的危害

由前面的例子中可以看出，火灾的发生会造成非常重大的人员伤亡和经济损失，其危害后果主要由以下因素引起。

1）高温。火灾作为一种燃烧反应会产生巨大的热量，这些热量通过对流、传导和辐射的方式加热可燃物和周围气体，使得环境温度快速升高。高温不仅能使人的心率加快，身体大量出汗，很快出现疲劳和脱水症状，影响人员自救和疏散，还可能直接造成人员死伤。

2）烟雾。烟雾是物质在燃烧反应过程中生成的气态、液态和固态物质与空气的混合物，通常由完全燃烧或不完全燃烧形成的极小的炭粒子、水分以及可燃物的燃烧分解产物所组成，其危害主要是本身的毒害作用造成人员窒息。而且，烟雾环境中的能见度会降低，影响人员及时疏散逃离。另外，人在烟雾中，心理极不稳定，会产生恐惧感，导致判断力下降，极易造成自救和逃生失误。

3）有毒有害气体。发生火灾时，可燃物的燃烧会产生大量的有毒有害气体，这些气体中除水蒸气外其他大部分都对人体有害，能造成人员中毒或窒息，如一氧化碳、二氧化硫、五氧化二磷、氯化氢、一氧化氮、二氧化氮等。并且火灾发生时，由于燃烧要消耗大量的氧气，使空气中的氧含量显著下降，人长时间在这种低氧的环境中，就会产生呼吸障碍、失去理智、痉挛、脸色发青等症状，甚至窒息死亡。当建筑物内大火燃烧旺盛时，还会产生大量的二氧化碳，人员接触体积分数为10%~20%的二氧化碳后，会引起头晕、昏迷、呼吸困难，甚至神经中枢系统出现麻痹，失去知觉，直至死亡。另外，火灾还会产生一些对人眼有较强刺激作用的气体，让人无法看清方向，本来很熟悉的环境也会变得无法辨认，从而找不到疏散路线和出口。

4）引起爆炸或其他事故。发生火灾后，特别是工业生产中的火灾往往会造成易燃易爆气体的泄漏，一旦这些泄漏的气体达到它们的爆炸极限就会发生爆炸事故。特别是在一些有限空间中的火灾，在用水灭火过程中会产生水煤气，达到爆炸极限就会爆炸。另外，由于火灾会造成建筑物或设备的结构破坏，使它们的支撑能力下降，从而造成人员触电、建筑物坍塌等其他事故。

18.1.2　火灾的分类、发展阶段与发生规律

(1) 火灾的分类

根据消防安全工作的实际需要，可以把火灾按照以下方法进行分类。

1) 按经济损失和伤亡人数分类。根据《生产安全事故报告和调查处理条例》(国务院令第493号)，可将火灾分为特别重大火灾、重大火灾、较大火灾、一般火灾四类。

①特别重大火灾。指造成30人以上死亡，或者100人以上重伤，或者1亿元以上直接经济损失的火灾。

②重大火灾。指造成10人以上30人以下死亡，或者50人以上100人以下重伤，或者5 000万元以上1亿元以下直接经济损失的火灾。

③较大火灾。指造成3人以上10人以下死亡，或者10人以上50人以下重伤，或者1 000万元以上5 000万元以下直接经济损失的火灾。

④一般火灾。指造成3人以下死亡，或者10人以下重伤，或者1 000万元以下直接经济损失的火灾。

上述中，“以上”包括本数，“以下”不包括本数。

2) 按可燃物的类型和燃烧特性分类。依据可燃物的类型和燃烧特性，《火灾分类》(GB/T 4968—2008) 规定如下：

①A类火灾。指固体物质火灾，这种物质通常具有有机物质性质，一般在燃烧时能产生炽热的余烬，如木材、干草、煤炭、棉、毛、麻、纸张等火灾。

②B类火灾。指液体或可熔化的固体物质火灾，如煤油、柴油、原油、甲醇、乙醇、沥青、石蜡、塑料等火灾。

③C类火灾。指气体火灾，如煤气、天然气、甲烷、乙烷、丙

烷、氢气等火灾。

④D 类火灾。指金属火灾，如钾、钠、镁、钛、锆、锂、铝镁合金等火灾。

⑤E 类火灾。指带电火灾，物体带电燃烧的火灾。

⑥F 类火灾。指烹饪器具内的烹饪物（如动植物油脂）火灾。

（2）火灾的发展阶段

根据火灾发展阶段的时间和温度曲线（见图 18-1），可将火灾的发展阶段分为初期阶段、发展阶段、猛烈阶段和熄灭阶段。

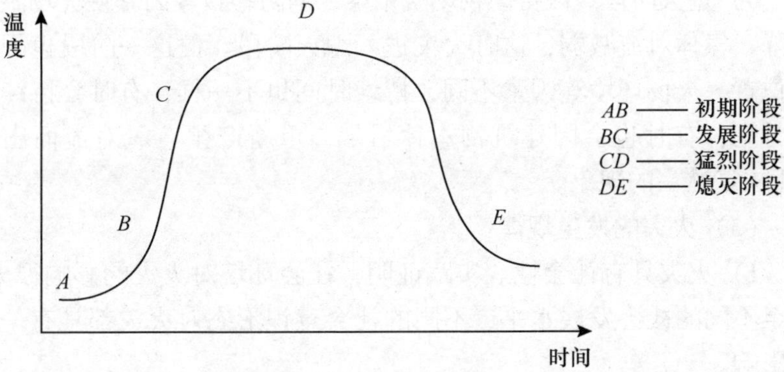

图 18-1　火灾发展阶段曲线

1）初期阶段。初期阶段的火灾刚刚开始，范围较小，可燃物刚刚达到燃烧临界温度，不会产生高热量辐射及高强度的气体对流，烟气量不大，燃烧所产生的有害气体尚未扩散，被困人员有一定时间逃生，对建筑物还未达到破坏程度。这时，如果扑救方法正确，则可以把火灾控制在局部，甚至完全消灭。

2）发展阶段。如果初期阶段的火灾没有得到及时控制而持续燃烧，将发展为火灾的发展阶段。火灾的控制与失控也与当时火场燃烧物的种类、气候条件、扑救环境，以及扑救人员的装备和扑救方式有着直接的关系。这时的火灾持续燃烧速度加快，温度不断升高，气体对流增强，燃烧产生的炽热烟气迅速扩散。这些热传播的方式会加剧火势蔓延，火场范围扩大，火势将难以控制。

3）猛烈阶段。火灾发展到猛烈阶段最危险，也最具破坏性。这一阶段，温度、气体对流强度、燃烧速度均达到峰值，并伴有可燃性物质不完全燃烧或因高温分解而释放出的大量助燃物质和刺激性烟气，燃烧随时会产生突发性变化。如有燃爆性气体时，会产生瞬时爆燃，不仅扩大火势，对扑救人员、受困人员均会形成巨大安全威胁，同时对建筑物也会造成毁灭性破坏。

4）熄灭阶段。因可燃物燃烧殆尽、消防扑救等因素使火场温度下降，气体对流减弱，这时火灾进入熄灭阶段。但这一阶段也因地理位置、火场环境等因素不同，持续时间也不一样，有时会持续很长时间，有时也会因建筑物本体坍塌，重新产生有氧对流而出现“死灰复燃”的现象。

（3）火灾的发生规律

1）火灾具有社会性。实践证明，社会环境对火灾的影响很大，甚至不同的社会发展水平、不同的社会意识形态对火灾都具有一定的影响。

①社会发展程度。社会发展程度高的地方火灾少。社会发展程度高的地方，其生产、生活的现代化程度高，人们的安全意识及素质一般也较高，安全设施及防范能力强，引发火灾的概率小。

②经济发展状况。经济发达的地方火灾损失大。经济发达的地方物资集中，生产、使用、经营的物品贵重，火、电、油、气的使用普遍，一旦发生火灾，则不易扑救，易造成大的损失。而经济欠发达的地区物资匮乏，火灾相对易于扑救，损失相对较小。

③社会稳定程度。社会稳定的地方火灾少。社会稳定的地方安全管理制度及法律健全，人们安居乐业，安全防范意识强，火灾不易发生。相反，社会动乱的地方，人心惶惶，往往有法不依，无章可循，易发生纵火等案件，火灾事故较多。

④文化教育水平。文化教育落后的地方火灾多。文化教育虽然对火灾没有直接影响，但文化教育水平却与人们的生活方式、处世方法及生活习惯有直接关系，这些方面都影响着人们的安全意识和素质，影响火灾事故的发生概率。例如，在文化教育水平落后的地区，人们刀耕火种、大量使用明火而不加防范，迷信严重，因烧纸祭祀等引起的火灾很多。

2）火灾具有地域性。自然环境不同的地方，火灾发生的数量与损失也不同。例如，城市和农村相比，城市的火灾相对经济损失大、人员伤亡多，而农村的火灾发生数量多。气候不同的地方，火灾发生数量的多少也不同。气候炎热干燥的地方火灾发生数量多，而气候湿润多雨的地方火灾发生数量相对较少。生活习惯不同的地方，火灾的发生数量多少也不同。南方有些少数民族的居住地，多用竹、木和草建房，且多在房中设火塘，用柴草生火做饭；东北部林区民宅多为木房，且周围堆积了晒干的劈柴，这些地方常发生民宅火灾且易“火烧连营”。

3）火灾具有行业性。火灾离不开可燃物，离不开着火源，而在生产经营领域，有些行业可燃物集中，如可燃物品加工厂、仓库；有的可燃物就较少或没有，如机械加工厂；有的虽有可燃物但能禁绝明火、电源；有的则禁绝不了火源、电源。因而可燃物集中的行业火灾多，火灾损失也大，如石油化工、棉麻的生产、储存企业，商店、商场等。

4）火灾具有季节性。一年四季，春夏秋冬，气候随季节变化很大，而人们的生活、生产习惯也不同，这都影响到火灾的发生。冬春季节，风干物燥，多数可燃物见火就着，极易蔓延成灾，易发生山林、仓库、可燃物品堆垛及民宅火灾；新年春节期间，人们欢度节日，常因燃放烟花爆竹、吸烟及儿童玩火引发火灾；春夏之交，尤其清明节前后，风大草干，人们登山野炊及扫墓时用火、烧纸焚香，常引发山林火灾；初夏的六月，高温炎热，正是北方麦收大忙季节，也必然是火灾频发的时段；而夏季炎热多雨，易发生易燃易爆化学物品火灾，特别是自燃物品火灾常发生于此季，更是雷击火灾的多发季节；冬季天气寒冷，人们多活动于室内，取暖及其他方面用火、用电次数增多，引发火灾的因素也多，且多发生建筑火灾。

5）火灾具有时间性。从起火次数上说，白天多，尤其以10时至22时为火灾高发时期；夜间少，以凌晨4时至8时为火灾低发时段。而从经济损失或成灾率上说，20时至次日凌晨6时发生的火灾成灾率较高，其他时间则较低。这一规律与人们的作息时间密切相关。各行各业一般将工作时间安排在白天，工作中涉及用火、用电等火灾产生因素也集中在白天，因而火灾次数在白天较多。夜间火灾次数虽然下降了，但由于夜深人静、关门闭户，一旦发生火灾，容易出现发现迟、报警迟等不利现象，致使小火酿成大火，往往经济损失较大，人员伤亡较多。

18.1.3 爆炸基础知识

（1）爆炸及其分类

1）爆炸的特征。广义地说，爆炸是物质在瞬间以机械功的形式释放出大量气体和能量的现象。由于物质状态的急剧变化，爆炸发生时会使压力猛烈增高并产生巨大的声响。

所谓“瞬间”，就是说爆炸发生于极短的时间内，通常是在1 s之内完成。例如，乙炔罐里的乙炔与氧气混合发生爆炸时，大约在1/100 s内即完成整个化学反应过程。

爆炸同时释放出大量的热能，罐内压力短时间内升高10~13倍，其威力可以使罐体升空20~30 m。这种克服地球引力，将重物举高一段距离的则是机械功作用的结果。人们正是利用爆炸时的这种机械功，在采矿和修筑铁路、水库等时开山放炮，大大地加快了工程的进度，使得用手工和一般工具难以完成的任务得以实现。

爆炸一旦失去控制，就会酿成安全事故，造成人身伤害和财产损失，使生产受到严重影响。

爆炸的内部特征是物质发生爆炸时产生的大量气体和能量在有限体积内突然释放或急剧转化，并在极短时间内在有限体积中积聚，造成高温高压。爆炸的外部特征是爆炸介质在压力作用下对周围物体（容器或建筑物等）形成急剧压力的冲击，或者造成机械性破坏效应，以及周围介质受震动而产生的声响效应。应当指出，生产中某些完全密闭的耐压容器，虽然其中的可燃混合气发生爆炸，但由于容器是足够耐压的，所以容器并没有被破坏，这说明爆炸和容器设备的破坏没有必然的联系。容器的破坏不仅可以由爆炸引起，而且其他物理原因（如容器内介质的体积膨胀，使压力上升）也同样可以引起破坏。因此，压力的瞬时急剧升高才是爆炸的主要特征。

2）爆炸的分类

①按照爆炸能量来源的不同，爆炸可分为物理性爆炸、化学性爆炸和核爆炸三类。

——物理性爆炸。这类爆炸是由物理因素变化（温度、体积和压力等）引起的。在物理性爆炸的前后，爆炸物质的性质及化学成分均不改变。锅炉的爆炸是典型的物理性爆炸，其原因是过热的水迅速蒸发出大量蒸汽，使蒸汽压力不断提高，当压力超过锅炉的极限强度时，就会发生爆炸。又如，氧气钢瓶受热升温，引起气体压力提高，当压力超过钢瓶的极限强度时即发生爆炸。发生物理性爆炸时，气体或蒸汽等介质潜藏的能量在瞬间释放出来，会造成巨大的破坏和伤害。例如，某钢厂一列拖着钢渣罐的火车开到矿渣厂，在卸车时突然有三个钢渣罐（钢渣有上千摄氏度高温）先后滚到水塘里，顿时发生了蒸汽爆炸（水变成500 ℃的蒸汽时，体积将增大3 500倍）。只见钢渣罐像火球一样飞向空中，其中的一只飞出70 m远并落在工棚上，引起工棚着火，另外两个罐飞到101 m远的修建队仓库以及附近的房屋内，共烧毁1 000多平方米建筑物，烧死烧伤多人。上述这些物理性爆炸是蒸汽和气体膨胀力作用的瞬时表现，它们的破坏性取决于蒸汽或气体的压力。

——化学性爆炸。这类爆炸是指物质在短时间内完成化学反应生成其他物质，同时产生大量气体和能量的现象。例如，用来制作炸药的硝化棉在爆炸时放出大量热能，同时生成大量气体（一氧化碳、二氧化碳和水蒸气等），爆炸时的气体体积突然增大47万倍，燃烧在几万分之一秒内完成。由于一方面生成大量气体和热能，另一方面燃烧速度又极快，瞬时生成的大量高温气体来不及膨胀和扩散，因此仍保持着很小的体积。由于气体的压强同体积成反比，故气体的体积越小，压强就越大，而且这个压强产生极快，因而对周围物体的作用就像是被急剧地一击，这一击连最坚固的钢板、最坚硬的岩石也经受不住。同时，爆炸还会产生强大的冲击波，这种冲击波不仅能推倒建筑物，对在场人员还具有杀伤作用。化学反应的高速度、同时产生的大量气体和大量热能，是化学性爆炸的三个基本要素。

——核爆炸。这类爆炸是指某些物质的原子核发生裂变反应或聚变反应时，释放出巨大能量而发生的爆炸，如原子弹、氢弹的爆炸。

②按照爆炸反应相的不同，爆炸可分为气相爆炸、液相爆炸和固相爆炸三类。

——气相爆炸。气相爆炸包括：可燃性气体和助燃性气体混合物的爆炸；气体的分解爆炸；液体被喷成雾状物在剧烈燃烧时引起的爆炸，又称喷雾爆炸；飞扬悬浮于空气中的可燃粉尘引起的爆炸等。

——液相爆炸。液相爆炸包括：聚合爆炸、蒸发爆炸以及由不同液体混合所引起的爆炸，如硝酸和油脂、液氧和煤粉等混合时引起的爆炸；熔融的矿渣与水接触或钢水包与水接触时，由于过热发生水的快速蒸发而引起的蒸汽爆炸等。

——固相爆炸。固相爆炸包括：爆炸性化合物及其他爆炸性物质的爆炸（如乙炔铜的爆炸）；因电流过载，导致导线过热，金属迅速汽化而引起的爆炸等。

③按照瞬时燃烧速度的不同，爆炸可分为轻爆、爆炸和爆轰三类。

——轻爆。物质轻爆时的燃烧速度为每秒数米，爆炸时没有多大破坏力，声响也不太大。例如，无烟火药在空气中的快速燃烧，可燃性气体混合物在接近爆炸浓度上限或下限时的爆炸即属于此类。

——爆炸。物质爆炸时的燃烧速度为每秒十几米至数百米，爆炸时能在爆炸点引起压力激增，有较大的破坏力，有震耳的声响。可燃性气体混合物在有限空间内的爆炸，以及被火药遇火源引起的爆炸等均属于此类。

——爆轰。物质爆轰时的燃烧速度为 1 000~7 000 m/s。爆轰的特点是突然引起极高压力并产生超声速的冲击波。由于在极短时间内发生的燃烧产物急速膨胀，像活塞一样挤压其周围气体，反应所产生的能量有一部分传给被压缩的气体层，于是形成的冲击波由它本身的能量所支持，迅速传播并能远离爆轰的发源地而独立存在，同时可引起该处的其他爆炸性气体混合物或炸药发生爆炸，从而产生一种“殉爆”现象。

(2) 爆炸的危害

与火灾相比，除了具有火灾的危害后果外，爆炸事故还有它自己的特殊危害，这些危害造成的后果更严重。

1) 冲击波。爆炸形成的高温、高压、高能量的气体产物，以极高的速度向周围膨胀，强烈压缩周围的静止空气，使其压力、密度和温度突然升高，像活塞运动一样推动其前进，产生波状气压向四周扩散冲击。这种冲击波能造成附近建筑物的破坏，其破坏程度与冲击波能量的大小有关，与建筑物的坚固程度及其与产生冲击波的中心距离有关。

2) 碎片冲击。爆炸的机械破坏效应会使容器、设备、装置以及建筑材料等的碎片在相当大的范围内飞散而造成伤害，碎片四处飞散的距离一般可达 100~500 m。

3）震荡作用。爆炸发生时，特别是较猛烈的爆炸往往会引起短暂的地震波。例如，某市的亚麻厂发生麻尘爆炸时，有连续三次爆炸，结果在该市地震监测部门的地震检测仪上，记录了在 7 s 之内的曲线上出现有三次高峰。在爆炸波及的范围内，这种地震波造成了建筑物的震荡、开裂、松散、倒塌等危害。

4）造成二次事故。发生爆炸时，如果车间、库房（如制氢车间、汽油库或其他建筑物）里存放有可燃物，会造成火灾；高空作业人员受到冲击波震荡作用，会造成高处坠落事故；粉尘作业场所轻微的爆炸冲击波就能使积存于地面上的粉尘扬起，造成更大范围的二次爆炸。

（3）火灾与爆炸的关系

燃烧和化学性爆炸就其本质来说是相同的，都是可燃物质的氧化反应，而它们的主要区别在于氧化反应的速度不同。例如，1 kg 整块煤完全燃烧时需要 10 min，而 1 kg 煤粉与空气混合发生爆炸时，只需 0. 2 s，两者的燃烧热值都为 2 931 kJ 左右。

通过以上比较可以清楚地看出，燃烧和爆炸的区别不在于物质所含燃烧热的大小，而在于物质燃烧的速度。燃烧速度（即氧化速度）越快，燃烧热的释放越快，所产生的破坏力也越大。根据功率与做功时间成反比的关系，可以计算出一块含热量 2 931 kJ 的煤块燃烧时所发出的功率为 47. 8 kW，而含同样热量的煤气燃烧时发出的功率则为 1.47×10^5 kW。功率越大，因此做功的本领越大，破坏力也就越大。

由于燃烧和化学性爆炸的主要区别在于物质的燃烧速度，所以火灾和爆炸的发展过程有显著的不同。火灾有初期阶段、发展阶段、猛烈阶段、熄灭阶段等过程，造成的损失随着时间的延续而加重，因此，一旦发生火灾，如能尽快地进行扑救，即可减少损失。化学性爆炸实质上是瞬间的燃烧，通常在1 s之内爆炸过程已经完成。由于爆炸威力所造成的人员伤亡、设备毁坏和厂房倒塌等巨大损失均发生于顷刻之间，猝不及防，因此爆炸一旦发生，损失已无从减免。燃烧和化学性爆炸还存在密切的联系，即两者可随条件而转化。同一物质在一种条件下可以燃烧，在另一种条件下可以爆炸。例如，煤块只能缓慢地燃烧，如果将它磨成煤粉，再与空气混合后就可能爆炸，这也说明了燃烧和化学性爆炸在实质上是相同的。

由于燃烧和化学性爆炸可以随条件而转化，所以生产过程发生的这类事故，有些是先爆炸后着火，如油罐、电石库或乙炔发生器爆炸之后，接着往往是一场大火；而在某些情况下是先着火而后爆炸，如抽空的油槽在着火时，可燃蒸气不断消耗，而又不能及时补充较多的可燃蒸气，因而浓度不断下降，当蒸气浓度下降进入爆炸极限范围时则发生爆炸。

（4）可燃性混合物爆炸

1）燃爆特性。可燃性混合物是指由可燃物质与助燃物质组成的爆炸物质。所有可燃气体、蒸气和可燃粉尘与空气（或氧气）组成的混合物均属此类。例如，一氧化碳与空气混合的爆炸实际上是在火源作用下的一种瞬间燃烧反应。

通常称可燃性混合物为有爆炸危险的物质，而且它们只是在适当的条件下才变为危险的物质。这些条件包括可燃物质的含量、氧化剂含量以及着火源的能量等。可燃性混合物的爆炸危险性较低，但较普遍，工业生产中遇到的主要是这类爆炸事故。

2）爆炸极限。可燃气体、可燃蒸气或可燃粉尘与空气构成的混合物，并不是在任何混合比例之下都有着火和爆炸的危险，而必须是在一定的比例范围内混合才能发生燃爆。混合的比例不同，其爆炸的危险程度亦不相同。

可燃物质（可燃气体、蒸气或粉尘）与空气（或氧气）必须在一定的浓度范围内均匀混合形成预混气遇着火源才会发生爆炸，这个浓度范围称为爆炸极限（或爆炸浓度极限）。可燃物质的爆炸极限受诸多因素的影响，例如，可燃气体的爆炸极限受温度、压力、氧含量、能量等影响；可燃粉尘的爆炸极限受分散度、湿度、温度和惰性粉尘等影响。

可燃气体和蒸气爆炸极限的单位，是以其在混合物中所占体积的百分比来表示的，如一氧化碳与空气混合物的爆炸极限为12.5%～80%。可燃粉尘的爆炸极限是以其在单位体积混合物中的质量来表示的，如铝粉的爆炸极限为40 g/m^3。可燃性混合物能够发生爆炸的最低浓度和最高浓度，分别称为爆炸下限和爆炸上限，这两者有时亦称为着火下限和着火上限。在低于爆炸下限和高于爆炸上限浓度时，可燃性混合物一般既不爆炸，也不着火。这是由于前者的可燃物浓度不够，过量空气的冷却作用阻止了火焰的蔓延；而后者则是空气不足，火焰不能蔓延的缘故。也正因为如此，可燃性混合物的浓度大致相当于完全反应的浓度时，具有最大的爆炸威力，完全反应的浓度可根据燃烧反应式计算出来。可燃性混合物的爆炸极限范围越宽，其爆炸危险性越大，这是因为爆炸极限越宽，则出现爆炸条件的机会就多。爆炸下限越低，少量可燃物（如可燃气体稍有泄漏）就会形成爆炸条件；爆炸上限越高，则有少量空气渗入容器，就能与容器内的可燃物混合形成爆炸条件。生产过程中，应根据各种可燃物所具有爆炸极限的不同特点，采取严防跑、冒、滴、漏和严格限制外部空气渗入容器与管道内等安全管理措施。应当指出，可燃性混合物的浓度高于爆炸上限时，虽然不会着火和爆炸，但当它从容器或管道里逸出，重新接触空气时却能燃烧，因此仍有发生火灾的危险。

18.2 灭火

18.2.1 灭火及其方法

（1）灭火的基本概念

灭火是指使着火物温度降到着火点以下，或者阻止其进一步燃烧反应。按照燃烧理论，灭火的原理是将灭火剂直接喷射到燃烧的物体上或者将灭火剂喷洒在火源附近的物质上，阻断燃烧反应链，或使其不因火焰热辐射作用而形成新的着火点。

（2）灭火方法

发生了火灾，要运用正确的方法进行灭火，通常采用表18-1中的四种方法。

表18-1 灭火方法分类

灭火方法	原理
隔离法	将正在燃烧的物质和周围未燃烧的可燃物质隔离或移开，中断可燃物质的供给，使燃烧因缺少可燃物而停止
窒息法	阻止空气流入燃烧区或用不燃物质冲淡空气，使燃烧物得不到足够的氧气而熄灭
冷却法	将灭火剂直接喷射到燃烧的物体上，以降低燃烧的温度至燃点之下，使燃烧停止，或者将灭火剂喷洒在火源附近的物质上，使其不因火焰热辐射作用而形成新的着火点
化学抑制法	用含氟、氯、溴的化学灭火剂（如1211等）喷向火焰，让灭火剂参与燃烧反应，从而抑制燃烧过程，使火迅速熄灭

上述四种方法有时是可以同时采用的。但是，在选择灭火方法时，还要视火灾的原因采取适当的方法，不然就可能适得其反，扩大灾害。如对于电气火灾，就不能用水浇灭火的方法，而宜用窒息法；对油火，宜用化学抑制法等。

（3）火灾烟气控制

烟气控制是指所有可以单独或组合起来使用以减轻或消除火灾烟气危害的方法。烟气控制方法见表 18-2。

表 18-2　　烟气控制方法

烟气控制方法	原理
挡烟	用某些耐火性能好的物体或材料把烟气阻挡在某些限定区域，不让它流到可对人和物产生危害的地方，这种方法适用于建筑物与起火区没有开口、缝隙或漏洞的区域
排烟	使烟气沿着对人和物没有危害的渠道排到建筑外，从而消除烟气的有害影响。排烟有自然排烟和机械排烟两种形式：排烟囱、排烟井是建筑物中常见的自然排烟形式，它们主要适用于烟气具有足够大的浮力、可能克服其他阻碍烟气流动的驱动力的区域；机械排烟可克服自然排烟的局限，有效地排出烟气

18.2.2　灭火措施及其注意事项

（1）冷却法灭火措施及其注意事项

1）运用冷却法灭火时，可考虑选择以下措施：

①用大量的水冲泼火区来降温。

②用二氧化碳灭火剂灭火。由于雪花状固体二氧化碳本身温度很低，接触火源升华时能吸收大量的热，从而使燃烧区的温度急剧下降。

③用水冷却火场上未燃烧的可燃物和生产装置，防止它们被引燃或受热爆炸。

2）冷却法灭火应注意如下问题：

①镁粉、铝粉、钛粉、锆粉等金属元素的粉末类火灾不可用水施救，因为这类物质着火时，可产生相当高的温度，高温可使水分子和空气中的二氧化碳分子分解，从而引起爆炸或使燃烧更加猛烈。如金属镁粉燃烧时可产生 2 500 ℃的高温，而空气中存在大量二氧化

碳，高温就会把二氧化碳分解成氧气和碳原子，这样氧化还原反应会更加剧烈。三硫化四磷、五硫化二磷等硫的磷化物遇水或潮湿空气，可分解产生易燃有毒的硫化氢气体，所以也不可用水施救。还有遇湿易燃类物质如碱金属、碱土金属等着火，绝对不可以用水和含水的灭火剂施救，这类物质可以与水发生强烈的氧化还原反应，直接导致火灾事故扩大。

②氧化剂着火或被卷入火中，氧化剂中的过氧化物与水反应，能放出氧加速燃烧或者爆炸，如过氧化钾、过氧化钙、过氧化钡等，起火后不能用水扑救，可用干沙土、干粉扑救。

③密集的直流水用于扑救可燃粉尘（如煤粉、面粉等）聚集处的火灾时必须十分慎重。当直流水难以立即将全部高温物质降温时，有可能造成粉尘爆炸。因为粉尘原来处于聚集状态，燃烧从表面进行，但如果用直流水冲喷，在水流冲击作用下造成粉尘被扬起，形成粉尘的空气混合物，粉尘的表面积大量增加，化学活性增强，可以在没被扑灭的火星甚至火焰作用下发生更剧烈的燃烧、爆炸。

④比水轻的非水溶性可燃、易燃液体的火灾，原则上不用直流水扑救，如苯、甲苯等，若用水扑救，水会沉在液体下面造成喷溅、漂流，进而扩大火势。

⑤高温设备、高温铁水、盐浴炉和电解铝槽火灾不能用水扑救，因为有可能引起设备破裂、铁水飞溅，火灾范围扩大；冷水遇到高温熔融物还可能引起水急剧汽化，发生传热型蒸汽爆炸。

⑥酸类腐蚀物品，遇加压密集水流，会立刻沸腾起来，使酸液四处飞溅，所以发烟硫酸、发烟氯酸、浓硝酸等发生火灾后，宜用雾状水、干沙土、二氧化碳扑救。

⑦当遇到未切断电源的电气火灾时，不能用直流水扑救，因为可能会引起更大的电气事故，宜使用干粉灭火剂灭火。

（2）窒息法灭火措施及其注意事项

1）运用窒息法灭火时，可考虑选择以下措施：

①可采用石棉被、浸湿的棉被或帆布、灭火毯等不燃或难燃材料，覆盖燃烧物或封闭孔洞。

②用低倍数泡沫覆盖燃烧液面灭火。

③用水蒸气、稀有气体（或二氧化碳、氮气等）、高倍数泡沫充入燃烧区域内。

④利用建筑物上原有的门、窗以及生产储运设备上的部件封闭燃烧区，阻止新鲜空气流入，以降低燃烧区氧气的含量，达到窒息灭火的目的。

⑤在万不得已而条件又允许的情况下，也可采用水淹没（灌注）的方法扑灭火灾。

2）窒息法灭火时应注意如下问题：

①爆炸品一般只要不堆积过高，没有装在密封的容器内，着火后不一定会形成爆炸。但是如果爆炸品（包括导火索、导爆索及炸药）的燃烧，用沙土等覆盖层压盖窒息灭火，会造成爆炸。因为爆炸品在燃烧时会自身产生氧气去维持燃烧，覆盖层根本隔绝不了氧气，反而阻碍了炸药燃烧产生气体的扩散及造成大量热量集聚。如果炸药类物质在房间内或在车厢、船舱内着火时，要迅速地将门窗、车厢门、船舱盖打开，向内射水冷却，万万不可用窒息法灭火。

②敞口容器内可燃液体的燃烧，如果用布、棉被等物覆盖容器口，而不能接触液体表面时，覆盖层与液体之间的空气内仍有一定的氧气能够维持燃烧，继续产生气体与热量，会因为容器被覆盖而扩散受阻，压力不断上升而引起爆炸。

③在某些火灾场合使用泡沫灭火剂来覆盖着火物质也会扩大火灾事故，如氰化钠、氰化钾以及其他氰化物等，遇泡沫中酸性物质能生成剧毒气体氰化氢。爆炸品着火禁止使用酸碱泡沫灭火剂灭火，因为化学反应会使爆炸更加剧烈。另外泡沫灭火剂中含有大量的水，所以，忌水性物质着火也不可以使用泡沫灭火剂。

④性质活泼金属如锂、钠、钾、镁、铝粉等，禁止使用二氧化碳灭火剂窒息灭火，因为它们能夺取二氧化碳中的氧，起化学反应而加剧燃烧。

⑤采用稀有气体窒息灭火时，一定要保证充入燃烧区内稀有气体的数量，以迅速降低空气中氧的含量。

⑥在有条件的情况下，为阻止火势迅速蔓延，争取灭火战斗的准备时间，可先采取临时性的封闭窒息措施，以降低燃烧强度，然后组织力量扑灭火灾。

⑦在采取窒息法灭火以后，必须确认火已完全熄灭、温度下降，方可打开孔洞进行检查，严防因过早地打开封闭的房间或生产装置，而使新鲜空气流入燃烧区，引起复燃或烟雾气流中的不完全燃烧产物的爆燃，导致火势猛烈地发展。

（3）隔离法灭火措施及其注意事项

1）运用隔离法灭火时，可考虑选择以下措施：

①将火源附近的可燃、易燃易爆和助燃物质，从燃烧区转移到安全地点。

②关闭阀门，阻止气体、液体流入燃烧区；排除生产装置、设备容器内的可燃气体或液体。

③设法阻拦流散的易燃、可燃液体或扩散的可燃气体。

④拆除与火源相邻的易燃建筑结构，形成防止火势蔓延的空间地带。

⑤用水流或用爆破等方法封闭井口，扑救油气井喷火灾。

2）隔离法灭火时应注意如下问题：

①疏散出火场的可燃物可能夹带火种造成新的火场。如棉麻仓库红麻堆垛发生火灾，被疏散出来的红麻里因夹带的暗火阴燃导致临时堆垛起火，会造成比主火场更大的损失。

②任何曾经卷入火中或暴露于高温下的有机过氧化物包件在隔离后，还会随时发生剧烈的分解，即使火已经扑灭，在包件未完全

冷却之前也不应接近，应用大量水冷却以防止爆炸事故的发生。

③可燃物料泄漏火灾，无论使用何种灭火剂时，都必须先切断气源或堵漏，如无可靠的断源、堵漏、倒液措施，只能在水枪冷却下让其稳定扩散燃烧，不可贸然灭火。否则火焰扑灭后可燃物料继续泄漏，形成更大范围内的可燃气体或蒸气与空气的混合物，产生这种情况是十分危险的，因为一旦再次燃烧、爆炸，其剧烈程度更大，破坏性更加严重。

④工厂发生气体泄漏类火灾，在关闭气路阀门前应确保容器内的压力要保持正压，以防止空气进入引起爆炸。

（4）化学抑制法灭火措施及其注意事项

采用干粉、卤代烷灭火剂灭火，就是抑制着火区内的燃烧的链式反应，减少自由基的灭火方法，灭火速度快，使用得当可有效地扑灭初期火灾，减少人员伤亡和财产的损失。

抑制法灭火属于化学灭火方法，灭火剂参加燃烧反应。但一些碱金属、碱土金属以及这些金属的化合物在燃烧时可产生高温，在高温下这些物质大部分可与卤代烷进行反应，使燃烧反应更加猛烈，故不能用卤代烷灭火剂进行扑救。

18.3 常见灭火器及其使用

18.3.1 灭火器的类型

按充装灭火剂的种类不同，常用灭火器有水型灭火器、空气泡沫灭火器、干粉灭火器、二氧化碳灭火器、7150灭火器。

（1）水型灭火器

这类灭火器中充装的灭火剂主要是水，另外还有少量的添加剂。清水灭火器、强化液灭火器都属于水型灭火器，主要适用于扑救可燃固体类物质如木材、纸张、棉麻织物等的初期火灾。

（2）空气泡沫灭火器

这类灭火器中充装的灭火剂是空气泡沫液。根据空气泡沫灭火剂种类的不同，空气泡沫灭火器又可分为蛋白泡沫灭火器、氟蛋白泡沫灭火器、水成膜泡沫灭火器和抗溶泡沫灭火器等，主要适用于扑救可燃液体类物质如汽油、煤油、柴油、植物油、油脂等的初期火灾，也可用于扑救可燃固体类物质如木材、棉花、纸张等的初期火灾。但对如甲醇、乙醚、乙醇、丙酮等极性（水溶性）可燃液体的初期火灾，只能用抗溶性空气泡沫灭火器扑救。

（3）干粉灭火器

这类灭火器内充装的灭火剂是干粉，根据所充装的干粉灭火剂种类的不同，有碳酸氢钠干粉灭火器、钾盐干粉灭火器、氨基干粉灭火器和磷酸铵盐干粉灭火器。我国目前主要生产和使用碳酸氢钠干粉灭火器和磷酸铵盐干粉灭火器，其中，碳酸氢钠干粉灭火器适用于扑救可燃液体和气体类火灾，该类灭火器又称 BC 干粉灭火器；磷酸铵盐干粉灭火器适用于扑救可燃固体、液体和气体类火灾，该类灭火器又称 ABC 干粉灭火器。

（4）二氧化碳灭火器

这类灭火器中充装的灭火剂是加压液化的二氧化碳，主要适用于扑救可燃固体类物质和带电设备的初期火灾，如图书、档案、精密仪器、电气设备等的火灾。

（5）7150 灭火器

这类灭火器内充装的是 7150 灭火剂（即三甲氧基硼氧六环），主要适用于扑救轻金属如镁、铝、镁铝合金、海绵状钛和锌等的初期火灾。

18.3.2 灭火器（剂）的选择

（1）A 类火灾

A 类火灾是普通可燃物如木材、布、纸、橡胶及各种塑料等燃烧引起的火灾。对A类火灾，一般可采取水型灭火器冷却灭火，但对于忌水物质，如布、纸等应尽量减少水渍所造成的损失。对于珍贵图书、档案资料等的火灾应使用二氧化碳灭火器、干粉灭火器灭火。

（2）B类火灾

B类火灾是油脂及液体如原油、汽油、煤油、酒精等燃烧引起的火灾。对B类火灾，应使用泡沫灭火器进行扑救，还可使用干粉灭火器、二氧化碳灭火器。

（3）C类火灾

C类火灾是可燃气体如氢气、甲烷、乙炔燃烧引起的火灾。对C类火灾，因气体燃烧速度快，极易造成爆炸，一旦发现可燃气体着火，应立即关闭阀门，切断可燃气体来源，同时使用干粉灭火器将气体燃烧火焰扑灭。

（4）D类火灾

D类火灾是可燃金属如镁、铝、钛、锆、钠和钾等燃烧引起的火灾。对D类火灾，因燃烧时温度很高，水及其他普通灭火剂在高温下会因发生分解而失去作用，所以应使用专用灭火器。金属火灾灭火剂有两种类型：一是液体型灭火剂；二是粉末型灭火剂。例如，用7150灭火剂扑救镁、铝、镁铝合金、海绵状钛等轻金属火灾，用原位膨胀石墨灭火剂扑救钠、钾等碱金属火灾。少量可燃金属燃烧时可用干沙、干的食盐、石粉等扑救。

（5）E类火灾

E类火灾为带电火灾。对物体带电燃烧的火灾、火灾时需坚持供电或断电扑救会造成更大损失的火灾，一般使用干粉、二氧化碳等不导电的灭火剂进行扑救。

（6）F类火灾

F类火灾是烹饪器具内的烹饪物（如动植物油脂）火灾。此类火灾在日常生活中较常见，一般用干粉灭火器扑救，或直接采用湿毛巾覆盖、锅盖覆盖等窒息的方法也能起到灭火的效果。

18.3.3 常见灭火器的使用

（1）水型灭火器的使用

将清水或强化液灭火器提至火场，根据火势尽量靠近燃烧物，将灭火器直立放稳。

1）摘下保险帽，用手掌拍击开启杆顶端的凸头。这时储气瓶的密膜片被刺破，二氧化碳气体进入筒体内，迫使清水从喷嘴喷出。

2）立即一只手提起灭火器，另一只手托住灭火器的底圈，将喷射的水流对准燃烧最猛烈处喷射。

3）随着灭火器喷射距离的缩短，使用者应逐渐向燃烧物靠近，使水流始终喷射到燃烧处，直到将火扑灭。

在喷射过程中，灭火器应始终与地面保持大致的垂直状态，切勿颠倒或横卧，否则，会使加压气体泄出而灭火剂不能喷射。

（2）空气泡沫灭火器的使用

使用时，手提空气泡沫灭火器提把迅速赶到火场。

1）根据火势尽量靠近燃烧物，先拔出保险销，一手握住开启压把，另一手握住喷枪，压下开启压把，将灭火器密封开启，空气泡沫即从喷枪喷出。

2）泡沫喷出后对准燃烧最猛烈处喷射。如果扑救的是可燃液体火灾，当可燃液体呈流淌状燃烧时，喷射的泡沫应由远而近地覆盖在燃烧液体上；当可燃液体在容器中燃烧时，应将泡沫喷射在容器的内壁上，使泡沫沿壁覆盖可燃液体表面。应避免将泡沫直接喷射在容器内可燃液体表面上，以防止射流的冲击力将可燃液体冲出容器而扩大燃烧范围，增大灭火难度。

灭火时，应随着喷射距离的缩短，使用者逐渐向燃烧处靠近，并始终让泡沫喷射在燃烧物上，直至将火扑灭。在使用过程中，应紧压开启压把，不能松开。也不能将灭火器倒置或横卧使用，否则会中断喷射。

（3）二氧化碳灭火器的使用

二氧化碳灭火器的密封被开启后，液态的二氧化碳在其蒸气压力的作用下，经虹吸管和喷射连接管从喷嘴喷出。由于压力的突然降低，二氧化碳液体迅速汽化，但因汽化需要的热量供不应求，二氧化碳液体在汽化时不得不吸收本身的热量，结果一部分二氧化碳凝结成雪花状固体，温度下降至−78 ℃左右。所以，从灭火器喷出的是二氧化碳气体和固体的混合物。当雪花状的二氧化碳覆盖在燃烧物上时即刻升华，对燃烧物有一定的冷却作用。但二氧化碳灭火时的冷却作用不大，其主要是通过稀释空气，把燃烧区空气中的氧浓度降低到维持物质燃烧的极限氧浓度以下，从而使燃烧窒息。

1）手提式二氧化碳灭火器。使用时，手提灭火器的提把或把灭火器扛在肩上，迅速赶到火场。根据火势尽量靠近燃烧物并放下灭火器。

①一只手握住喇叭形喷筒根部的手柄，把喷筒对准火焰，另一只手压下压把，二氧化碳就喷射出来。

②当扑救流淌液体火灾时，应使二氧化碳射流由近到远向火焰喷射，如果燃烧面积较大，操作者可左右摆动喷筒，直至把火扑灭。

③当扑救容器内火灾时，应从容器上部的一侧向容器内喷射，但不要使二氧化碳直接冲击到液面上，以免将可燃物冲出容器而扩大火灾。

2）推车式二氧化碳灭火器。一般应由两人操作。先把灭火器拉到或推到火场，根据火势尽量靠近燃烧物并停下。

①一人迅速卸下安全帽，然后逆时针方向旋转手轮，把手轮开到最大位置。

②另一人则迅速取下喇叭喷筒，展开喷射软管后，双手紧握喷筒根部的手柄，把喇叭喷筒对准火焰喷射，其灭火方法与手提式灭火器相同。

手提式二氧化碳灭火器在喷射过程中应保持直立状态，切不可平放或颠倒使用；当没有戴防护手套时，不要用手直接握喷筒或金属管，以免被冻伤；在室外使用时应选择在上风方向喷射，否则，室外大风会将喷射的二氧化碳气体吹散，灭火效果减弱；在狭小的室内空间使用时，灭火后使用者应迅速撤离，以防发生二氧化碳窒息的意外伤害；室内火灾扑灭后，应先打开门窗通风，然后再进入。

（4）7150 灭火器的使用

使用时，手提灭火器的提把迅速赶到火场，根据火势尽量靠近燃烧物处停下。

1）一只手紧握导管末端的提把，把喷雾头对准火焰中心。

2）另一只手拔出保险销，紧握提把，用力压下压把开关，灭火剂便在氮气压力作用下，沿虹吸管进入喷枪，从喷雾头喷射出来。

喷射时要前后移动喷雾头，从火焰上方将灭火剂均匀地喷洒在燃烧物表面上，使火焰熄灭；喷射时不能将喷嘴直接冲向燃烧着的金属，以防止其被吹散而扩大火势，影响灭火效果；灭火时，使用者应采取适当的防护措施，以免因金属爆燃而被烧伤。

18.4 火灾扑救

18.4.1 生产装置火灾扑救

（1）扑救要点

1）及时报警。火灾发生时，除装有自动报警系统的单位会自动报警外，还可使用手动报警系统、电话报警、直接派人去较近的消防队报警、大声呼喊等。总之，要因地制宜地采用各种方法迅速将发生火灾的情况告诉消防救援机构和本单位人员，即使在场人员认为有能力将火扑灭，仍应向消防救援机构报警。

2）抢救伤员。火灾发生后，应尽快将受伤人员撤离事故现场，并进行必要的紧急处置，如进行止血包扎、人工呼吸等。可根据人员伤亡情况组成救援小组实施行动，利用直流水枪或喷雾水枪掩护，搜索被困人员，重点搜索压缩机房、仪器仪表室、生产控制室、油泵房里面或支撑装置的水泥构筑物的下面等。如果火势已经封锁救人途径时，要集中水枪，采取强行进攻、重点突破的方法施救。

3）冷却防爆。冷却是扑救生产装置火灾中的着火设备，以及解除设备受火势威胁产生爆炸危险的最有效措施，特别是被火焰直接作用的压力设备等。目前，许多企业生产装置内部设置了稳高压消防水系统、固定水炮和消防箱等现场消防设施，这些设施操作简单，生产装置的操作员均可使用。所以，一旦发生火灾，操作员在报警的同时，要迅速启动生产装置上设置的水喷淋系统实施冷却，并立即利用就近的消防水炮、水枪对着火设备和受到火焰强烈辐射的设备、框架、管线、电缆等进行冷却，防止设备超温、超压或变形。

4）采用工艺灭火措施。工艺灭火措施主要有关阀断料、开阀导流、火炬放空、搅拌灭火等。工艺灭火措施是不可替代的科学、有效的处置生产装置火灾的技术手段。

5）阻止火势蔓延。对于物料泄漏流淌的生产装置火灾现场，应尽早组织人员用沙袋或水泥袋筑堤堵截或导流，或在适当地点挖坑以容纳导流的易燃、可燃液体物料，防止燃烧液体向高温高压装置区蔓延，严防形成大面积流淌火或物料流入地沟、下水道引起大范围爆炸。对高大的塔、釜、炉等设备流淌火，应布置“立体型”冷却，组织内歼外截的强攻，必要时可注入稀有气体灭火。

（2）注意事项

扑救生产装置火灾应注意下列问题：

1）不可盲目灭火。若易燃、可燃液体、气体只泄漏未着火时，应在做好防护和出水掩护、防止打出火花的情况下，先实施堵漏，后处理已泄漏的物料。如果易燃、可燃液体、气体泄漏燃烧后，在无止漏把握的情况下，只能对着火和邻近的储罐、设备、管道实施冷却保护，切不可盲目灭火，否则会导致发生爆炸、复燃，造成人员窒息、中毒等伤害事故，引起更大的损失。

2）不可盲目进攻。进入封闭的生产车间，要先在适当位置用直流或开花射流水喷射，破坏轰燃条件后再实施进攻。不要盲目实施灭火，进入灭火一线的人员要有经验，且要选好撤退的路线或隐蔽的位置，无关人员不准进入。

3）充分发挥固定消防设施的功能。在安装有稳高压消防水系统、固定泡沫灭火系统等固定消防设施的场所，一定要发挥好固定水炮、泡沫炮的作用，同时，应从高压消火栓接出移动炮，对固定水炮达不到的地方进行冷却或扑救。

4）防止复燃复爆。生产装置火灾应重视防止复燃复爆发生，对已经扑灭明火的装置必须继续进行冷却，直至达到安全温度。流淌火扑灭后，要注意冷却水对泡沫覆盖层的破坏，要根据情况及时复喷泡沫覆盖。对于被泡沫覆盖的可燃液体应尽快予以收集，防止复燃。要适时检测，严防溢流出的易燃液体挥发形成爆炸性气体混合物。

5）重视防护。进入着火区域的人员应穿防火隔热服，保持皮肤不外露，防止被灼伤。进入有毒区域的人员，应根据毒物特点确定防护等级，视情况佩戴空（氧）气呼吸器等安全防护设备，防止中毒。在冷却和灭火时要注意后方保护，充分利用好地形地物，防止爆炸造成的伤害。在扑救生产装置火灾时，应尽可能地使用压力大、流量大的高压水枪、水炮，实施远距离射水灭火，在确认无爆炸危险时，才可以实施登高或近距离灭火。对于执行关阀、堵漏等危险性较大任务的人员和面对强辐射热的前沿阵地人员，应用开花或喷雾水流对其实施不间断的掩护，要对有毒气体、易燃易爆气体（液体蒸气）的浓度进行不间断的检测，以防止毒害物质和爆炸对人员造成伤害。生产装置火灾扑救过程中，要自始至终监视火场情况的变化（包括风向、风力变化，火势，有无爆炸、沸喷的征兆等）。当火场出现爆炸、倒塌等征兆时，应采取紧急避险措施。

6）防止造成环境污染。灭火时，应加强对灭火现场形成的流淌水的管理，阻止流淌水未经处理直接流入河流或排水系统，造成环境污染。

18.4.2 气体或液化气泄漏火灾扑救

（1）扑救要点

气体或液化气泄漏后遇着火源形成稳定燃烧时，其发生爆炸的危险性与可燃气体或液化气泄漏但未燃时相比要小得多。根据气体或液化气火灾的特点，应采取如下扑救方法。

1）控制火势蔓延，积极抢救人员。首先扑灭外围被着火源引燃的可燃物火势，切断火势蔓延的途径，控制燃烧范围，并积极抢救受伤和被困人员。如果附近有受到火焰辐射热威胁的压力容器，能疏散的应尽量在水枪的掩护下疏散到安全地带。

2）关阀断气，创造有利的灭火条件。如果是输气管道泄漏着火，应设法找到气源阀门。阀门完好时，只要关闭气体的进出阀门，燃烧一般就会自动熄灭。在特殊情况下，只要判断阀门尚有效，可先扑灭火焰，再关闭阀门。一旦发现阀门损坏而关闭已无效，一时又无法堵漏时，应采取措施暂时保持稳定燃烧。

3）冷却降温，防止物理爆炸。开启固定水喷淋系统，用水冷却正在燃烧的和与其相邻的储罐，对于火焰直接烧烤的罐壁表面和邻近罐壁的受热面，要加大冷却强度。必须保证充足的水源，充分发挥固定水喷淋系统的冷却保护作用。冷却降温要均匀，不要留下空白，避免物理爆炸事故发生。

4）灭火堵漏，消除危险源。要抓住战机，适时实行强攻灭火。对准泄漏口处火焰根部合理进行交叉射水分隔、密集水流交叉射水，或对准火点喷射干粉、二氧化碳灭火剂，扑灭火焰。气体或液化气储罐或管道阀门处泄漏着火，且储罐或管道泄漏关阀无效时，应根据火势判断气体压力和泄漏口的大小及其形状，准备好相应的堵漏器材（如塞楔、堵漏气垫、黏合剂、卡箍工具等）。堵漏工作准备就绪后，即可实施灭火，同时需用水冷却烧烫的罐或管壁。火被扑灭后，应立即用堵漏材料堵漏，同时用雾状水稀释和驱散泄漏出来的气体或液化气。如果确认泄漏口非常大，根本无法堵漏，则需冷却着火容器及其周围容器和可燃物品，控制着火范围，直到燃气燃尽，火势自动熄灭。

5）实施现场监控，防止爆炸和复燃。现场扑救人员应注意各种爆炸危险征兆，遇有燃烧的火焰由红变白、光芒耀眼，燃烧处发出刺耳的呼啸声，罐体抖动，排气处、泄漏处喷气猛烈等，火场扑救的指挥与扑救人员应做出是否会发生爆炸的判断，以及时作出撤退决定，避免造成人员伤亡。

（2）注意事项

扑救气体或液化气泄漏火灾应注意如下事项。

1）查明情况，采取措施。根据泄漏是否着火采取相应的措施，防止盲目进入气体或液化气泄漏区域。根据泄漏的部位，判断是储罐泄漏，还是管线泄漏，携带相应的堵漏器材。要根据泄漏点缺口形状决定堵漏材料：缺口为圆形时，可用尖木料堵塞；泄漏口为较长的带状时，应选择棉被、石棉被、加压气垫或汽车橡胶内胎等较平展的物品作为垫子，用安全绳、铜丝、石棉绳等加固，再使用给加压气垫或汽车橡胶内胎充气的方法堵漏；泄漏点为环状时，可用石棉绳、棉布条等进行缠绕堵漏；泄漏点为不规则的形状时，可用密封胶填塞，再用绷带、石棉绳加固的方法进行堵漏。

液化气的泄漏应首先判断漏气和漏液两种情况：漏气时，由于液化气不再从空气中吸收热量，不会形成白雾；漏液时，由于漏出的液体在罐外汽化吸热，使环境温度迅速下降，空气中的水分凝固形成一片白茫茫的雾气，同时泄漏点会出现结冰现象。一般来说，漏气比漏液的危险性小，因为当液化气系统发生漏气时，液化气在系统内汽化吸热，使系统内温度下降，压力也随之下降，有利于堵漏抢险作业。而漏液时液化气在系统外汽化吸热，系统内的压力和温度均没有下降，不利于堵漏作业。发生漏气和漏液时的堵漏方法也不同，漏液时可使用冻结的方法堵漏而漏气时则不能。

2）安全防护，必须到位。接近燃烧区域的人员要穿防火隔热服，佩戴空气呼吸器或正压式氧气呼吸器等安全防护设备，防止高温、热辐射灼伤和中毒。气体或液化气发生泄漏事故，消防车应布置在离罐区 150 m 的上风方向和侧风方向，车头朝向便于撤退的方向，抢险救援应当选择从泄漏点的上风方向和地势较高方向接近。在此方向上，爆炸危险区和伤害区半径小，而下风方向和地势较低方向爆炸危险区和伤害区半径大。水枪阵地要选择在靠近掩蔽物的位置，尽可能避开地沟、下水井的上方和着火架空管线的下方。进行冷却的人员应尽量采用低姿射水或利用现场坚实的掩蔽体防护。在卧式罐起火时，冷却人员应尽量避开封头位置，选择储罐四侧角作为射水阵地，防止爆炸时封头飞出伤人。冷却和灭火的水枪阵地，应当设置后排水枪保护。

3）检测气体，防止爆炸。在火灾扑救中，要对燃烧区域外的储罐、钢瓶、管线等进行检测。在火灾扑救没有结束之前，必须坚持连续不断地检测。当储罐、钢瓶、管线的火灾被扑灭后，即使泄漏已经制止，仍要继续检测。检测的主要部位是泄漏的部位、储罐、管线阀门处、火场的低洼处、墙角、背风处以及下水道井盖处等。

4）实施堵漏，安全可靠。在抢险救援过程中，堵漏作业一定要抓紧时间在白天进行，以免照明灯具、开关等点燃气体或液化气。堵漏时要停止其他作业，因为其他作业不仅可能产生点火源引发爆炸，而且增加了警戒区的工作难度。在扑救液化气火灾和堵漏中，由于液化气泄漏时快速汽化，吸收周围大量的热，在气体扩散源附近，形成冷地带，因此堵漏人员要做好防冻措施，防止液体直接喷到人的皮肤上，造成人员冻伤。另外，要防止液体溅入眼内。

5）无法堵漏，严禁灭火。在不能有效地制止气体或液化气泄漏的情况下，严禁将正在燃烧的储罐、钢瓶、管线泄漏处的火势扑灭。即使在扑救周围火势以及冷却过程中不小心把泄漏处的火焰扑灭了，在没有采取堵漏措施的情况下，必须立即用长点火棒将火点燃，使其恢复稳定燃烧。否则，大量可燃气体或液化气泄漏出来与空气混合，遇到着火源就会发生复燃复爆，造成更严重的危害。

18.4.3 易燃液体泄漏火灾扑救

（1）扑救要点

液体一旦发生泄漏或溢出，都将顺着地面（或水面）飘散流淌，而且易燃液体的燃烧还有密度和水溶性等涉及能否用水和普通泡沫灭火剂扑救的问题，以及危险性很大的沸溢和喷溅问题。

1）切断火势蔓延途径，控制燃烧范围。首先应切断火势的蔓延途径，冷却和疏散受火势威胁的压力容器或密闭容器和可燃物，控制燃烧范围，并积极抢救受伤和被困人员。对于泄漏液体流淌火灾，应筑堤（或用围栏）拦截飘散流淌的易燃液体或挖沟导流；封闭工艺流槽，并用填沙土的方法封闭污水井。对受热辐射强烈影响区域的装置、设备和框架结构应加以冷却保护，防止其受热变形或倒塌；开阀将着火或受威胁装置、设备和管道中的可燃液体导流至安全储罐。在有爆炸危险蒸气扩散的区域内，应立即停止用火作业和消除其他可能的着火源。

2）根据火情，采取针对性的灭火方法：

①易燃液体储罐泄漏着火，在把火势切断蔓延途径限制在一定范围内的同时，应迅速准备好堵漏工具，然后先用泡沫、干粉、二氧化碳或雾状水等扑灭地上的流淌火焰，为堵漏扫清障碍，然后再扑灭泄漏口的火焰，并迅速采取堵漏措施。

②对大面积地面流淌性火灾，应采取围堵防流、分片消灭的灭火方法；对大量的地面重质油品火灾，可视情况采取挖沟导流的方

法，将油品导入安全的指定地点，利用干粉或泡沫一举扑灭；对暗沟流淌火，可先将其堵截住，然后向暗沟内喷射高倍数泡沫，或采取封闭窒息等方法灭火。

③对于固定灭火装置完好的燃烧罐（池），应及时启动灭火装置实施灭火。对固定灭火装置被破坏的燃烧罐（池），可利用泡沫管枪、移动泡沫炮、泡沫钩管进攻或利用高喷车、举高消防车喷射泡沫等方法灭火。

④对于在油罐的裂口、呼吸阀、量油口或管道等处形成的火炬型燃烧，可用覆盖物如浸湿的棉被、石棉被、毛毯等覆盖火焰窒息灭火，也可用直流水冲击灭火或喷射干粉灭火。

⑤对于原油和重油等具有沸溢和喷溅危险的液体火灾，如果有条件，可采取排放罐底存积水防止发生沸溢和喷溅的措施。在灭火的同时必须注意观察火场情况变化，及时发现沸溢、喷溅征兆，应迅速做出正确判断，及时撤退人员，避免造成伤亡和损失。

⑥对于水溶性的液体如醇类、酮类等火灾，应使用抗溶性泡沫扑救。用干粉扑救时，灭火效果要视燃烧面积大小和燃烧条件而定，同时需用水冷却罐壁。

3）充分冷却，防止复燃。燃烧罐的火灾被扑灭后，要继续保持对罐壁的冷却，直至使易燃液体的温度降到其燃点以下为止，并保持液面的泡沫覆盖。对于地面液体流淌火，在火灾被扑灭后，液面仍需维持泡沫的覆盖，直到采取现场清理措施。

（2）注意事项

1）对较大的储罐或流淌火灾，应准确判断着火面积。小面积（一般指 50 m^2 以内）液体火灾，可用雾状水扑灭，用泡沫、干粉、二氧化碳灭火剂更有效。大面积液体火灾则必须根据燃烧物的相对密度、水溶性和燃烧面积大小，选择正确的灭火剂扑救。比水轻又不溶于水的液体（如汽油、苯等），用直流水、雾状水灭火往往无效，可用普通蛋白泡沫或轻水泡沫灭火。比水重又不溶于水的液体起火时可用水扑救，因为水能覆盖在液面上灭火，用泡沫也有效。具有水溶性的液体（如醇类、酮类等），虽然从理论上讲能用水稀释扑救，但实践中容易使液体溢出流淌，而普通泡沫又会受到水溶性液体的破坏，因此，最好用抗溶性泡沫扑救。

2）防毒。扑救毒害性、腐蚀性或其燃烧产物毒害性较强的易燃液体火灾，扑救人员必须佩戴防护面具，做好防毒措施。

3）堵漏。遇易燃液体管道或储罐泄漏着火，在把火势限制在一定范围内的同时，应设法找到并关闭进、出阀门，如果管道阀门已损坏，应迅速采取堵漏措施。与气体泄漏堵漏不同的是，液体泄漏一次堵漏失败，可连续堵几次，但需要用泡沫覆盖地面并控制好周围着火源。

18.4.4 电气线路和设备火灾扑救

（1）扑救要点

带电电气线路燃烧易形成一条快速蔓延的“火龙”，并发出强烈耀眼的弧光。电气设备如油浸电力变压器或油开关由于在高温或电弧作用下发生爆炸还会引起绝缘油外溢或飞溅，会使火势在瞬间蔓延扩大。

1）断电灭火方法。当扑救人员的身体或所使用的消防器材接触或接近带电部位，或在冷却和灭火中用直流水柱、喷射出的泡沫等射至带电部位，电流会通过水或泡沫导入扑救人员的身体，容易发生触电事故。为了防止在扑救火灾过程中发生触电事故，首先应禁止无关人员进入着火现场，特别是对于有电线落地已形成了跨步电压或接触电压的场所，一定要划分出危险区域，并设有明显的警示标识并由专人看管。同时，要与生产调度、电工技术人员合作，在允许断电时要尽快设法切断电源，为扑救火灾创造安全的环境。

2）带电灭火方法。当电气线路或设备发生火灾后，因火场情况紧急，或生产的连续性需要，或其他原因而无法切断电源的情况下，常需实施带电灭火。带电灭火必须在防止触电的前提下，实施有效的扑救措施。

①用灭火器实施带电灭火。对于初期带电电气线路或设备火灾，应使用二氧化碳或干粉灭火器进行扑救。扑救时应根据着火电气线路或设备的电压，确定扑救最小安全距离，在确保人体、灭火器的筒体（喷嘴）与带电体之间距离不小于最小安全距离的要求下，操作人员应尽量从上风方向施放灭火剂实施灭火。

②用固定灭火系统实施带电灭火。生产装置区、库区、装卸区和变、配电所等部位的二氧化碳、干粉固定灭火装置，以及雾状水等固定或半固定的灭火装置，可以直接用于带电灭火。

③用水实施带电灭火。因水能导电，用直流水柱近距离直接扑救带电的电气线路或设备火灾，扑救人员会有触电的危险。因此，只有充分做好保障灭火人员防触电措施的情况下，才能用水实施带电灭火。

（2）注意事项

用水实施带电灭火时，为了确保人员的安全，可采取如下安全措施。

1）个人防护：

①扑救人员必须穿戴绝缘胶靴、绝缘手套，必要时应穿均压服。

②在金属水枪的喷嘴上安装接地线。接地线可用截面为 5～10 mm^2、长 20～30 m 的铜绞线；接地棒可用长 1 m 以上，直径 50 mm 钢管或 50 mm×50 mm 的角钢钉入地下 0.5 m，接地处可倒入盐水或普通水以增加导电性。也可利用附近的避雷针引下线、自来水铁管、金属暖气管、电线杆拉线等作为接地装置。

③使用铜网格做接地板。铜网格用粗铜线编制而成，面积至少为 0.6 m×0.6 m，用接地线与金属水枪喷嘴和铜网格接地板连接，根据电压高低选好安全距离，水枪射手在接地板上站好后，方可射水扑救火灾。

④采用喷雾水流。用喷雾水流进行带电灭火时，只要根据电压高低选好安全距离（最好超过3 m），水枪可以不用接地线，直接带电灭火。

⑤采用充实水柱。在运用充实水柱带电灭火时，水枪喷嘴与带电体的距离应根据带电体电压高低，保持在相应最小安全距离以外。最好使用小口径水枪，采取点射射水灭火，或使水流向斜上方喷射，使水断续地呈抛物线形状落于火点。

2）带电灭火时的注意事项：

①水枪喷嘴与带电体之间要保持安全距离。

②使用直流水枪灭火时，如听到放电声或发现放电火花、有电击感时，应采取卧姿射水，将水带与水枪的接合部金属触地，以防触电伤人。

③对架空带电线路进行灭火时，灭火人员至带电体的水平距离应大于带电体距地面的垂直高度，以防导线断落等危及灭火人员的安全。如果电线已断落，应划出8~10 m警戒区，并禁止人员入内。

④在带电灭火过程中，没有穿戴防电用具的人员，不准许接近燃烧区，以防地面积水导电伤人。火灾扑灭后，如果设备仍有电压时，要求所有人员均不得接近带电设备和积水地区，以防止发生触电事故。

18.4.5 管道系统火灾扑救

生产管道布置纵横交错，种类繁多，被输送介质的理化性质多样，系统接点多，火灾、爆炸事故发生率高。管道发生火灾、爆炸事故，容易沿着管道系统扩展蔓延，使事故范围和损失迅速扩大。

（1）可燃液体管道火灾扑救

可燃液体管道因腐蚀穿孔、垫片损坏、管线破裂等引起泄漏，被引燃后，着火物料在管道内液压的作用下向四周喷射，对邻近设备和建筑物造成很大威胁。扑救这类火灾，应首先关闭输液泵、阀门，切断向着火管道输送的物料。然后采取挖坑筑堤的方法，限制着火液体物料流窜，防止蔓延。单根输液管线发生火灾，用直流水枪、泡沫、干粉等灭火，也可用沙土等掩埋扑灭。在同一地方铺设多根管线，如其中一根破裂，漏出可燃液体并形成火灾时，火焰及其辐射热会使其他管线失去机械强度，并可能因管内液体或气体膨胀发生破裂，漏出物料，导致火势扩大。因此，要加强着火管道及其邻近管道的冷却。对空间管道流淌火，因其易形成立体或大面积燃烧，可从管道的一端注入水蒸气吹扫，或注入泡沫、水进行灭火。若油管裂口处形成火炬式稳定燃烧，应用交叉水流，先在火焰下方喷射，然后逐渐上移，将火焰割断扑灭。若输油管线附近有灭火蒸汽设备，也可采用蒸汽灭火。

（2）可燃气体管道火灾扑救

可燃气体管道发生火灾时，不要急于灭火，应以防止蔓延和防止发生二次灾害为重点。应在落实关闭进气阀门或堵漏措施后，才可灭火。阀门受火势直接威胁，无法关闭时，首先应冷却阀门，在保证阀门完好的情况下，再进行灭火。同时，应掌握时机，选择火焰由高变低、声音由大变小，即压力降低的有利条件下灭火，灭火后迅速关闭阀门，并使用蒸汽或喷雾水稀释和驱散余气。气体火灾，可选择水、干粉、蒸汽等灭火剂。灭火后对容器、管道要继续射水，以便驱散周围可燃余气。如扑救有毒的可燃气体火灾，扑救人员必须佩戴防毒面具。

（3）气流输送、通风、空调、除尘管道火灾扑救

工厂着火后，火苗有可能很快窜入气流输送、通风、空调、除尘管道，并沿其蔓延扩大，因此必须截击阻止，消除余火，防止流窜。

1）火苗吸入物料输送风道。立即停止操作生产设备，关闭输送风机和风道阀门，将火焰控制在风道的局部范围，制止其蔓延。打开输送风道的旁通漏斗，设法将着火物料引出，就地彻底扑灭。着

火物料难以取出的，应根据发烟浓度、管壁温度，判明大致燃烧范围，破拆风道，强行清理，或用水枪深入风道灌注灭火。

2）火苗窜入吸尘管道。在生产过程中产生的火花或火苗，通过设在生产设备上的除尘装置吸入地沟、地面除尘管道时，应立即停止局部区域的吸尘风机，关闭局部除尘管道的阀门，尽量将火苗控制在局部区域内。查明火点位置，将着火物料、粉尘通过旁通管引出清除，并就地扑灭。设有火星自动探测器的，要及时启动导出火星，并消灭余火。难以清除着火物料、粉尘时，要破拆吸尘管道，清除着火物料、粉尘，防止火苗窜入邻近吸尘管道和除尘室，导致燃烧范围扩大。

3）火苗窜入空调管道。及时关闭局部空调设备和防火阀门，控制燃烧范围。先破拆空调管道的保温层，通过烟雾浓度、管道温度、管道颜色变化，确定火点位置，在起火点两端，分别用金属切割设备拆开空调管道。用水枪消灭管道内火焰，同时冷却降低空调管道温度。火点被扑灭后，要清理出燃烧过的棉絮等物品。燃烧范围大、火点多时，要多点同时破拆、逐点消灭、不留死角。

（4）下水道、管沟火灾扑救

企业生产往往要消耗大量工业用水，需排放或送往净化处理设备设施的污水量很大，污水中经常混杂有易燃易爆或有毒有害物质。装置或设备若发生泄漏，可燃蒸气易在下水道、管沟等低洼地方聚集，遇到明火即会发生爆炸或燃烧。下水道、管沟一般遍及全企业区，一旦着火，易蔓延成灾。扑救下水道、管沟火灾的方法为：用湿棉被、沙土、堵塞气垫、水枪等卡住下水道、管沟两头，防止火势向外蔓延。若是暗沟，可分段堵截，然后向暗沟喷射高倍数泡沫或采取封闭窒息等方法灭火。火势较大时，应冷却保护邻近的物资和设施，用泡沫或二氧化碳灭火。若油料流入江河，则应在水面进行拦截，把火焰压制到岸边安全地点后用泡沫灭火。

18.4.6 危险化学品火灾扑救

（1）扑救要点

1）设置警戒线。危险化学品事故现场情况复杂，必须实施警戒，并及时疏散危险区域内的人员。根据仪器检测结果和现场气象情况，确定警戒区域，划定警戒范围。要在适当地方设置明显的警戒线。

2）选择适当的处置方法，防止盲目施救。危险化学品种类繁多，各种危险化学品有各自的危险特性，处置方法也不同。所以，发生危险化学品火灾首先一定要弄清楚危险化学品的品种和危险性，再根据火灾现场情况，选择适当的处置方法。没有妥善的处置方法，没有必要的防护设备，不能贸然处置危险化学品事故特别是火灾爆炸事故，否则会造成处置人员受伤害。

3）正确选用灭火剂。在扑救危险化学品火灾时，应正确选用灭火剂，积极采取针对性的灭火措施。大多数易燃、可燃液体火灾都能用泡沫灭火剂扑救。其中，水溶性的有机溶剂火灾应使用抗溶性泡沫扑救，如醚、醇类火灾，可燃气体火灾可使用二氧化碳、干粉等灭火剂扑救，有毒气体和酸、碱液可使用喷雾、开花射流水或设置水幕进行稀释。遇水燃烧物质如碱金属或碱土金属火灾，遇水反应物质，如乙硫醇、乙酰氯等，应使用干粉、干沙土或水泥粉等覆盖灭火。粉状物品，如硫黄粉、粉状农药等，不能用强水流冲击，可用雾状水扑救，以防发生粉尘爆炸，扩大灾情。

4）控制和消除引火源。大多数危险化学品都具有易燃易爆性，现场处置中若遇引火源，发生燃烧爆炸，对现场人员、周围群众、设施都会造成严重危害，也给事故处置增加难度。如果处置的危险化学品是易燃易爆物品，现场和周围一定范围内要杜绝火源，所有电气设备都应关掉，进入警戒区的消防车辆必须带阻火器。现场上空的电线应断电，固定电话、手机等通信工具也要关闭，防止电火花引燃引爆可燃气体、可燃液体的蒸气或可燃粉尘。堵漏或现场操作中应使用无火花处置工具。

5）清理和洗消现场。危险化学品火灾被扑灭后，要对事故现场进行彻底清理，防止因某些危险化学品没有清理干净而导致复燃，并对火灾现场及参与火灾扑救的人员、装备等实施全面洗消。对现场进行再次检测，确保现场残留毒物达到安全标准后，再解除警戒。

（2）注意事项

在处置危险化学品事故时，应注意以下几个问题：

1）救援人员应注意自身安全。进入危险区域的救援人员的个人防护要充分，穿着防化服，遵守毒区行动规则，不得随意解除防护装备，不得随意坐下或躺下，不得在毒区进食和饮水等。扑救无机毒品中的氰化物，硫、砷和硒的化合物及大部分有机毒品火灾时，应尽可能站在上风方向，并佩戴防毒面具。

2）注意环境保护。在处置泄漏的危险化学物料时，能回收的要尽量回收，不能回收的要防止泄漏物料流入河道。若已流入河道，要采取相应措施进行消毒，并对污染河道进行连续、多点位、多层面的监测，既要做定性检测，又要做定量检测。同时要通报沿河群众、下游城市有关部门不要取用河水，密切关注污染水流情况。对受污染的土壤使用机械挖掘清除，并在安全地带采取焚烧或其他物理、化学方法进行安全处置。对于稀释过程产生的大量污染水也应尽可能地收集到一处，以便集中处理。

18.4.7 汽车火灾扑救

汽车火灾的扑救应采取如下措施：

（1）当汽车发动机发生火灾时，驾驶员应迅速停车，让乘车人员打开车门自己下车，然后切断电源，取下随车灭火器，对准着火部位的火焰正面猛喷，扑灭火焰。

（2）汽车车厢货物发生火灾时，驾驶员应将汽车驶离重点要害部位（或人员集中场所）停下，并迅速向消防救援部门报警。同时驾驶员应及时取下随车灭火器扑救火灾，当火一时扑灭不了时，应将围观群众劝离现场，以免发生爆炸事故，造成人员伤亡，使灾害扩大。

（3）当汽车在加油过程中发生火灾时，驾驶员要立即停止加油，迅速将车开出加油站（库），用随车灭火器或加油站的灭火器以及衣服等将油箱上的火焰扑灭。如果地面有流散的燃料时，应用库区灭火器或沙土将地面火扑灭。

（4）当汽车在修理中发生火灾时，修理人员应迅速上车或钻出地沟，立即切断电源，用灭火器或其他灭火器材扑灭火焰。

（5）当汽车被撞后发生火灾时，如果被撞车辆零部件损坏，乘车人员伤亡比较严重，首要任务是设法救人。如果被车门没有损坏，应打开车门让乘车人员逃出。同时可利用扩张器、切割器、千斤顶、消防斧等工具救人灭火。

（6）当停车场发生火灾时，一般应视着火车辆位置采取扑救措施和疏散措施。如果着火汽车在停车场中间，应在扑救火灾的同时，组织人员疏散周围停放的车辆。如果着火汽车在停车场的一边时，应在扑救火灾的同时，组织疏散与火灾相邻的车辆。

（7）当公共汽车发生火灾时，如果车上乘客较多，要特别冷静果断，首要的任务是考虑救人和报警，视着火的具体部位而确定逃生和扑救方法。如着火的部位在公共汽车的发动机，驾驶员应开启所有车门，组织乘客有序地从车门下车，再组织扑救火灾。如果着火部位在汽车中间，驾驶员开启车门后，乘客应从先两头车门疏散下车，之后再扑救火灾、控制火势。

18.4.8　人体着火扑救

人身着火多数是由于工作场所发生火灾、爆炸事故或扑救火灾引起的，也有因用汽油、苯、酒精、丙醇等易燃油品和溶剂擦洗机械或衣物，遇到明火或静电火花而引起的。当人体着火时应采取如下扑救措施：

（1）若衣物着火又不能及时扑灭，应迅速脱掉衣服，防止烧伤皮肤。若来不及或无法脱掉衣物应就地打滚，用身体压灭火焰。切记不可跑动，否则风助火势会造成严重后果。就地用水灭火效果会更好。

（2）如果人体溅上油类而着火，其燃烧速度很快。人体的裸露部分，如手、脸和颈部最容易被烧伤。此时因疼痛难忍，一般就会本能地以跑动试图逃脱。在场的人应立即制止其跑动，将其扑倒，用石棉布、棉衣、棉被等物覆盖灭火，用水浸湿后覆盖效果更好。用灭火器扑救时，不要对着脸部喷射灭火剂。

18.5 火灾现场避险

18.5.1 火灾烟气的危害逃避

如前所述，在各种火灾事故中，死亡人员中有相当一部分人不是被火直接伤害的，而是由于烟气的毒害造成的。据美国学者对在建筑火灾中死亡的 1 464 人的死因进行分析表明，其中 1 026 人死于窒息和中毒，约占总数的 70%。现代建筑物内大量使用易燃、可燃材料，特别是用塑料材料进行装饰装修，一旦发生火灾事故，将有大量有毒气体、蒸气的产生，因而严重威胁着被困人员的生命安全。

（1）火灾时烟气的危害

1）烟气的毒害性可致人伤亡。当空气中二氧化碳浓度增大，导致氧含量低于正常呼吸需求时，人感到缺氧，因而活动能力减弱，思想混乱，甚至晕倒、窒息；当烟气中各种毒害性气体含量超过人体正常生理所允许的最高浓度时，就会发生中毒死亡事故。

2）烟气的减光性阻碍人员的疏散和灭火行动。烟气弥漫环境下，可见光受到烟气的遮蔽，能见度大大降低。且烟气又强烈地刺激人的眼睛，使人睁不开眼，不易辨别方向，不易查找起火点，严重影响人们的行动。

3）烟气的恐怖情形造成人的心理恐慌。建筑物发生火灾时，烟气的流动速度比人在火场中的行动速度要快。人首先受到烟气的威胁，由于毒害性和减光性的影响，往往使人产生极大恐惧感，甚至失去理智、惊慌失措、混乱无序，以致发生伤亡事故。

4）烟气携带高温热量。高温烟气载有热量，且温度很高，在烟气扩散弥漫的区域，可将其热量传给周围可燃建筑构件和可燃物，室内空间温度上升很快，达到 500 ℃时，会发生轰燃现象，即室内的可燃物大部分在瞬间燃烧起来，使火势急剧扩大，人在这种环境下会被严重烧伤。

（2）防止烟气危害的措施

1）设法排烟，降低烟雾浓度。为了安全疏散和灭火施救活动，可采取的排烟措施有：

①自然换气排烟法。将着火的房间、楼层或其上层的窗户打开，借助烟的升力和风力排烟。

②机械排烟法。用排烟机排烟，如用吸气法，吸烟口应设在建筑物顶部，若用鼓风法，送风口应设在地面。

③喷雾水驱烟法。从空气流入侧用水枪喷水雾，向下风侧驱赶烟雾，同时还可以净化空气。

2）个人用毛巾防烟法。用折叠的毛巾捂口鼻能起到良好的防烟作用。如果将干毛巾折叠 8 层，烟雾消除率可达 60%，实验证明，人在这种情况下于充满刺激性烟雾的长走廊里慢速行走 15 m，没有刺激性感觉。如果用湿毛巾保护口鼻，则防烟效果更好，因为水能将一些有害气体溶解掉。捂口鼻时，要使过滤烟的面尽量增大。穿过烟雾区时，即使感到呼吸阻力增大，也绝不能将毛巾从口鼻处拿开。

(3) 烟气流动方向和特点

当建筑内的某一个房间（舞厅、餐厅、酒店客房、KTV 包间等）发生火灾时，将会出现一股热的烟气流。这股烟气流在周围冷空气的阻挡下，可能形成一个热烟气包，在浮力的作用下向上飘升。在密闭型的房间内，该气包与房间顶棚相碰，形成一个超压区，与相随的烟气逐渐弥漫整个着火房间。反之，如果该房间顶部有排气洞口或者有天窗，热烟气包和相随的烟气便会由洞口排出着火房间，向外扩散。

1）烟气水平方向的流动特点。起火房间的烟气，如遇有打开的门、窗，则会由窗口的上部排向室外或者由门洞及其他洞口流向走道，又经过走道向其他房间、楼梯间、电梯间等处流动扩散。从起火房间流向走道的烟气，在顶棚之下呈层流状态流动。在其流动过程中，如遇室外冷空气流入或室内进行排烟时，烟层下面的新鲜空气则流向起火房间，它与烟的流动方向正好相反，烟层的厚度大约在走道高度的一半以上。可是在发生轰燃现象时，由于猛烈喷出大量的烟，故也会出现烟层瞬时下降的现象，有时几乎会降到地面。其后待火势进入发展阶段后，烟层的厚度又基本恢复到原来状况。因此，逃生和疏散时，采用低姿方式行进可少受烟气的危害。

烟气的水平流动速度在火灾初期，因空气热对流的影响，其扩散速度约为 0.1 m/s。到了火灾发展阶段，特别是猛烈阶段时，由于高温下的热对流的作用，烟气扩散速度可达到 0.3～0.8 m/s。在发生轰燃的瞬间，烟被喷出的速度可达 10 m/s，很快就会扩散到楼梯间等部位。

2）烟气垂直方向的流动特点。走道中的烟气除向其他房间蔓延外，还会通过楼梯间、电梯间、竖井、通风管道等部位迅速向上层流动，烟气的垂直上升速度能达到 3～5 m/s。可以看出，烟气垂直蔓延的速度很快，较短时间内就会对建筑的上几层构成威胁。如果逃生人员认为上层离着火层远而存在侥幸心理，则可能在短时间内就遭到烟气的危害。

对于天井式旅馆、饭店、商场，这种天井式结构和其他竖向井道一样，相当于一个烟囱。在平常状态下，天井因风力或温度差形成负压而产生抽力。当天井侧的某一房间着火后，因抽力的增大，大量热烟将进入天井并向上扩散。天井内的温度也随之升高，冷空气则由其他开启的窗洞口流入天井，形成循环气流。天井的高度越高，抽力也越大。

由此可知，烟气总是由压力高处向压力低处流动。当未起火部位处于负压时，烟气就可能侵入其中；处于正压的房间由于冷空气向外流动，则可有效地阻挡烟气侵袭。

值得重视的是由于空调通风管道四通八达，密布于办公楼、旅馆、饭店、大厅各处，烟气一旦窜入空调系统便会迅速扩散到各个房间。在国内外旅馆、商厦等建筑火灾中，常有人员在远离火点的房间内因吸入有毒烟气致死的情况发生。

18.5.2 火灾发生后安全疏散与逃生

火灾发生后，由于危险突然降临，人们容易形成恐慌心理，在这种恐慌心理的作用下，会严重干扰人们的行为，形成安全疏散和逃生的重要心理制约因素。因此，火灾发生后一定要保持冷静，做到临危不惧、临危不乱，增强自我控制能力，按照逃生路线安全撤离。

（1）及时迅速报告火警

发现火灾后不要惊慌失措，要保持镇静，及时迅速拨打“119”报告火警。火灾报警时应注意以下几个方面：

1）火警电话打通后，应讲清楚着火单位，所在区县、街道、门牌或乡村的详细地址。

2）要讲清起火部位、燃烧物质和燃烧情况，以及火势及其发展状况。

3）要讲清自己的姓名、工作单位和电话号码。

4）报警后要派专人在街道路口等候消防车到来，指引消防车前往火场的道路，以便消防救援人员能够迅速、准确地到达起火地点。

（2）火灾时人的心理特性

1）惊慌失措。处在火灾现场的人们，尤其是没有经过教育培训、特殊训练的人们，很容易产生不可抑制的恐惧心理，这就是常说的惊慌。惊慌之余，想到火灾危害，便会产生极其不安的惊慌失措的心态与行为，茫然不知所措。

2）惶恐惧怕。人们面对浓烟烈火，常常是晕头转向、呼吸急促、反应迟钝；面对人群的纷乱骚动，深切感到生命将受到严重威胁，因而产生不能面对伤亡的强烈惧怕感。强烈的惶恐惧怕心态会严重干扰人的正常思维，减弱理性判断能力，失去与烟火拼搏的精神和勇气，束手无策或丧失抗争能力。

3）判断失误。惊慌惧怕的心态会导致人的非理智思维，进而加深判断的失误，出现非理智的错误行动。另外，人处于高热环境中，先是口干舌燥、软弱无力、痛苦难熬，思维活动受到强烈干扰，进而眩晕心乱，直至昏迷休克、猝然倒下。此外，当人处于缺氧和有毒有害气体大量存在的火场环境中时，因吸入毒气，可使人发生嗅觉刺激、呼吸困难、视线模糊，损伤内脏和脑神经系统等生理危害，进而导致思维不清、行为错乱和心乱目眩，直至因中毒、窒息而亡。

4）冲动行为。火灾时容易使人做出不理智的或盲目的冲动行为，如跳楼、乱跑乱窜、大喊大叫、丧失信心、不听劝阻等。火场心理研究证明，乱跑乱窜、大喊大叫不但会使自己陷入危险境地，还会扰乱他人的平静思维，加剧其他人员的惊慌心理，导致更多人的效仿，从而使火场中的人们更加混乱而难以疏导和控制。

5）侥幸心理。侥幸心理是人们经常出现的一种心态，表现在面临灾祸之际，轻信事情不会那么严重或抱着“车到山前必有路”的态度，不去冷静沉着地采取措施，是妨碍正确判断的大敌。火场中人们必须首先排除这种心态，不能让其干扰理智的思维和正确的判断。

18.5.3 火灾现场安全疏散和逃生自救方法

当火灾突然发生，一定要强制自己保持头脑冷静，根据周围环境和各种自然条件，选择恰当的安全疏散和自救方式。能否安全疏散，自救方式是否恰当，直接关系人身安危。

（1）安全疏散注意事项

1）保持安全疏散秩序。在疏散过程中，应始终把疏散秩序和安全作为重点，尤其要防止发生拥挤、践踏、摔伤等事故。遇到只顾自己逃生、不顾别人死活的不道德行为和相互践踏、前拥后挤的现象，要想方设法地坚决制止。如看见前面的人倒下去，应立即扶起；发现拥挤应给予疏导或选择其他的辅助疏散方法给予分流，减轻单一疏散通道的压力。实在无法分流时，应采取强硬手段坚决制止拥挤。同时要告诫和阻止逆向人流的出现，保持疏散通道畅通，制止逃生中乱跑乱窜、大喊大叫的行为。因为这种行为不但会消耗大量体力，吸入更多的烟气，还会妨碍别人的正常疏散而诱导混乱。尤其是前呼后拥的混乱状态出现时，决不能贸然加入，这是逃生过程中的大忌，也是扩大伤亡的重要原因。

2）应遵循的疏散顺序。就多层建筑物而言，疏散应以先着火层，后以上各层、再下层的顺序进行，以安全疏散到地面为最终目标。建筑物火灾中，一般是着火楼层内的人员遭受烟火危害的程度最重，要忍受高温和浓烟的伤害，如疏散不及时，极易发生跳楼、中毒、昏迷、窒息等现象和症状。因此，当疏散通道狭窄或单一时，应首先救助和疏散着火层的人员。着火层以上各层是烟火蔓延将很快波及的区域，也应作为疏散重点尽快疏散。相对来说，下面各层较为安全，不仅疏散路径短，火势殃及的速度也慢，能够容许留有一段安全疏散时间。分轻重缓急、按楼层疏散，可大大减轻安全疏散通道压力，避免人流密度过大、路线交叉等原因所致的堵塞、践踏等恶果。

疏散中先老、弱、病、残、孕，后为其他救助人员，这是单位负责人和消防队领导必须遵循的疏散原则。对于行动有困难的特殊人员，还应指派专人或青壮年人员协助撤离。

3）发扬团结友爱精神。火灾中善于保护自己顺利逃生是重要的，同时也要发扬团结友爱精神，尽力救助更多的人撤离火灾危险境地。火灾疏散统计资料表明，孩子、老人、病人、残疾人和孕妇，在火灾伤亡者中占有相当大的比例，这主要是由于他们的体质或智力不足，思维出现差错和行动迟缓而造成的。如能及时给予协助，就能帮助他们得以逃生。

4）启用建筑防火设备。利用防火门、防火卷帘等设施控制火势，启用通风和排烟系统降低烟雾浓度，及时关闭各种防火分隔设施等措施，都可为安全疏散创造有利条件，使疏散行动进行得更为顺利、安全。

5）疏散中原则上禁止使用普通电梯。普通电梯由于缝隙多，极易受到烟火的侵袭，而且电梯竖井又是烟火蔓延的主要通道，所以采用普通电梯作为疏散工具是极不安全和危险的。因此发生火灾时，原则上应首先关闭普通电梯。

6）不要滞留在没有消防设施的场所。逃生困难时，可将防烟楼梯间、前室、阳台等作为临时避难场所。千万不可滞留于走廊、普通楼梯间等烟火极易波及又没有消防设施的部位。

7）逃生中注意自我保护。学会逃生中的自我保护的基本方法，是保证自身安全的重要内容。如在逃生中因中毒、撞伤等原因对身体造成伤害，不但贻误逃生时机，还会遗留后患甚至危及生命。

火场上烟气具有较高的温度，但安全通道的上方烟气浓度大于下部，贴近地面处浓度最低。所以疏散时穿过烟气弥漫区域时要以低姿行进为好，如弯腰行走、蹲姿行走、爬姿等。但采用上述这些姿势逃离时动作、速度不宜过猛、过快，否则会增大烟气的吸入量，或因视线不清发生碰壁、跌倒等事故。

8）注意观察安全疏散标志。在烟气弥漫、能见度极差的环境中逃生疏散时，应低姿细心搜寻安全疏散指示标志和安全门的应急灯光标志，按其指引的方向稳妥行进，切忌只顾低头乱跑或盲目随从别人。

9）脱下着火衣服。如果身上衣服着火，应迅速将衣服脱下，或就地翻滚，将火压灭。如附近有浅水池、池塘等，可迅速跳入水中。如果身体已被烧伤时，应注意不要跳入污水中，以防感染。

（2）火场逃生的自救方法

1）熟悉所处环境。对于经常工作或居住的建筑物，可事先制订较为详细的逃生计划，并进行必要的逃生训练和演练。必要时可把确定的逃生出口（如门窗、阳台、室外楼梯、安全出口、楼梯间等）和路线绘制在图上，并贴在明显的位置上，以便平时熟悉和记忆。

当走进商场或到影剧院、歌舞厅、娱乐厅等不熟悉的环境时，应留心看一看太平门、楼梯、安全出口，以及灭火器、消火栓、报警器的位置，以便发生火灾时能及时逃出险区或将初期火灾及时扑灭，在被围困的情况下能及时报警求救。

2）选择逃生方法。应该根据火场上的火势大小、被围困的人员所处位置和可供使用的救生器材不同，采取不同的逃生方法。在火场上发现或意识到自己可能被烟火围困，生命受到威胁时，要立即采取相应的逃生措施和方法，切不可贻误逃生良机。

应根据火势，优先选择最简便、最安全的通道和疏散设施，如遇高层建筑着火时，首先选择安全疏散楼梯、室外疏散楼梯、普通楼梯间等，尤其是防烟楼梯间、室外疏散楼梯更安全可靠。当身处房间内，要打开门窗时，必须先摸摸门窗是否发热。如果发热，就不能打开，应选择其他出口；如果不热，也需要小心慢慢打开，并迅速撤出，然后将门窗立即关好。

当经常使用的通道被烟火封锁后，应该先向远离烟火的方向疏散，然后再向靠近出口和地面的方向疏散。向远离烟火的方向疏散时，应以水平疏散为主，尽量避免向楼上疏散。同时，一旦到达一个较为安全的地方，绝不要停留在原地，应迅速采取措施，利用一切逃生手段，向靠近地面的方向逃生。

当一时想不出更好的疏散路线时，而他人的疏散路线又比较安全可靠，则可模仿他人的行为进行疏散，但千万不要盲目、消极地效仿他人的行为。如果门窗、通道、楼梯等已被烟火封锁但未倒塌，还有可能冲得出去时，则可向头部、身上浇些冷水或用湿毛巾等将头部包好，用湿棉被、毯子将身体裹好后冲出危险区。

当各通道全部被烟火封死时，应保持镇静，寻找可利用的逃生器材和办法进行自救。如果被烟火困在二层或一层楼内，在没有逃生器材或得不到救助的不得已的情况下，也可采取跳窗逃生的办法。但跳窗之前，应先初步判断一下安全高度，然后向地面扔一些棉被、床垫等柔软物件，再用手扒住窗台或阳台，身体下垂，自然落下，同时注意屈膝双脚着地，这样可缩短距离，尽量保护身体。

3）利用避难间逃生。高层建筑和大型建筑物内，在经常使用的电梯、楼梯、公共卫生间附近，以及袋形走廊末端都设有避难间。火灾时，可将短时间内无法疏散到地面的人员、行动不便的人员，以及在灭火期间不能中断工作的人员，如医护人员和广播、通信工作人员等，暂时疏散到避难间。其他被困人员在短时间内无法疏散到地面时，也可先疏散到避难间。

4）充分利用各种逃生器材和设施：

①利用缓降器逃生。缓降器由挂钩（或吊环）、吊带、绳索及速度控制器组成，是一种靠人的自身重量缓慢下降的安全逃生装置，可以用其安装器具固定在建筑物的窗口、阳台、屋顶外沿等处。

②利用救生袋逃生。救生袋是两端开口，供逃生者从高处进入其内部缓慢滑降的长条袋状物。被困人员进入袋内，可依靠不同姿

势来控制降落速度，缓慢降落至地面脱险。

③利用逃生绳逃生。在紧急情况下，可利用粗绳索，或利用床单、窗帘、衣服等系在一起作为逃生绳，将绳的一端固定好，另一端投到室外，然后沿逃生绳滑到安全地带或地面。

④利用自然条件逃生。被困人员在疏散时，在疏散设施无法使用，又无其他应急材料可作救生器材的情况下，则可充分利用建筑物本身及附近的自然条件进行自救，如阳台、窗台、屋顶、落水管、避雷线，以及靠近建筑物的低层建筑屋顶或其他构筑物等。

5）暂时避难方法。在各种通道被切断，火势较大，一时又无人救援的情况下，对于没有避难间的建筑里，被困人员应开辟临时避难场所与浓烟烈火搏斗。当被困在房间里时，应关紧迎火的门窗，打开背火的门窗，但不能打碎玻璃，要是门窗外有烟气进来时，还要关上。如门窗缝隙或其他孔洞有烟气进来时，应该用湿毛巾、湿床单等物品堵住或挂上湿棉被等物品，并不断向物品上和门窗上洒水，最后向地面洒水，并淋湿房间的一切可燃物，以延缓火势向室内蔓延。

开辟避难间时，要选择在有水源和能同外界联系的房间，有电话要用其及时报警，无电话时，可向窗外伸出彩色鲜艳的衣物或抛出较轻物件发出求救信号，或用其他明显标识向外报警，夜间可开灯或用手电筒向外报警。

6）互救和救助：

①自发性互救。自发性互救是指在火灾现场单独的个人或几个人，在无人组织的情况下，采用特殊手段帮助他人的疏散行为，如告知起火。首先发现起火的受灾者，在报警同时高喊“着火了！”或敲门向左邻右舍报警，指示安全疏散走道和安全出口等。

②帮助疏散。在火情紧急时，年轻力壮的受灾者可帮助年老体弱者首先逃离火灾现场。其具体方法是：对于神志清醒者，可指定通道，让他们自行疏散；对于在烟雾中迷失方向者、年老体弱者，

应该引导他们疏散；对病人、不能行走的儿童以及失去知觉的人，可运用背、抱、抬、扛等救人方法，把他们运送到安全地点。

7）采取防烟措施。利用防毒面具防烟、防毒。大型宾馆饭店都备有过滤式防毒面具，它能过滤烟雾中的烟粒子和一氧化碳等毒气，若确认已发生火灾，应迅速戴上防毒面具。其方法是，将面具下方先套住下颌，然后将头带拉紧，使面罩紧贴面部以防漏气。

也可利用毛巾、衣服、软席垫布等织物叠成多层捂住口鼻，以防烟、防毒。若能将毛巾等织物润湿，则除烟效果更好。

在火灾的初期阶段，靠近地面的烟气和毒气比较稀薄，能见度相对比较高。受灾者在逃生时，应采取低姿行走、探步前进的方法，若烟雾太浓，判断准确方向后，应沿地面爬行，逃离现场。